Heiko Breckwoldt

Führ mich!

Heiko Breckwoldt

# Führ mich!

Deine Reise zu einer
inspirierenden Führungspersönlichkeit
in 20 Erfahrungsberichten

Mentoren-Verlag

Der Verlag weist ausdrücklich darauf hin, dass im Text enthaltene externe Links vom Verlag nur bis zum Zeitpunkt der Buchveröffentlichung eingesehen werden konnten. Auf spätere Veränderungen hat der Verlag keinerlei Einfluss. Eine Haftung des Verlags ist daher ausgeschlossen.

Bibliografische Information der Deutschen Nationalbibliothek
Die Deutsche Nationalbibliothek verzeichnet diese Publikation in der Deutschen Nationalbibliografie; detaillierte bibliografische Daten sind im Internet über http://dnb.d-nb.de abrufbar.

2. Auflage

Königsberger Str. 16, 55218 Ingelheim am Rhein

Lektorat: Deniz S. Özdemir, Mainz
Korrektorat: Marie Schumacher, Leipzig
Umschlaggestaltung: Nadine Nagel, Mainz
Grafik (S. 118): Lukas Kaisler, Karlsruhe
Autorenfoto: Lisa Anderer, Karlsruhe
Satz und Layout: Sarah Küper, Mainz

ISBN: 978-3-98641-113-8



www.mentoren-verlag.de

MIX
Papier aus verantwortungsvollen Quellen
Paper from responsible sources
FSC® C105338

# Inhaltsverzeichnis

# Vorwort

Herzlichen Glückwunsch!

Wenn Du dieses Buch in den Händen hältst, bist Du höchstwahrscheinlich begeistert vom Führen von Menschen. Du bist bereits in einer Führungsposition oder strebst danach, eine zu erreichen? Dann solltest Du genau aus diesen Gründen dieses Buch lesen.

Die Rolle einer Führungskraft ist eine faszinierende und großartige Aufgabe. Du hast die Möglichkeit, Visionen und Ideen zusammen mit Deinem Team umzusetzen und die Zukunft Deines Unternehmens maßgeblich mitzugestalten. Als Orientierungspunkt und Unterstützer beeinflusst Du das Leben Deiner Teammitglieder nachhaltig und inspirierst sie auf dem Weg zu ihren Zielen und Aufgaben. Es liegt in Deiner Verantwortung, eine positive Arbeitsatmosphäre zu schaffen, in der alle gerne ihr Bestes geben.

Die heutige Arbeitswelt mit all ihren Facetten und Ansprüchen macht es für Führungskräfte nicht einfacher. Eines bleibt aber sicher: Es geht immer darum, Menschen zu führen. Im Umgang mit Mitarbeitenden kann man viel richtig machen, aber auch viel falsch. Wenn man es falsch macht, kann Führungsarbeit sehr schnell zum Knochenjob werden und grandios scheitern.

Warum machen Führungskräfte im Umgang mit Mitarbeitenden, mit sich selbst und mit ihrem Umfeld oft Fehler? Weil sie in vielen Unternehmen nicht richtig auf ihre Rolle vorbereitet und einfach so ins kalte Wasser geworfen werden. Man wird zur Führungskraft befördert und oft mit dem Rat »Das lernst Du schon« auf sein neues Team mit vielen guten Vorsätzen im Gepäck losgelassen. Wenn es dann irgendwann ein Training gibt, dann wird man in der Regel nur auf die grundlegenden Aspekte des Managements vorbereitet und mit ein paar einfachen Führungswerkzeugen ausgestattet. Was jedoch oft fehlt, sind Einblicke in die komplexen menschlichen Dynamiken und unvorhergesehenen Situationen, die im Alltag einer Führungskraft garantiert früher oder später auftreten. Genau daran scheitern viele Führungskräfte oder sie verlieren im Laufe der Zeit ihre Inspiration, Energie und Begeisterung für ihre Führungsrolle - zum Nachteil des Unternehmens, der Mitarbeitenden, der eigenen Gesundheit und der Familie.

In diesem Buch beschreibe ich in 20 Kurzgeschichten wichtige Kompetenzen, Herausforderungen, Aufgaben und Einstellungen, die Dir in Deiner täglichen Führungsarbeit neben dem Tagesgeschäft begegnen werden oder sogar bereits begegnet sind. Die Geschichten sind entweder aus der Sicht einer Führungskraft oder aber auch aus der Sicht eines Mitarbeitenden beziehungsweise eines Coaches geschrieben. Sie decken eine Vielzahl von Themen ab, die normalerweise in traditionellen Trainings für Führungskräfte nicht oder nur unzulänglich angesprochen werden. Ich bin aber der Meinung, dass man die Botschaften mit Hilfe kurzer, unterhaltsamer Geschichten leichter verstehen und sich so länger daran erinnern kann – im Gegensatz mit langweiligen »To-do«-Anweisungen und -Auflistungen im kalten Sachbuchformat. Jede Geschichte wird zum Schluss durch Kernbotschaften ergänzt und zusammengefasst, die Dir helfen, die Lektionen, Essenzen und Erkenntnisse aus jeder Geschichte zu verstehen und zu verinnerlichen.

Mein Ziel ist es, Dir als heutige oder zukünftige Führungskraft ein wirkungsvolles und unterhaltsames Lernwerkzeug an die Hand zu geben. Deine Rolle als Führungskraft ist von entscheidender Bedeutung, damit unsere Unternehmen in den Märkten des 21. Jahrhunderts bestehen können und Deine Mitarbeitenden gerne mit Dir und dem Unternehmen zusammenarbeiten. Lass uns gemeinsam unsere Wirtschaftsstandorte zum Erfolg führen.

Warum habe ich das Buch im Stil von Kurzgeschichten verfasst? Ganz einfach: Selbst die besten Ideen und Impulse verlieren an Wert, wenn sie nicht inspirierend, verständlich und unterhaltsam vermittelt werden. Ich bin davon überzeugt, dass sich die Geschichten in Deinem Gedächtnis festsetzen werden. Denn nur ein angeregtes Gehirn lernt.

Ich spreche den Leser und die Leserin in den Geschichten immer in der 2. Person, also mit »Du« an, um die Identifikation mit den Protagonisten der einzelnen Geschichten zu verstärken und um das emotionale Eintauchen in die Geschichten zu erleichtern. Die Geschichten sind fiktiv und inspiriert von Tatsachen und eigenen Erfahrungen. Ähnlichkeiten mit tatsächlichen Personen, Orten oder Geschehnissen sind rein zufällig gewählt, wenn nicht gesondert betont, und von mir nicht beabsichtigt. Die Namen von Unternehmen im Text sind frei erfunden und zum Erscheinungstermin des Buches nicht öffentlich bekannt.

Um die Lesbarkeit zu verbessern, verzichte ich auf die gleichzeitige Verwendung der Sprachformen männlich, weiblich und divers. Sämtliche Personenbezeichnungen gelten gleichermaßen für Angehörige aller Geschlechter.

Ich wünsche Dir viel Vergnügen beim Lesen und hoffe, dass Du nachhaltige Erkenntnisse für Deine tägliche erfolgreiche Führungsarbeit gewinnst, damit Dir deine Führungsarbeit jeden Tag Spaß macht und Deine Mitarbeitenden von Dir begeistert sind.

Heiko Breckwoldt, im Januar 2024
*Leadership Partner*

# Kapitel 1
# Sail away

## Warum bist Du Führungskraft geworden? Oder warum willst Du es werden?

»Na dann erzähl mir doch mal, wie deine bisherige Karriere verlaufen ist.«

Meine Urlaubsbekanntschaft Jona, ein bekannter Führungskräfte-Coach aus Deutschland, stellte mir diese Frage in einer Strandbar auf der Insel Tobago. Ich hatte Jona an Bord unseres Kreuzfahrtschiffs kennengelernt, wir hatten schnell einen Draht zueinander gefunden und uns angefreundet, da er genauso wie ich allein unterwegs war. Meine Frau führte ihr eigenes Unternehmen und musste kurzfristig äußerst dringend beruflich für eine Mitarbeiterin einspringen, die Komplikationen während ihrer Schwangerschaft hatte. Aber wir hatten beschlossen, die Reise nicht komplett abzusagen. So trat ich die zehntägige Kreuzfahrt ohne meine Frau an und hatte eine Junior Suite für mich ganz allein.

Als Jona mir erzählte, dass er Leadership Coach und Führungskräfte-Trainer sei, fragte ich ihn, ob wir einmal über mein berufliches Problem reden könnten. Von meiner derzeitigen Chefin Veronika bekam ich mehr und mehr die Pistole auf die Brust gesetzt und mein Selbstwert als Führungskraft ging immer mehr den Bach runter. Sie war der Meinung, dass ich meine Mitarbeitenden ruhig fester anpacken und deutlich mehr aus meinem Laden herausholen könnte.

Bei einem Stopp des Kreuzfahrtschiffs auf Tobago hatte ich mich mit Jona zu einem Strand- und Badetag am wunderschönen Castara Beach verabredet. In einer Beach Bar am Strand erzählte ich ihm, dass ich nach meinem Studium zuerst einmal mit viel Freude als Ingenieur in einer Hightech-Firma gearbeitet hatte. Irgendwann war eine Stelle als Führungskraft meiner Abteilung frei geworden, weil der bisherige Chef dieser Engineering-Abteilung in Rente gegangen war. Meine Kollegen waren der Meinung gewesen, ich solle mich doch auf die freie Stelle bewerben. Auch mein Chef hatte mir zugesprochen und gemeint, dass ich doch der Beste in meinem Team sei und die Position sicher ein Schritt in die richtige Richtung meiner zukünftigen Karriere in diesem Unternehmen wäre.

Das Bewerbungsgespräch war sehr kurz verlaufen. So wurde ich von heute auf morgen Chef von zwölf Mitarbeitenden. Meine Firma hatte mich einfach ins kalte »Führungswasser« geworfen. Irgendwelche Führungstrainings oder Coachings habe ich danach bis heute nie erhalten. Mein Chef hatte immer gemeint, dass ich das bisschen Führung doch nebenbei lernen könne. Mein Team sei doch einfach zu führen. Na ja, und so machte ich dann einiges richtig, aber eben auch vieles falsch. Innerhalb des Unternehmens wurde ich nach zehn Jahren Hauptabteilungsleiter für die Produktion mit insgesamt 14 Führungskräften und 220 Mitarbeitenden. Nach ein paar Jahren wechselte ich dann zu *GICX Enterprises*, weil ein Headhunter mich angesprochen hatte und die Position als Werksleiter einen deutlichen Karriereschritt bedeutete. Ich erzählte Jona stolz von meiner heutigen Position als Werksleiter, von meinem Verantwortungsbereich, von meinen vielen Mitarbeitenden und von meiner Mitverantwortung für den Multimillionen-Dollar-Umsatzanteil bei *GICX*. Ja, ich war stolz auf mich und meine Position.

Jona hörte aufmerksam zu, nickte zustimmend, grinste ab und zu und wartete geduldig, bis ich zu Ende erzählt hatte. Ich hatte den Eindruck, dass er nicht nur zuhörte, sondern mich ganz genau analysierte. Nach meinem langen Monolog über meine bisherige Karriere und Großtaten schaute ich Jona erwartungsvoll an, aber er schaute mir nur tief in die Augen. »Aha«, sagte er, ohne auf meine beeindruckende Karriere einzugehen. Eigentlich hatte ich erwartet, dass er Begeisterung zeigen oder zumindest ein »Wow« über die Lippen bringen würde. »Sag mal, warum bist du eigentlich Führungskraft geworden?«, wollte er dann wissen. Ich verstand die Frage nicht so ganz, weil ich das doch eben gerade bereits erzählt hatte. »Na, weil ich doch der Beste war und nur so Karriere machen konnte.«

Jona fragte noch mal nach: »Warum bist du Führungskraft geworden?« Dabei betonte er das »Warum« ganz besonders. Ich wusste nicht, was er als Antwort erwartete.

»Warum bist du Führungskraft geworden? Was war dein Motiv, also dein ›Warum‹, deine Karriere in diese Richtung zu lenken? Du hättest doch sicher auch anders Karriere machen können. Als Ingenieur warst du der Beste in deinem Bereich. Da hätte es doch bestimmt auch Möglichkeiten für eine erstklassige Fachkarriere gegeben. Also warum unbedingt Führungskraft? Was war dein Motiv?«

Nun, ich wurde Führungskraft, weil ich gefragt wurde, weil ich der Beste in meinem Team war und weil es auch irgendwie mein Ziel war, irgendwann einmal Chef einer Abteilung zu werden. Ja, mein Ziel war immer gewesen, einmal Chef zu werden. Das war mein Ziel gewesen, aber was war mein Motiv? Warum wollte ich Chef sein? Ich musste mir eingestehen, dass ich es nicht wusste.

Jona merkte, dass mir die Antwort schwerfiel, und bat mich, einmal über mein Motiv, das »Warum«, Führungskraft geworden zu sein, nachzudenken und ihm am nächsten Tag die Antwort zu sagen. Ich war froh, dass Jona nicht weiter bohrte. »Komm jetzt, lass uns baden gehen. Wir haben genug geredet«, war sein Vorschlag. Wir tranken unsere Cocktails aus und rannten beide um die Wette ins warme karibische Wasser. Am späten Nachmittag kehrten wir auf unser Schiff zurück.

Abends auf der Kabine dachte ich noch mal über mein Treffen mit Jona nach und fragte mich, warum ich eigentlich Führungskraft geworden war. Ganz ehrlich, ich fand, dass ich mich das schon lange einmal hätte fragen sollen. Beim Bewerbungsgespräch zu meiner ersten Führungsposition war ich genau das eben nicht gefragt worden. Auch später nicht. »Warum wollen Sie Führungskraft sein?« Niemand hatte mir diese einfache, aber sehr wichtige Frage in meinen Bewerbungsgesprächen jemals gestellt. Und ich selbst war mir darüber auch nicht so richtig im Klaren.

»Okay, dann stell ich mir genau diese Frage jetzt selbst! Warum will ich Führungskraft sein?«, sagte ich zu mir und holte eine Dose kühles

Bier aus dem Kühlschrank in meiner Kabine, machte die Musik aus, öffnete die Verandatür und stellte mich auf den kleinen Balkon. Es war einfach umwerfend. Über die Schiffslautsprecher hörte ich das Lied *Sail away* von Enya, das immer beim Auslaufen des Schiffes gespielt wurde. Ich beobachtete eine Weile die Wellen, die das fahrende Schiff in das Meer malte. Nach ein paar Minuten verstummte die Musik. Der Kapitän machte seine allabendliche Durchsage und erklärte die Route zum nächsten Ziel, die Insel Barbados. Er wünschte seinen Gästen eine ruhige Überfahrt und einen schönen Abend an Bord des Schiffes. Wie immer beendete er seine Ansprache mit den Worten »Captain, out!« Ich musste schmunzeln. »Danke … endlich Stille«, sagte ich leise zu mir selbst. Ich hörte jetzt nur noch den Fahrtwind und das leise Rauschen der Wellen.

Nach einem ersten Schluck aus der Dose fragte ich mich: »Warum, verdammt noch mal, wolltest du Führungskraft werden? Und warum will ich das heute immer noch sein?« Jona hatte recht. Ich musste diese Frage für mich klären. Warum tat ich mir das immer wieder an? Führungskraft zu sein, war ein Knochenjob, ja, das war richtig harte Arbeit. Führungsarbeit eben. Wofür stand ich als Führungskraft? Und was wurde von mir erwartet, also was erwarteten meine Mitarbeitenden und was erwartete mein Arbeitgeber? Und was hatte meine Familie zu erwarten? Ich merkte, dass ich mir diese wichtigen Fragen zu meinem Beruf und zu mir so noch nie gestellt hatte. Und dann war da ja auch noch meine Chefin Veronika, die mich ständig unter Druck setzte und versuchte, mir ein schlechtes Gewissen einzureden, wenn das monatliche Werksergebnis nicht wie erwartet ausfiel. Bei ihrem letzten Besuch bei mir im Werk hatte sie auch noch unmissverständlich klargemacht, was sie innerhalb der nächsten sechs Monate von mir erwartete: noch mehr Marge und weniger Kosten.

Warum um alles in der Welt war ich Führungskraft geworden? Welche Werte vertrat ich und was war mein Motiv gewesen, mich vor über 20 Jahren auf diesen Karriereweg zu begeben? Gute Fragen, musste ich zugeben. Ich trank noch mal einen Schluck aus der Dose Bier.

Wegen des Geldes vielleicht? Ja, okay, mehr Verantwortung hieß auch immer mehr Gehalt. Mit meinem inzwischen super Gehalt konnte ich mir und meiner Familie einiges bieten und ihnen viele Wünsche erfüllen. Aber hatte ich das primär wegen der Aussicht auf ein deutlich höheres Gehalt und die halbjährlichen Boni gemacht? Nur deswegen? Nein! Bestimmt nicht, auch wenn ich mich inzwischen an das großartige Gehalt gewöhnt hatte.

Oder wegen der Macht? Ja, ich liebte es, Strategien zu entwickeln, an kleinen und großen Entscheidungen mitzuwirken und Projekte umsetzen zu lassen. Aber war ich deswegen auch gleich ein Machtmensch, der nur deswegen eine Führungsposition haben wollte? Nein, das war ich ganz bestimmt nicht. Da kannte ich mich selbst zu gut. Andere Führungskräfte aus meinem Unternehmen und aus meinem Bekanntenkreis, die ihre Position als reines Machtinstrument verstanden und benutzten, hatten mich schon immer abgestoßen. So wie Florian, der wie ein Gockel durch seine Abteilung lief und rund um die Uhr Anerkennung und Respekt von seinen Mitarbeitenden erwartete.

Was war es dann? Warum hatte ich Führungskraft werden wollen? Und warum wollte ich es jetzt immer noch sein? Trotz des Stresses, den ich abends mit nach Hause nahm und dann nicht einschlafen konnte.

Ich schaute der untergehenden Sonne zu, wie sie am karibischen Horizont langsam im Meer versank. Das Schiff hatte inzwischen Kurs auf die Insel Barbados genommen. Auch dort wollte ich mich mit Jona treffen. Wir hatten uns zum Tauchen verabredet. Das South Side Scuba Centre auf Barbados würde uns direkt am Schiff abholen. Endlich mal wieder Pressluft atmen und die Schwerelosigkeit unter Wasser genießen. Und ich freute mich auch auf Jona. Die Gespräche mit ihm machten mich nachdenklich, weil er genau die richtigen Fragen stellte. Ich merkte, dass er mir half, Antworten für mein Leben zu finden.

Dieselbe Frage hämmerte immer wieder durch meinen Kopf. Warum war ich Führungskraft geworden? Ich wollte Jona am nächsten Tag unbedingt eine gute Antwort geben. Meine Kollegen hatten damals gemeint, ich solle mich doch bewerben. Warum hatten die mich eigentlich dazu aufgefordert? Brauchte ich wirklich den Anschub von anderen? Nein, den brauchte ich nicht. Aber es hatte mir trotzdem gutgetan, dass mir meine Kollegen das zugetraut hatten.

Nun ja, Führungskraft wurde man vielleicht auch, um gemeinsam mit seinen Mitarbeitenden das Unternehmensergebnis zu verbessern. Mehr Umsatz, mehr Marge, mehr Gewinn, weniger Kosten. Jeden Monat, jedes Quartal und jedes Jahr das gleiche Spiel. Zur Freude der Aktionäre oder der privaten Eigentümer. Für die rackerte ich mich ab. Als Führungskraft stand man klar auf der Unternehmerseite und nicht mehr auf der Arbeitnehmerseite. Damit hatte ich auch kein Problem. Ich war mir aber auch absolut sicher, dass die Gewinnmaximierung für die Eigentümer nicht der Grund für mich war, in einem Unternehmen Führungskraft geworden zu sein.

Ach ja, vielleicht war ich wirklich Führungskraft geworden, weil ich der Beste in meiner Abteilung war. Das könnte es doch sein. Mein Chef hatte das ja gemeint: »Du bist der Beste, also musst du auch Führungskraft werden.« War das wirklich so? Weil man der Beste war, war man automatisch prädestiniert, Führungskraft zu werden? War der fachlich Beste denn auch automatisch die beste Führungskraft? Nein, ganz bestimmt nicht! Ich erinnerte mich an Marcus, den QA-Manager in meiner letzten Firma. Marcus war eine absolute Koryphäe in Qualitätsfragen, Messmethoden und statistischen Auswertungen. Darum hatte man ihm damals die QA-Abteilung anvertraut. Niemand in seinem Team machte ihm da was vor. Aber er war auch ein Choleriker und ein kleiner Napoleon. Den Spitznamen »Bonaparte« hatte er schnell weg. Seine Mitarbeitenden drangsalierte er ständig und er wusste immer alles besser. Gute Ergebnisse seines Teams reklamierte er nur für sich und er sanktionierte seine Mitarbeitenden beim kleinsten Fehler. Oftmals hatte ich Tränen in den Augen seiner Mitarbeitenden gesehen, wenn sie nach einer Aussprache mit ihrem Chef den Meetingraum verlassen hatten. Und weil er wusste, dass er der Beste war, fragte er auch niemals seine Mitarbeitenden nach ihrer Meinung oder wie sie ein Problem angehen würden. Manchmal hörte man ihn sogar in seinem Messlabor seine Mitarbeitenden anschreien.

Niemand arbeitete gerne in der QA-Abteilung. Ja, er war fachlich der Beste, aber als Führungskraft völlig ungeeignet und eine Katastrophe. Marcus »Bonaparte« war eine völlige Fehlbesetzung für die Abteilungsleitung. Leider ließ man ihn gewähren, denn er war ja der Beste. Man wunderte sich nur, warum ein Mitarbeitender nach dem anderen kündigte oder eine Position in einer anderen Abteilung suchte. »Bonaparte« war bis heute noch Führungskraft in dieser Abteilung.

Nein, der Beste zu sein, war absolut kein primärer Grund Führungskraft zu werden. Für den Abteilungserfolg und für die Potenzialentwicklung der Mitarbeitenden war es sogar hinderlich. Denn ich war mir sicher: »Es ist nicht die Bestimmung einer Führungskraft, die klügste Person innerhalb des Teams zu sein.«

Die Sonne war inzwischen fast schon untergegangen. Ich setzte mich in den Liegestuhl auf meinem Balkon und trank noch mal einen Schluck aus der Dose Bier. Das Rauschen der Wellen, das Geräusch des Windes und mein entspanntes Atmen hatten langsam eine meditative Wirkung auf mich. Ich atmete tief ein und aus. Die warme Luft schmeckte leicht salzig. Ich schloss die Augen und fiel in eine leichte Trance. Es fiel mir plötzlich leicht, tief in mich hineinzuhören. Diesen Zustand einer leichten Trance kannte ich von meinen Meditationen beim Yoga. Ich ließ mich tiefer und tiefer fallen. Vor meinem inneren Auge sah ich mich als Schüler, der überlegte, welchen Beruf er ergreifen sollte. Ich wollte schon immer Ingenieur werden. Für Technik hatte ich mich schon immer interessiert. Als kleiner Junge hatte ich großartige Maschinen aus *LEGO* oder *Fischertechnik* gebaut, und konstruierte Modellflugzeuge, die dann erstklassig flogen. Mein Traum war es gewesen, wie Scotty, der Chef-Ingenieur vom *Raumschiff Enterprise*, zu werden. Für jedes technische Problem eine Lösung finden. Für die Menschen mit Hilfe der Technik für mehr Lebensqualität sorgen. Ich wollte Technologien für Menschen entwickeln, damit die Menschen auf diesem Planeten sicherer und unbeschwerter leben könnten. Das war mein Motiv: Ingenieur zu werden und heute noch zu sein. Dinge erfinden und entwickeln, die uns Menschen halfen.

So intensiv hatte ich mich mit dieser Frage noch nie auseinandergesetzt. In meiner Trance spürte ich eine tiefe Befriedigung, weil ich jetzt wieder wusste, warum ich Ingenieur geworden war. Und warum war ich nun Führungskraft geworden? Hatte das vielleicht auch etwas mit den Menschen zu tun? Ich horchte tiefer in mich hinein und wandelte meine Frage etwas ab: »Warum will ich Menschen führen?«

Als ich nach einigen Minuten die Augen wieder aufmachte, wusste ich, warum ich Führungskraft sein wollte. Irgendwie hatte mir mein Unterbewusstsein die richtige Antwort genannt. Mir war plötzlich klar, was Führen wirklich bedeutete:

Menschen an die Hand nehmen. Ihnen den besten aller Wege zeigen. Ihnen über Hindernisse helfen und Steine aus dem Weg räumen, damit sie gut sein können und ihre Potenziale entfesseln. Ihnen Selbstbestimmung, Sinntrieb und Selbstverwirklichung ermöglichen. Und vor allem, weil ich gerne mit Menschen zusammenarbeitete. Weil ich gerne das Leuchten in den Augen meiner Mitarbeitenden sah, wenn wir gemeinsam wieder einmal das schier Unmögliche geschafft hatten. Ich wollte als Führungskraft nicht recht haben, sondern zusammen mit meinem Team das beste Ergebnis erzielen. Das alles war mein Antrieb, Führungskraft zu sein, in guten und in schwierigen Zeiten.

Und ich dachte sogar noch einen Schritt weiter: »Ich bin Führungskraft, weil ich ein Menschenfreund bin.« Ich war mir sicher, dass das die richtige Antwort für Jona war. Ich war als Führungskraft ein Menschenfreund, weil ich gerne mit Menschen zusammenarbeitete, sie gerne in ihre Potenziale führte und an jeden meiner Mitarbeitenden glaubte. Ich ließ mir diese Antwort noch einige Male auf der Zunge zergehen. Das war es! Natürlich brauchte man auch noch andere Eigenschaften, um eine gute Führungskraft zu sein. Ergebnisorientierung, Organisationsgeschick, Kommunikationsstärke, Belastbarkeit, Entscheidungsfreudigkeit, Durchsetzungsstärke und vieles mehr. Wer Menschen führen wollte, der musste aber vor allem erst einmal Menschen mögen und empathisch mit ihnen zusammenarbeiten wollen und können. Ich war froh, dass meine Antwort für Jona und für mich nicht »Macht« oder »Geld« war.

Am nächsten Tag saß ich im Boot der Tauchbasis neben Jona. Wir mussten über eine Stunde zu unserem Tauchspot fahren. Ein großes Riff mit zwei versunkenen alten Schiffswracks und der hohen Wahrscheinlichkeit, Riffhaien zu begegnen.

»Und?«, fragte er mich. »Hast du deine Hausaufgaben erledigt? Warum bist du Führungskraft geworden?«

Ja, ich hatte eine Antwort gefunden und ich freute mich, sie Jona zu präsentieren. Ich war gespannt auf seine Reaktion.

»Weil ich gerne mit Menschen zusammenarbeite. Weil es mir Freude macht, sie einen guten Job machen zu lassen, sie in Entscheidungen einzubinden und sie in ihre Potenziale zu führen. Ich bin Führungskraft, weil ich gerne für meine Mitarbeitenden da bin, aber auch für mein Unternehmen, denn ich bin eine Win-Win-Führungskraft.«

Jona musste lachen. »Hey, so was habe ich ja noch nie gehört. Eine Win-win-Führungskraft. Gute Beschreibung. Aber genau so muss es sein. Du hast es auf den Punkt gebracht. Ein Gewinn für deine Mitarbeitenden und ein Gewinn für dein Unternehmen. Das Allerwichtigste aber ist, dass du gerne mit Menschen offen, ehrlich und empathisch zusammenarbeiten willst. Weil du als Führungskraft ein …«, ich fiel ihm ins Wort, »… Menschenfreund bist.«

Er klopfte mir auf die Schulter. »Genau, du hast es verstanden. Nur wirkliche Menschenfreunde können gute Führungskräfte für ihre Mitarbeitenden sein. Wer seine Mitarbeitenden menschlich führt, der wird auch für das Unternehmen das Beste herausholen. Geht es dem Unternehmen gut, dann profitieren auch die Mitarbeitenden davon. Ein klassisches Win-Win, wie du schon richtig sagtest.«

Ich war froh, dass meine Antwort für Jona richtig war. Ich war also eine gute Führungskraft, auch wenn meine Chefin es oft anders sah. Es schien, als ob Jona meine Gedanken läse.

»Wenn deine Chefin von dir nur den Gewinn für das Unternehmen will, dann solltest du vielleicht auch mal über eine Veränderung nachdenken. Andere Unternehmen wissen, wo der Vorteil von Win-win-Führungskräften liegt.«

Ja, da hatte er recht. Ich sollte vielleicht wirklich einmal über einen Wechsel nachdenken. Um mir meinen Selbstwert als Führungskraft zu erhalten. Und den Glauben an die Werte meines Traumjobs.

> *»Zu tun, was Du willst, ist Freiheit. Zu lieben, was Du tust, ist Glück.«*
> *Unbekannt*

**Kernbotschaften:**

- Wer Menschen führen will, muss Menschen mögen und ein **Menschenfreund** sein.
- Mitarbeitende wollen geführt werden. Auf Augenhöhe, empathisch, inspirierend und partnerschaftlich. Führungskräfte müssen sich heute als Dienstleister für ihre Mitarbeitenden verstehen. Sie müssen in der Lage sein, nachhaltig ein hohes Maß an **Potenzialentfaltung** und **Arbeitsfreude** auszulösen.
- Die heutige Führungskraft ist ein Menschenfreund mit einem hohen Grad an Selbsterkenntnis und Wertschätzung für sich selbst und für die Mitarbeitenden. In der **Persönlichkeitsentwicklung** der Führungskraft hin zur Mitarbeiterorientierung liegt ein zentraler Erfolgsfaktor für das Unternehmen.
- Deine Mission als Führungskraft ist es, ein **Win-Win** zu erzeugen. Als Erstes ein Gewinn für Deine Mitarbeitenden, indem Du alles tust, damit sie erstklassig arbeiten können, ihnen Hilfe anbietest, sie förderst, ihnen Steine aus dem Weg räumst, sie aus Fehlern sanktionsfrei lernen lässt, immer ein offenes Ohr für Inputs und Vorschläge hast usw. Hast Du ein Team, in dem sich jede und jeder wohl fühlt und gerne arbeitet, dann entsteht automatisch ein Gewinn für das Unternehmen.
- Frag Dich, **warum** Du Führungskraft geworden bist oder warum Du es werden willst? Was sind Deine Führungswerte? Wenn Deine ehrliche und einzige Antwort »Macht«, »Geld«, »Karriere« oder »Ich bin der oder die Beste« ist, dann wirst Du keine gute Führungskraft für Deine Mitarbeitenden sein. Mit diesen **Werten**

**und Einstellungen** taugst Du vielleicht als Fachkraft, aber nicht als Führungskraft.

- Wenn Du eine menschliche und empathische Führungskraft sein willst, dann such Dir ein Unternehmen, das Dich auch so führen lässt und dessen **Werte** zu Deinen Werten passen.

# Kapitel 2
# Kein Lolli für unerwünschtes Verhalten

## Unerwünschtes Verhalten von Mitarbeitenden darf nicht belohnt werden.

Vor zwei Jahren wurde ich zur Führungskraft befördert. In unserem Unternehmen hieß das »First-Line-Supervisor«. Ich wurde für einen Produktionsprozess und 22 gewerbliche Mitarbeitende verantwortlich. Es war mein Traumjob, weil ich schon immer gerne Verantwortung trug und es liebte, mit Menschen zusammenzuarbeiten.

Groß vorbereitet wurde ich auf diese neue Rolle nie. »Mach mal. Das bisschen Führung lernst du nebenbei«, hatte ich damals aufmunternd von meinem Chef zu hören bekommen. Und so wurde ich auf meine 22 Mitarbeitenden losgelassen. Da ich von Haus aus ein Menschenfreund war und immer an das Gute im Menschen glaubte, ließ ich meinen Mitarbeitenden eine lange Leine und war zufrieden, wenn die geplanten Stückzahlen erreicht wurden. Die morgendlichen Shopfloor-Meetings zur täglichen Abstimmung verliefen anfangs immer sehr harmonisch und ich dachte mir, dass mein Chef doch recht hatte. Das »bisschen Führung« machte man tatsächlich nebenbei.

Nach einiger Zeit fiel mir aber auf, dass mein Mitarbeiter Matteo seine Pausenzeiten immer länger ausdehnte und nicht einhielt. Gleichzeitig war er einer meiner besten und produktivsten Leute. Ich glaubte, dass es darum keinen Anlass zur Beanstandung geben sollte. Ich würde ihn stattdessen beim in Kürze stattfindenden Gehalts- und Feedbackgespräch darauf ansprechen.

Drei Monate später stand die jährliche Gehaltsrunde sowie das Feedbackgespräch an und Matteo saß mir gegenüber. Wir sprachen über seine Beiträge zum Gruppenergebnis, seine sehr guten Verbesserungsideen und dass er einer meiner besten Leute sei. Als Gehaltserhöhung und »Dankeschön« überreichte ich ihm eine fünfprozentige Gehaltserhöhung, was in dieser Gehaltsrunde eine außerordentliche Erhöhung war, da der Durchschnitt der Erhöhungen nur bei einem Prozent lag. Er freute sich und meinte, dass er die Erhöhung auch verdient habe und bedankte sich bei mir. Als das Gespräch nach einer Stunde beendet war, sagte ich ihm beim Verlassen des Meetingraums, dass er doch bitte die Pausenzeiten besser einhalten solle. Er nickte nur und verließ den Raum. Weiter sprachen wir nicht über das Thema.

In meiner Unerfahrenheit meinte ich, dass er den »kleinen Wink mit dem Zaunpfahl« bestimmt verstanden hatte. Ich wurde enttäuscht. Seine Pausen wurden immer mehr zum Ärgernis. Sein Verhalten motivierte inzwischen auch andere in meinem Team, ihre Pausen weiter auszudehnen. Ich sprach das Thema in einem Shopfloor-Meeting an und bat um Besserung. Ein paar wenige Tage wurde es tatsächlich besser, dann kippte die Situation wieder und das Thema »Einhalten von Pausenzeiten« wurde erneut ein Problem.

Ich hatte erkannt, dass Matteo mit seinem Verhalten der Auslöser des Problems war. Er war aber der beste Mitarbeiter und ich konnte mich immer zu 100 Prozent auf ihn verlassen. Er übernahm sogar die Teamleitung, wenn ich nicht da war. Ich wollte und konnte ihn darum auch nicht sanktionieren. Trotzdem belastete mich das Thema mit der Einhaltung der Pausenzeiten immer mehr. Mich sprachen sogar Supervisoren und Teamleiter anderer Gruppen bereits darauf an, weil Matteo immer Kollegen oder Kolleginnen aus anderen Gruppen zur Kaffeepause abholte. Ich sprach nochmals mit Matteo und bat ihn erneut, die Pausenzeiten einzuhalten. Ohne nachhaltigen Erfolg.

Eines Abends ging ich nach der Arbeit noch im örtlichen Supermarkt vorbei, um für mich und meine Freundin ein paar Sachen zum Abendessen einzukaufen. Als ich alles zusammenhatte, schob ich den Einkaufswagen Richtung Kasse. An der Kasse hatte sich eine Schlange gebildet, und so blieb mir Zeit, die wartenden Kunden und Kundinnen vor mir zu beobachten.

Direkt vor mir stand eine Mutter mit ihrer kleinen Tochter im Kindersitz des Einkaufwagens. Sie unterhielt sich mit ihrer Freundin, die links in der Reihe vor der benachbarten Kasse wartete. Auch sie hatte ihren kleinen Sohn in den Einkaufswagen gesetzt. Was ich jetzt beobachtete, sollte mein Führungsverhalten nachhaltig verändern.

Die Mutter vor mir schob ihren Wagen immer weiter Richtung Kasse. Nach etwas Warten stand sie im direkten Kassenbereich, in dem die Auslage von Süßigkeiten zum schnellen Kauf animieren soll. Dieser Bereich wurde von den Supermarktbetreibern auch »Quengelzone« genannt. Warum dieser Bereich so genannt wurde, sollte ich gleich erleben.

Die Tochter fragte ihre Mutter, ob sie einen der bunt verpackten Lollis aus der Auslage bekommen könne. Die Mutter verneinte. Die Tochter fragte noch mal, dieses Mal schon etwas deutlicher, quengeliger und lauter: »Ich will einen Lolli haben!« Die Mutter sagte wieder nein. Ich fand es konsequent und richtig.

Das Kind fing jetzt an, noch lauter nach einem Lolli zu verlangen. Die anderen Kunden im Kassenbereich drehten sich bereits um, weil die Kleine ziemlich laut wurde. Die Mutter blieb hart und legte weiter ihre Waren aus dem Einkaufswagen auf das Kassenband. Die Kleine wurde noch lauter: »Ich will einen Lolli haben!« Die Mutter war inzwischen ziemlich genervt und sah bereits die Blicke der anderen Kunden. Fast jeder Kunde und jede Kundin im Kassenbereich beobachtete das Schauspiel. Und das Drama spitzte sich weiter zu. Die Kleine fing lauthals an zu weinen. Die Mutter war inzwischen völlig überfordert mit der Situation und dem Verhalten ihrer kleinen Tochter. Sie sah die vielen Blicke der anderen Kunden, die sich bereits über das Verhalten der Tochter echauffierten. Letztendlich gab sie der Tochter einen Lolli aus der Auslage. Die Kleine hörte sofort auf zu weinen, grinste, packte den Lolli aus und steckte ihn sich genussvoll in den Mund.

Jetzt fing auch noch das Kind an der Parallelkasse an zu quengeln und wollte eine kleine Tüte Gummibären haben. Ich hatte inzwischen meinen Einkauf bezahlt und eingepackt. Ich war froh, mit solchen Erziehungsproblemen momentan noch nicht konfrontiert zu sein.

Als ich im Auto nach Hause fuhr, ließ ich die Situation im Supermarkt noch mal vor meinem inneren Auge ablaufen. Klar, es war unfair vom Supermarktbetreiber im Kassenbereich Süßigkeiten auf

Augenhöhe der Kinder im Einkaufswagen zu offerieren. Hatte die Mutter aber richtig gehandelt, als sie ihrer Tochter einen Lolli gegeben hatte, um sie endlich zu beruhigen?

Nein, sagte ich mir. Sie hatte der Tochter für ihr unerwünschtes Verhalten eine Belohnung, einen Lolli, gegeben. Würde die Tochter das unerwünschte Verhalten damit zukünftig abstellen? Sicher nicht! Ich konnte mir bildlich vorstellen, was beim nächsten Besuch der Mutter mit ihrer Tochter im Supermarkt passieren würde. Durch die Erziehungs- und Führungsschwäche der Mutter wurde die Tochter in ihrem unerwünschten Verhalten bestätigt und direkt belohnt. Eben mit einem Lolli.

Sagte ich »Führungsschwäche«? Richtig! Das wurde mir durch mein Erlebnis im Supermarkt plötzlich alles klar. Es war eine Führungsschwäche, wenn man als Führungskraft unerwünschtes Verhalten seiner Mitarbeitenden direkt oder indirekt belohnte, und zwar ihnen für unerwünschtes Verhalten einen Lolli gab. Also beispielsweise in Form einer Gehaltserhöhung oder eines anderen Bonus. Es galt auch als Führungsschwäche, einfach wegzuschauen und lieber nichts zu sagen, weil man sich nicht traute, das unerwünschte Verhalten anzusprechen und eventuell sogar zu sanktionieren. So musste man sich dann auch nicht wundern, wenn das unerwünschte Verhalten nicht aufhörte, immer weiter eskalierte und sich so sogar noch bei anderen Mitarbeitenden fortpflanzte. So wie bei dem kleinen Jungen an der benachbarten Kasse im Supermarkt. Und genau so wie in meinem Team.

Am nächsten Tag bat ich Matteo zu einem Gespräch. Ich kam ohne Umschweife auf seine viel zu langen Pausenzeiten zu sprechen und machte ihm klar, dass ich sein unerwünschtes Verhalten ab sofort nicht weiter dulden würde. Ich brachte meine Enttäuschung über sein Verhalten, nicht über seine Leistung, zum Ausdruck. Matteo zeigte sich überrascht und meinte, dass er die langen Pausenzeiten durch seine hohe Produktivität immer wieder reinholen würde. Ich ließ mich auf diese Diskussion nicht ein und sagte ihm, dass sich andere an seinem falschen Verhalten bereits ein Beispiel nehmen würden. Er meinte, ich hätte doch bisher noch nie seine Pausenzeiten sanktioniert. Für ihn sei das darum immer okay gewesen.

»Matteo, es war ein Fehler von mir, wegzusehen und dein andauerndes Fehlerverhalten nicht deutlicher anzusprechen. Es war auch ein Fehler, dir bei der letzten Gehaltsrunde eine Gehaltserhöhung zu geben.« Ich war über meine Worte selbst etwas überrascht, denn so deutlich war ich ihm gegenüber noch nie aufgetreten.

»Ich mache demnächst Urlaub und meine Stellvertretung wirst nicht du übernehmen, sondern Silke. Jemand, der falsches Verhalten an den Tag legt und anderen ein schlechtes Beispiel ist, kann keine Führungsrolle übernehmen.« Ich wusste, dass ich ihn damit hart traf, weil ihm die Stellvertretungen für sein Ego immer sehr wichtig waren. Auch diese Stellvertretungen waren Matteos Lolli gewesen.

»Matteo, ich erwarte, dass du die Pausenzeiten ab sofort akkurat einhältst und deinen Kolleginnen und Kollegen damit ein Beispiel bist. Ich werde deine Pausenzeiten beobachten. Ich möchte noch mal betonen, dass meine Enttäuschung und Entscheidung nichts mit deiner Leistung zu tun haben, sondern nur mit deinem Verhalten und deinen Verfehlungen wegen der Pausenzeiten.« Matteo versprach Besserung und wir beendeten das Gespräch.

Nach dem Gespräch war ich richtig erleichtert, Matteo gegenüber Klartext gesprochen zu haben. Ich nahm mir vor, ihm keinen weiteren Lolli mehr zu geben, solange sich sein Verhalten nicht deutlich und nachhaltig verbessern würde. In den nächsten Monaten konnte ich beobachten, dass Matteo tatsächlich seine Pausenzeiten sehr akkurat einhielt. Das Einhalten der Pausenzeiten war auch bei anderen im Team kein Problem mehr. Seither lautete einer meiner Führungsgrundsätze: »Kein Lolli bei unerwünschtem Verhalten!«

Neulich traf ich im Supermarkt die Mutter mit ihrer Tochter wieder. Auch sie hatte scheinbar das Problem mit dem »unerwünschten Verhalten« gelöst, denn die »Quengelzone« im Kassenbereich wurde ohne Probleme anstandslos passiert. Als ich dran war, kaufte ich einen der bunt eingepackten Lollis. Draußen auf dem Parkplatz schenkte ich den Lolli der Tochter, die gerade auf ihrem Kindersitz im Auto Platz genommen hatte. »Danke!«, sagte ich zur Mutter. »Ihre

Tochter hat mich vor einiger Zeit in diesem Supermarkt gelehrt, dass man unerwünschtes Verhalten nicht mit einem Lolli belohnen darf.«

Die Mutter lächelte und meinte: »Ich weiß, wovon Sie reden. Ich habe es inzwischen auch gelernt. Und meine Tochter auch.«

## Kernbotschaften:

- **Unerwünschtes Verhalten** der Mitarbeitenden nicht anzusprechen und lieber wegzulächeln, ist immer eine Belohnung und ein Lolli für dieses falsche Verhalten.
- Es gehört **Mut** dazu, falsches oder unerwünschtes Verhalten sehr zeitnah anzusprechen. Diesen Mut musst Du als Führungskraft aufbringen. Das wird von Dir erwartet. Jederzeit und bedingungslos.
- Deine Mitarbeitenden beobachten Dich sehr genau. Sie erwarten von Dir als Führungskraft, dass Du falsches oder unerwünschtes Verhalten von Kolleginnen oder Kollegen ansprichst und abstellst. Sonst werden sie innerhalb kürzester Zeit genau das gleiche Verhalten an den Tag legen. Und damit potenziert sich Dein Problem. Auch das unerwünschte Verhalten von erstklassigen Mitarbeitenden **muss angesprochen und abgestellt werden**. »Starallüren« dürfen niemals geduldet werden.
- Wenn Du das falsche oder unerwünschte Verhalten bei Deinem Mitarbeitenden ansprichst, dann bleibe immer **fair in der Kommunikation**. Lege die Konsequenzen glasklar offen, formuliere Deine Erwartungen und vereinbare einen Verbesserungsplan.

# Kapitel 3
# Scheitern als Erfolgsrezept

## Scheitern ist oftmals nur das Vorspiel zum ganz großen Erfolg.

»Joris, das ist ja ein hochinteressanter Fehler, der ihnen da passiert ist. Vielen Dank dafür!«

Ich war über die Reaktion meiner Chefin Alina völlig überrascht. Ich hatte eher einen »Anschiss« erwartet, nachdem mir ein gravierender Fehler bei der Montage der Ventilköpfe unterlaufen war.

Vor sechs Monaten hatte ich meinen Arbeitgeber gewechselt. Mein früherer Arbeitgeber war ein Unternehmen, in dem Fehler immer drastisch sanktioniert wurden. Wer einen Fehler machte, wurde von seiner Führungskraft zum Einzelgespräch eingeladen und zusammengefaltet.

»Was hast du denn da für einen Scheiß gebaut? Das kostet uns mindestens 5.000 Euro, was du da verbockt hast. Oh Mann, so blöd kann man doch nicht sein! Du kommst sofort in mein Büro. Und zieh dich warm an! Das hat Konsequenzen für dich!« In dieser Art und Weise wurde man von seiner Führungskraft bei meinem früheren Arbeitgeber angeschrien und abgekanzelt, wenn ein Fehler passiert war. Manchmal hatte ich den Eindruck gehabt, dass die Führungskräfte nur darauf warteten, dass irgendjemandem wieder ein Fehler passierte.

Außerdem wurde man nie gefragt, warum der Fehler passiert war, ob man etwas daraus gelernt hatte oder man eine Idee für eine Verbesserung hatte, damit der Fehler so nie wieder passieren konnte. Das Ziel der »Einzelgespräche« war nur, den Schuldigen für den Fehler zu suchen und Angst zu schüren. Zum Beispiel wurden Entlassungen oder der Entzug der Boni für die Übererfüllung des Monatsziels angedroht. Bei diesen Gesprächen wurde es grundsätzlich sehr laut und es sprach immer nur die Führungskraft. Nachdem man sein Einzelgespräch gehabt hatte und runtergemacht worden war, ging man dann zurück an seinen Arbeitsplatz und arbeitete weiter. Man arbeitete dann aber langsamer als vorher und kontrollierte alles doppelt und dreifach, denn den gleichen Fehler wollte man ja nicht noch einmal machen.

Natürlich stumpfte man irgendwann ab. Wenn man einen eigenen Fehler selbst bemerkte, dann hielt man einfach die Klappe. Oftmals zeigte sich der Fehler dann erst beim Kunden und durch hohe Garantiekosten. Oder man vertuschte einen Fehler, denn auf so ein »Einzelgespräch« hatte niemand Lust. Manche suchten sich auch einen Sündenbock, dem man den Fehler in die Schuhe schieben konnte.

Die Firmenleitung wunderte sich nur über die hohen Garantie- und Produktionskosten. Oder auch, dass immer mehr Kunden dem Unternehmen den Rücken kehrten und zum Mitbewerber wechselten. Es wurden alle möglichen Hebel in Bewegung gesetzt, um die Marge wieder zu verbessern und um Kunden zurückzugewinnen. Berater kamen rein, einige Montageschritte wurden sehr teuer automatisiert und es wurde ein Wertekanon für das Unternehmen entworfen, auf den aber kein Verlass war, weil sich letztendlich niemand an diese Werte hielt. Die neuen Unternehmenswerte hingen in großen, goldenen Rahmen in allen Meetingräumen und Gängen. Fragte man die Mitarbeitenden, wie die Werte gelebt wurden, dann bekam man nur ein Kopfschütteln und Abwinken zur Antwort. Das Einzige, auf das Verlass war, waren die Sanktionen und »Einzelgespräche« nach einem Fehler.

Die Führungskräfte in diesem Unternehmen lebten tagtäglich eine negative Fehlerkultur, weil das ganze Unternehmen grundsätzlich keine Fehlerkultur hatte und der Druck zur Zielerreichung immer höher wurde. Fehler waren schlecht und wurden sanktioniert. Zeit zur Fehleranalyse wurde nur sehr selten aufgewendet. Auf die Idee, aus gemachten Fehlern etwas zu lernen, eine Verbesserung daraus abzuleiten und umzusetzen, kam niemand. Mein Vorschlag, das Einstecken eines Steckers auf eine einfache Weise durchzuführen, sodass eine Verpolung nicht stattfinden konnte, hatte sich mein Chef erfreulicherweise irgendwann mal angehört. Doch eine Rückmeldung hatte ich nie erhalten. Also hatte ich ihn ein paar Monate später erneut darauf angesprochen. Seine Antwort: Ich solle mich nicht darum kümmern, meine Arbeit sei die Montage. Und außerdem wäre dafür keine Zeit vorhanden. Ein paar Monate später aber mussten von den Servicekollegen in ganz Europa über 200 Geräte bei Kunden kontrolliert werden, weil ein neuer Kollege genau diesen Stecker falsch herum montiert hatte. Aus dem Servicebereich hatte mir später noch eine Kollegin berichtet, dass dieser Fehler Kosten in Höhe von einer Viertelmillion Euro verursacht hatte. Mit meiner Verbesserungsidee wäre das vermutlich nicht passiert. Irgendwann war mir das alles aber egal gewesen und ich hatte meine Ideen immer für mich behalten. Der neue Kollege, dem der Fehler unterlaufen war, wurde in der Probezeit wieder entlassen.

Niemand in diesem Unternehmen lebte eine Fehlerkultur. Vor allem die Führungskräfte bis hoch ins Top-Management nicht. Führungskräfte gaben auch selbst gemachte Fehler selten zu. Das Lustige dabei war, dass es dann doch jeder wusste, dass die Führungskraft es vermasselt hatte. Also wurde letztendlich doch über den Fehler gesprochen. Aber eben nicht, um etwas daraus zu lernen und zu verbessern, sondern um sich in der Kaffeepause hinter vorgehaltener Hand über die Führungskraft lustig zu machen. »Der Fisch stinkt immer vom Kopf her«, war ein beliebter Spruch, um die vorliegende Gesamtsituation zu beschreiben.

Irgendwann hatte ich aber die Faxen dicke. Ich hatte keine Lust mehr, mich von meinem Chef bei Abweichungen oder Fehlern sanktionieren zu lassen. Denn ich musste feststellen, dass mein Selbstwert immer mehr litt und ich sogar zeitweise Angst hatte, in diesem Unternehmen zu arbeiten. Meine Frau meinte, ich solle doch den Arbeitgeber wechseln, weil mir die Arbeit nicht guttat und weder Anerkennung noch Wertschätzung von den Führungskräften gezollt wurde. Noch zögerte ich. Als ich aber einem Bekannten einmal von meiner Situation erzählte, meinte er, ich solle mich doch mal in seinem Unternehmen bewerben. Dort würden die Werte und eine Fehler- und Verbesserungskultur wirklich gelebt werden. Er erzählte mir von dem Unternehmen und seiner Arbeit in der Montage. Während seiner Erzählung überlegte ich nur, warum es bei uns nicht so war. Es könnte so einfach sein. Ich beschloss, mich bei diesem Unternehmen zu bewerben, da dort zu dieser Zeit gerade Montagemitarbeitende gesucht wurden.

Und nun arbeitete ich bereits seit sechs Monaten in meinem neuen Unternehmen. Es war richtig gewesen, meinen Arbeitgeber zu wechseln. Mein Ex-Chef hatte zwar versucht, mir die Kündigung auszureden und mir das Blaue vom Himmel versprochen, aber ich ließ mich davon nicht beeindrucken und ging dennoch.

Meine neue Chefin Alina war ganz anders. Das ganze Unternehmen war anders. Die Unternehmenswerte wurden von der obersten Etage bis runter in die Produktion und Büros beachtet und aktiv gelebt. Vor allem war eine positive Fehler- und Verbesserungskultur etabliert.

Der Montagefehler, der mir unterlaufen war, fiel im Endtest des fertigen Geräts auf. Ich hatte bei einem Ventilkopf vergessen, eine der sechs Schrauben einzuschrauben. Es war neu für mich, dass sich eine Führungskraft für einen gemachten Fehler sogar bedankte:

»Joris, das ist eine gute Gelegenheit, diese Fehlermöglichkeit ein für alle Mal zu beseitigen. Setzen Sie sich doch bitte diese Woche noch mit Ihren Kollegen und Kolleginnen Ihrer Montagelinie zusammen und überlegen Sie, was getan werden muss, damit bei der Baugruppe keine Schrauben mehr vergessen werden können. Ich bin mir sicher, Sie werden eine kreative Lösung finden.« Alina lächelte mich an und nickte mir auffordernd zu.

Wow, kein Geschrei, kein Einzelgespräch, keine Angstmache und keine Sanktionen. Stattdessen wurde der Fehler akzeptiert und Alina appellierte an meine Kreativität, um eine Lösung für das Problem zu finden. Würde ich in diesem Umfeld Fehler vertuschen? Nein! Würde ich einen Sündenbock suchen? Nein! Hier durfte ich aus meinen Fehlern lernen, sie verbessern und meine Kreativität einsetzen.

Zwei Wochen später fand in unserer Montagegruppe das monatliche »Fuckup-Meeting« statt. »Fuckup« kam aus dem Englischen und bedeutete so viel wie »Mist gebaut«. In diesem Meeting sollte jeder kurz berichten, was bei ihm oder ihr in der vergangenen Woche schiefgelaufen war.

Und das Großartigste war: Meine Chefin Alina fing als Erste an, über ihr ganz persönliches »Fuckup« in den letzten Wochen zu berichten. Eine Führungskraft, die über Fehler offen und ehrlich vor dem versammelten Team erzählte – ich war begeistert über so viel Offenheit und Ehrlichkeit! Für mich war Alina gerade dadurch eine charismatische Chefin.

Alina berichtete, dass sie einen wichtigen Termin zum Produktionsdatenabgleich verpasst hatte und darum das Monatsergebnis erst zwei Tage zu spät reportet werden konnte. Das war ein peinlicher Fehler mit erheblichen Auswirkungen auf das Gesamtreporting des Unternehmens. Sie berichtete, dass sie bereits zusammen mit einem IT-Ingenieur eine Lösung gefunden hatte. In Zukunft wurden die Daten vollautomatisch aus unserem Manufacturing Execution System (MES) am Monatsende gezogen, als Excel Tabelle aufbereitet und automatisch per E-Mail an das Produktionsmanagement geschickt. Alina bekam nur noch eine Kopie der E-Mail. Eine perfekte Lösung. Und der Fehler, dieses wichtige Reporting zu vergessen oder im Urlaub nicht machen zu können, war ein für alle Mal aus der Welt. Das ganze Team klatschte Beifall und so kam ich an die Reihe, über meinen Fehler zu berichten.

Nun war es mir immer etwas peinlich, vor Menschen zu reden, aber dieses Mal war es anders. Alle hörten gespannt zu und wussten, dass hier in diesem Meeting großartige Dinge verbessert oder zur Verbesserung vorgeschlagen wurden, die das Team, die Abteilung und das Unternehmen besser werden ließen.

Ich stellte die Baugruppe auf den Tisch und berichtete, was passiert war. Anstatt sechs Schrauben zur Sicherung des Ventilkopfes einzudrehen, hatte ich nur fünf Schrauben eingedreht. Zufällig war das einer Kollegin im Endtest aufgefallen. Später wäre sicher Öl zwischen Ventilkopf, Dichtung und Gehäuse ausgelaufen und das Gerät wäre zum Garantiefall geworden. Peinlich wäre es vor allem dann gewesen, wenn der Kunde gemerkt hätte, dass da eine Schraube vergessen wurde.

Ich hatte mich dann im Vorfeld zu diesem »Fuckup-Meeting« mit zwei Kollegen und unserer IT-Praktikantin zusammengesetzt. Wir hatten die Idee entwickelt, den elektronischen Drehmomentschrauber, der zum Anziehen der sechs Schrauben verwendet werden musste, über seine Schnittstelle ans MES-System anzuschließen. Unsere Praktikantin Alva hatte innerhalb von zwei Tagen eine kleine Software geschrieben, mit der genau kontrolliert wurde, ob auch wirklich sechs Schrauben mit dem richtigen Drehmoment und der berechneten Anzahl Umdrehungen festgezogen wurden. Gleichzeitig wurden die Drehmomente protokolliert. Wurden nur fünf Schrauben festgezogen oder die Drehmomente nicht eingehalten, so wurde eine Fehlermeldung auf dem Arbeitsplatzterminal angezeigt und der nächste Arbeitsschritt konnte nicht gestartet werden.

Alina nickte mir anerkennend zu. »Du lernst schnell, wie man aus Fehlern lernt«, sagte sie. Die anderen Teammitglieder beklatschten die Umsetzung der Idee und letztendlich auch den Fehler, ohne den diese Verbesserung des Montageprozesses nicht zustande gekommen wäre. Mich freute und motivierte es ungemein, dass ich in diesem Unternehmen angstfrei Fehler machen durfte und meine Kreativität einsetzen konnte, um daraus etwas zu lernen und zu verbessern.

Das Unternehmen hatte das große Potenzial in einer täglich gelebten positiven Fehlerkultur erkannt. Darum wurde auch die Zeit für die »Fuckup-Meetings« fest eingeplant und im Produktions- und Ressourcenplan reflektiert. Sogar für die Verbesserungsaktivitäten wurden Mitarbeitende fest eingeplant. Unsere Produktionsabteilung hatte zwei festangestellte »Umsetzer«, die halfen, Fehler zu analysieren und die Verbesserungsideen schnell umzusetzen. Sie bauten Vorrichtungen um, änderten Werkzeuge ab oder kümmerten sich darum, dass die IT-Abteilung eine Software änderte oder neu erstellte – immer mit dem Ziel, eine Verbesserung schnellstens umzusetzen, damit der Fehler so nie wieder passieren konnte. Alina sagte mir einmal, dass sich die Investition des Unternehmens in die Meetings und die Umsetzer rechnete. Die gelebte positive Fehlerkultur stärkte nicht nur das Unternehmen tagtäglich, sondern auch im Wettbewerb durch bessere Qualität und geringere Kosten.

Auch wurde die unternehmerische Fehlerkultur nach außen demonstriert. Zum Beispiel sah ich des Öfteren, wie unser Produktionsleiter Kunden unsere »Red-Flag-Ecke« zeigte. In dieser Ecke wurden Geräte und Baugruppen gezeigt, die beim Kunden in der Garantiezeit defekt gingen und vom Service zur Untersuchung und zum »Darauslernen« ins Werk zurückgeschickt wurden. Für uns Montagemitarbeiter und für die Ingenieure war dies eine erstklassige Möglichkeit, aus den Fehlern in der Montage, im Design oder aus Materialproblemen zu lernen. Zu jedem Fall gab es einen kurzen Report. Wichtig auf diesem Report war vor allem der letzte Absatz: Was haben wir aus dem Fehler gelernt und was wurde verbessert sowie umgesetzt? Hier wurde dem Kunden offen und ehrlich gesagt: »Wir sind nicht perfekt und wir machen Fehler. Aber wir lernen daraus und verbessern sofort.« Es war wichtig, dem Kunden zu zeigen, wie in unserem Unternehmen mit Fehlern umgegangen wurde. »Wir machen keine Fehler«, hätte sowieso niemand geglaubt. Viele Kunden nickten anerkennend, während unser Produktionsleiter die Funktion der »Red-Flag-Ecke« erklärte. Ich war mir sicher, dass dies die Kunden in ihrer Entscheidung, Produkte und Systeme von uns zu kaufen, bestärkte. Denn unsere Produkte wurden dank unserer gelebten positiven Fehlerkultur evolutionär qualitativ immer besser.

Ich stand endlich morgens gerne auf, um zur Arbeit zu gehen. Ich arbeitete in einem großartigen Unternehmen, in einem tollen Team und hatte eine authentische, charismatische und menschliche Führungskraft. Ich war nicht nur in diesem Unternehmen angestellt, nein, ich arbeitete sogar an diesem Unternehmen tagtäglich mit und durfte meine Kreativität einbringen. Das war ein großer Unterschied zu meinem vorherigen Arbeitgeber, der keinerlei Fehlerkultur anerkannte und lebte.

Und inzwischen verstand ich, warum sich Führungskräfte bei meinem aktuellen Arbeitgeber bei ihren Mitarbeitenden für gemachte

Fehler bedankten. Denn Fehler und das Scheitern waren nur das Vorspiel zum ganz großen Erfolg unseres Unternehmens.

> *»Scheitern ist nur das Vorspiel zu Deinem ganz großen Erfolg.«*
> *Heiko Breckwoldt*

**Kernbotschaften:**

- Unternehmen, die keine **Fehlerkultur** etabliert haben und ihre Mitarbeitenden bei gemachtem Fehler sanktionieren, werden nie ihre vollen Potenziale entfalten können und im Markt langfristig verlieren. Aus dem Grund, weil die gleichen Fehler immer wieder gemacht werden und sich das Unternehmen und die Produkte sowie Dienstleistungen so evolutionär nicht weiterentwickeln und verbessern.
- In einem Unternehmen ist es wichtig, einen **Fehler als Chance** zu begreifen, um eine Verbesserungsmaßnahme, einen kontinuierlichen Verbesserungsprozess (KVP) oder *Kaizen* (japanisch, steht für »Veränderung zum Besseren«) zu starten, damit dieser Fehler ein für alle Mal so nicht mehr vorkommen kann.
- Sprich als Führungskraft **offen und ehrlich über die Fehler**, die **Du** gemacht hast. Du wirkst dadurch als Führungskraft deutlich authentischer, menschlicher, berechenbarer, charismatischer und ehrlicher. Denn wer über gemachte Fehler nicht spricht, der schadet dem Unternehmen und sich selbst. Denn es weiß ja sowieso jeder, dass Du es verbockt hast. Und wenn Du nicht darüber sprichst, dann sprechen eben alle anderen über Dich.
- Etabliere ein monatlich fest eingeplantes **»Fuckup-Meeting«** in Deinem Team. In diesem Meeting sollte über gemachte Fehler offen und ehrlich gesprochen werden. Und Du als Führungskraft fängst immer an.
- Animiere Deine Mitarbeitenden **neue Wege** auszuprobieren, zu experimentieren und auch mal ein kalkuliertes Risiko einzugehen.

- Wer kein Risiko eingeht, der macht auch keine Fehler und wird dadurch auch niemals innovative neue Wege, Prozesse oder Produkte entdecken. Denn eines gilt immer: **No Risk — no Failure — no Innovation!**
- Für all das ist Zeit einzuplanen! Dabei handelt es sich auch um gut investierte Zeit, die das Unternehmen mit allen seinen Prozessen Schritt für Schritt fehlerfreier macht. Das Unternehmen ist somit auch effektiver, lukrativer und besser im Markt und für die Zukunft aufgestellt.

Exkurs

In den 30er-Jahren des letzten Jahrhunderts studierten zwei Freunde an der Stanford University in der Nähe von Palo Alto in Kalifornien, USA: Bill Hewlett und Dave Packard. Beide gründeten nach ihrem Studium das sehr erfolgreiche Hightech-Unternehmen *Hewlett-Packard*. In der elterlichen Garage im Garten von Bill Hewletts Eltern entwickelten und produzierten beide ihr erstes Produkt: einen Audio-Frequenzgenerator für die Studios und Kinos von *Walt Disney*. Diese Garage ist heute ein »Historical Landmark« und wird als Kristallisationskern für die Entstehung des Silicon Valley angesehen.

Bill Hewlett und Dave Packard erkannten sehr früh, dass eine positive gelebte Fehlerkultur wichtig für die Innovationsfreundlichkeit ihres Unternehmens war. Mitarbeitende wurden animiert, neue Wege auszuprobieren, zu experimentieren und auch mal ein kalkuliertes Risiko einzugehen. Wenn etwas schiefgelaufen war, wurde niemand sanktioniert oder gefeuert. Scheitern wurde von Bill und Dave als Erfolgsrezept erkannt. Beide schrieben für ihre Mitarbeitenden diese positive Fehlerkultur in die Unternehmenswerte, den »HP-Way«, mit folgendem dem Satz auf: »A chance to learn by making mistakes.«

Das Unternehmen erkannte, dass technische Innovation Fehlerfreundlichkeit voraussetzte, und hielt das somit auch in seinen Werten fest. So arbeiteten die Mitarbeitenden produktiver und engagierter, denn sie mussten keine Angst vor Sanktionen bei gemachten Fehlern haben und bekamen die Möglichkeit, aus einem Fehler eine Verbesserung zu entwickeln.

Das war auch einer der Gründe, warum *Hewlett-Packard* zu einem der erfolgreichsten Hightech-Unternehmen im 20. Jahrhundert wurde.[1]

# Kapitel 4
# Foul!

## Ein Verstoß der Mitarbeitenden gegen die Regeln oder Werte muss von einer Führungskraft kompromisslos angesprochen werden.

»Jens, ich brauche nächste Woche Urlaub.«

Meine Mitarbeiterin Ulrike stand freudestrahlend vor mir und wollte für die nächste Woche ungeplant eine Woche Urlaub haben. Ihr Mann Lasse war Mitarbeiter einer Messebaufirma und hatte spontan eine Woche Urlaub bekommen. Ulrike wollte diese Woche zusammen mit ihrem Mann verbringen, da er aufgrund seines Berufs oft sehr lange von zuhause weg war.

»Ups, Ulrike, das kommt aber plötzlich, da muss ich erstmal schauen, ob das geht.« Für die nächsten Wochen hatte ich bereits Tamara und Ben den Urlaub genehmigt. Ferner hatten wir einen sehr hohen Auftragsbestand und ein äußerst wichtiger Kundenauftrag musste unbedingt bis Ende nächster Woche versandfertig sein. Sollten die Spektrometer für unseren Kunden in Schweden bis zum Ende der Woche nicht in den Versand gehen, dann konnte unser Kunde den Auftrag komplett stornieren. Auf Ulrike konnte ich für diesen Auftrag nicht verzichten, denn sie war zusammen mit Ben auf die Montage und Kalibration der hochpräzisen optischen Spektrometer trainiert. Eine dritte trainierte Mitarbeiterin aus meinem Team, Marina, hatte sich vor zwei Wochen das Handgelenk bei einem Sturz mit ihrem Mountainbike kompliziert gebrochen und fiel für mehrere Wochen oder Monate aus. Und Ben hatte seinen Urlaub bereits vor langer Zeit eingereicht und von mir genehmigt bekommen, denn er wollte nächste Woche zusammen mit seiner Freundin die neue Wohnung streichen.

Trotzdem schaute ich mir den Einsatzplan des Teams und den Zeitplan für den wichtigen Auftrag noch mal detailliert an. Wenn möglich, wollte ich Ulrike den spontanen Urlaub ermöglichen.

Ich sprach mit Ben und fragte, ob er nächste Woche vielleicht doch zwei Tage reinkommen könnte, um die optischen Spektrometer zu montieren und zu kalibrieren. Ich hatte ausgerechnet, dass wir so den Auftrag dann schaffen konnten.

»Ben, ich weiß, du hast nächste Woche Urlaub, aber wäre es möglich, dass du deinen Urlaub verschiebst oder vielleicht zwei Tage reinkommst und die Spektrometer für den Auftrag der Schweden fertig machst. Ulrike hat für nächste Woche Urlaub angefragt, denn ihr Mann kommt in der Woche nach Hause.«

»Nee, du, das geht gar nicht. Nächste Woche kommt die neue Küche und die anderen Möbel. Bis dahin muss alles fertig tapeziert und gestrichen sein. Außerdem will Linda noch zwei Tage mit mir in den Schwarzwald zum Gleitschirmfliegen.« Ben schüttelte den Kopf. »Das sieht Ulrike mal wieder ähnlich. Immer spontan und von heute auf morgen. Und wir sollen uns dann danach richten. Sorry, geht dieses Mal leider nicht.«

Ich verstand Ben. Und er hatte auch Recht. Ulrike kam in der Vergangenheit schon öfter mit spontanen Bitten nach freien Tagen oder Wochen. Oftmals tatsächlich von heute auf morgen. Bisher war es immer irgendwie möglich gewesen. Kollegen waren dann eingesprungen oder hatten ihre Pläne verändert, um Ulrike ihre freien Tage zu ermöglichen.

Nach dem Gespräch mit Ben telefonierte ich mit Silvana in der Auftragsabwicklung. Ich fragte sie, ob es irgendeine Möglichkeit geben würde, den Auftrag noch eine weitere Woche nach hinten rauszuschieben.

»Keine Chance«, war ihre Antwort. Der Kunde in Schweden war eh schon sauer, weil wir erst auf den letzten Drücker fertig wurden. Somit stand fest, dass ich Ulrike den Urlaub nächste Woche nicht genehmigen konnte.

Ich holte Ulrike in unseren Besprechungsraum. »Und, Jens, kann ich nächste Woche Urlaub haben? Ich freue mich so, dass Lasse für eine ganze Woche nach Hause kommt. Wir wollen dann viel Zeit miteinander verbringen.«

»Ulrike, es tut mir leid, aber es geht nicht. Wenn du ein paar Wochen vorher mit der Urlaubsanfrage gekommen wärst, dann wäre es bestimmt machbar gewesen. Aber so kurzfristig in der momentanen Situation leider nicht. Ich habe Ben gefragt, ob er flexibel wäre und zwei Tage reinkommen könnte. Er kann seinen Urlaub aber nicht verschieben, weil er in der Woche seine neue Küche bekommt. Wie du weißt, hat er seinen Urlaub schon vor drei Monaten angemeldet und genehmigt bekommen. Wir haben im Teammeeting eure Urlaubszeiten und Vertretungen besprochen und abgestimmt. Und du weiß selbst, dass wir den Auftrag für die Schweden nicht verschieben können.«

Ulrike schaute mich fassungslos an. Sie hatte wohl fest mit einem positiven Bescheid gerechnet.

»Ben soll sich nicht so anstellen. Die paar Stunden kann er sicher reinkommen, wenn er wirklich wollen würde.« Ulrikes Stimme wurde lauter und ihre Augen blitzen etwas auf.

»Hast du denn selbst einmal mit Ben gesprochen. Schließlich müsste er dir entgegenkommen.«

»Ja, ich habe ihn gefragt. Aber er will nicht«, entgegnete Ulrike mir in einem scharfen Ton. Ben hatte sich schon so oft auf Ulrikes sehr kurzfristige Urlaubsanfragen eingelassen und war kompromissbereit gewesen. »Ulrike, du weißt ganz genau, dass sich Ben in der Vergangenheit immer bereit erklärt hat, für dich einzuspringen. Es ist falsch, wenn du sagst, dass er nicht will. Er kann dieses Mal nicht. Sei bitte nicht ungerecht.«

»Was soll ich Lasse sagen? Schön, dass du zuhause bist, aber die Zeit kannst du mit dir allein vertreiben, weil mein Chef und mein Kollege mir das nicht gönnen?«

»Nein, Ulrike, das Problem liegt nicht bei mir oder bei Ben, sondern bei dir. Du kannst doch nicht immer erwarten, dass sich alle nach dir richten. Was sollen wir dem Kunden sagen? Sorry, eine meiner Mitarbeiterinnen wollte in den Urlaub gehen, jetzt warten Sie halt bitte, bis sie wieder da ist?« So langsam verlor ich auch etwas die Geduld in diesem Gespräch.

Ulrike schaute betroffen auf ihre leicht zitternden Hände. Ihr wurde bewusst, dass sie ihren Urlaub nicht genehmigt bekommen würde und sich ihre Pläne für die nächste Woche langsam in Luft auflösten.

»Auch wenn das jetzt nicht deinen Erwartungen entspricht: Ich kann dir den Urlaub nicht genehmigen, weil ich dich die nächste Woche hier dringend brauche und es keinen Ersatz für dich gibt. Tut mir sehr leid. Lasse wird das sicher verstehen. Und abends habt ihr doch noch Zeit genug für euch.« Ich beendete das Gespräch und schickt Ulrike zurück an ihre Arbeit.

Am nächsten Tag kam Ben in der Kaffeeecke auf mich zu. »Jens, ich glaube, die Ulrike ist ganz schön verärgert, weil sie ihren Urlaub nächste Woche nicht bekommt.« Ich nahm meinen vollen Kaffeebecher aus der Kaffeemaschine und stellte mich zu Ben an den Bistrotisch. Wir waren allein in der Kaffeeecke. »Ich würde Ulrike den Urlaub ja geben, aber es geht so kurzfristig eben nicht. Du weißt, warum.« Ben nickte und trank einen Schluck aus seinem Kaffeepott. »Sie erzählt allen im Team, dass du und ich ihr den Urlaub nicht gönnen würden.« Ben nahm noch einen Schluck aus seinem Pott und meinte dann: »Pass mal auf, die bringt nächste Woche bestimmt einen gelben Zettel und meldet sich damit krank.«

»Ben, ich bin überzeugt, dass Ulrike weiß, dass das falsch und unfair wäre. Sie weiß ganz genau, dass wir nächste Woche auf sie angewiesen sind.« Ich trank meinen Kaffee aus und ging zurück in mein Büro. Ich war überzeugt, dass Ulrike mich nicht enttäuschen würde.

Es kam leider anders, denn ich wurde enttäuscht.

Als ich am Montagmorgen um sieben Uhr meinen Computer hochfuhr, erschien sofort eine E-Mail von Ulrike in der Inbox. Sie schrieb mir kurz, dass sie am Freitagnachmittag noch beim Arzt gewesen war und er sie für eine Woche krankgeschrieben hatte. Die Krankmeldung würde per Post kommen.

Mir ging sofort die Konsequenz dieser Krankmeldung durch den Kopf. Für die dringend notwendige Fertigstellung der Spektrometer bis zum Ende der Woche hatte ich keine trainierten Mitarbeiter verfügbar. Ben war im Urlaub, Marina länger krank und Ulrike fiel wegen Krankheit jetzt auch noch aus. Der Auftrag für das schwedische Unternehmen würde so nicht bis Ende der Woche fertig werden. Die Schweden hatten somit das Recht, den gesamten Auftrag zu stornieren. Eine Katastrophe. Ich musste eine Lösung finden. Das hatte jetzt erste Priorität.

Ich rief Ben auf seinem Handy an. »Hey Cheffe, willst du zum Helfen kommen?«, war seine Antwort am Handy, als er meinen Namen im Display sah. »Nein, Ben, hier brennt die Hütte. Ulrike ist krankgeschrieben und fällt diese Woche aus. Du kannst dir sicher denken, warum ich anrufe?« Es dauerte einen kleinen Moment, bis Ben antwortete. Ich konnte hören, wie er tief Luft holte. »Das war doch klar, dass sie sich krankschreiben lässt. Ich hätte drauf wetten können. Und nicht nur ich, das ganze Team hat drauf gewettet. Sie wollte unbedingt den Urlaub machen, egal wie. Und wenn der Chef den nicht genehmigt, dann lässt sie sich eben krankschreiben. Sicher sitzt sie jetzt mit ihrem Mann beim Frühstück im Bett und grinst sich einen ab.«

»Es ist doch gar nicht sicher, dass sie die Krankmeldung nur vorschiebt«, erwiderte ich Bens Vermutung. »Aber lass uns jetzt nicht über ihre Motive reden. Ich brauche eine Lösung. Und der Weg zur Lösung kannst nur du sein. Ben, was kann ich tun, damit du diese Woche die Spektrometer fertig machst? Du bist meine einzige Lösung.« Ich wusste, dass Ben es mochte, wenn man ihm sagte, dass es ohne ihn nicht ging. Also spielte ich diese Karte.

»Am Donnerstag kommt die Küchenfirma und will die Küche einbauen. Bis dahin muss alles fertig sein. Ich kann jetzt wirklich nicht reinkommen. Sollen die Handwerker die Küche in die Garage stellen?« Ben war etwas ungehalten, was ich verstand.

»Ben, sag mir einfach, was du brauchst, damit du morgen und übermorgen reinkommen und die Spektrometer fertig machen kannst und …«, ich betonte das »und« ganz besonders, »… und deine Küche in drei Tagen eingebaut werden kann. Sag mir, was du brauchst! Ich kümmere mich drum.«

»Okay, Jens, da wir alle im Team das haben so kommen sehen, haben Moritz und Gerd angeboten, mir zu helfen, falls Ulrike krankfeiert.« Ich sah einen Hoffnungsschimmer und ging auf Bens Unterstellung, dass Ulrike krankfeiert, nicht weiter ein.

Ben meinte, er könne Dienstag und Mittwoch ab 13 Uhr reinkommen und bis 19 Uhr bleiben, um die Spektrometer fertig zu machen. Wenn nichts passieren würde, sollten die zwei Tage reichen. Um 20 Uhr wollten dann auch Moritz und Gerd zu Ben kommen und ihm beim Tapezieren und Malen helfen. Beide planten dafür, ihre Termine abzusagen. So sollte dann bis Donnerstag alles fertig werden. »Das wird dich aber was kosten, Cheffe«, meinte Ben. »Klar, ich werde mich erkenntlich zeigen, wenn das alles so funktioniert. Ihr dürft das Restaurant aussuchen.« Mir fiel ein Stein vom Herzen. Ich hätte nicht zu meinem Chef Frank gehen und ihm sagen wollen, dass der Schwedenauftrag in die Hose gegangen war, und zwar nur, weil niemand in meinem Laden da war, der die Spektrometer hätte montieren können.

Und tatsächlich, es funktionierte. Am Mittwochabend um 19 Uhr waren 32 Spektrometer montiert, kalibriert und getestet. Am Freitagabend konnte sich Ben zuhause in seiner neuen Küche zum ersten Mal was kochen. Ich holte Moritz und Gerd zu mir ins Besprechungszimmer und bedankte mich auch bei ihnen für ihre Hilfe bei Ben, damit er mir und dem Unternehmen helfen konnte. Ich hatte ein großartiges Team.

Je länger ich über Ulrike und ihre Krankmeldung nachdachte, desto mehr hatte auch ich das Gefühl, dass sie foul spielte. Es war schon merkwürdig, dass sie ausgerechnet in der Woche krank wurde, in der ich ihr den Urlaub nicht genehmigt hatte. Man wusste ja, wie schnell man eine Krankmeldung für eine Woche bekommen konnte, wenn man es drauf anlegte. Ich würde sie am kommenden Montag gleich zum Gespräch bitten.

Am Ende der Woche spürte ich in meinem Team eine komische Stimmung. Ich fragte einige beim Mittagessen, was denn los sei. »Wir sind gespannt, was Ulrike am Montag wegen ihrer plötzlichen Krankmeldung erzählt«, war die Antwort der meisten. Für mich hieß das, dass ich als Teamleiter am Montag von meinem Team unter besonderer Beobachtung stand. »Wie reagiert unser Chef?« Diese Frage nahmen wohl alle aus meinem Team mit ins Wochenende.

Wie sollte ich reagieren? Am Sonntag nach dem Frühstück mit meiner Familie setzte ich mich zuhause bei bestem Wetter in den Garten und spielte zwei Möglichkeiten durch. Erste Möglichkeit: Ich ignorierte das Ganze. Auch wenn Ulrike die Woche krankgefeiert hatte, eine Krankmeldung war eine Krankmeldung und sollte nicht in Frage gestellt werden. Auch mein Team hatte das zu akzeptieren. Schließlich war ja alles gut gegangen und das Fehlen von Ulrike konnte mit viel persönlichem und privatem Engagement von Ben, Moritz und Gerd kompensiert werden.

Die Folge wäre dann allerdings, dass mein ganzes Team sauer sein würde, weil ich mich als Führungskraft aus der Verantwortung gezogen hatte. Was meine Position als Chef in diesem Team eindeutig diskreditieren würde. Ich bräuchte in Zukunft nie wieder auf ihre Hilfe in Krisen zu hoffen. Und falls Ulrike mit ihrer Krankmeldung tatsächlich foul gespielt hatte, so würde sie lernen, dass man mit unsozialem und unfairem Verhalten durchkommen konnte. Indirekt belohnte ich dann damit Ulrikes Foulspiel. Und das ganze Team würde gleichzeitig lernen, dass man sich in Zukunft auch ruhig krankmelden konnte, wenn man keinen Urlaub genehmigt bekam. Das wäre dann ab sofort der neue Verhaltensstandard in meinem Team, weil das Spielen mit Fouls bei mir keine Konsequenzen hätte. Ich war mir sicher, dass ich das genau so nicht wollte.

Zweite Möglichkeit: Ich ignorierte Ulrikes Verhalten nicht, sondern konfrontierte sie mit dem Thema und meinem Verdacht. Als Führungskraft von Ulrike musste ich die Auseinandersetzung suchen und durfte weder der Auseinandersetzung noch Ulrike ausweichen. Mir war klar, dass ich Ulrike nicht beweisen konnte, ob sie wirklich krank war oder nicht. Ich war mir aber sicher, dass ich das im Gespräch mit ihr herausfinden würde.

Am folgenden Montag kam Ulrike pünktlich um acht Uhr in die Firma. Bevor sie sich an ihren Montageplatz setzen konnte, sprach ich sie an und bat sie zum sofortigen Gespräch in meinen Besprechungsraum. Das ganze Team bekam mit, wie ich Ulrike abholte und alle schauten uns nach. Eigentlich war es nicht schlecht, dass es alle mitbekamen. Jetzt wussten nämlich alle, dass ich das Thema nicht ignorierte und sofort in die Auseinandersetzung mit Ulrike ging.

»Ulrike, ich hoffe, es geht dir wieder besser und du hast dich gut erholt.« Das »gut erholt« sagte ich nach einer kurzen rhetorischen Pause. Dabei hielt ich Blickkontakt zu ihr. Ulrike hielt dem Blickkontakt nicht stand. »Ja, geht mir wieder besser«, antwortete sie mir etwas patzig.

»Ich will ganz ehrlich zu dir sein. Mein Gefühl ist, dass du deine Krankheit letzte Woche nur vorgetäuscht hast.« Eine kurze Pause ließ ich ihr Zeit, um zu verstehen, dass ich ihr ihre Krankmeldung nicht abnahm und wir jetzt eine Auseinandersetzung führen würden. »Es ist doch sehr merkwürdig, dass du genau in der Woche krank wirst, in der ich dir keinen Urlaub geben konnte. Das löst auf jeden Fall das Gefühl bei mir aus, dass hier vermutlich etwas nicht stimmt. Sag bitte selbst, ist das nicht merkwürdig?«

»Ich war aber krank«, sagte sie kleinlaut und schaute auf den Boden. Eine Antwort auf meine Frage gab sie mir nicht. »Ist das alles, was du zur Entkräftung meines Verdachts sagen willst? Das ganze Team musste sich in der letzten Woche ins Zeug legen, um dein Fehlen aufzufangen. Moritz und Gerd haben abends bei Ben mitgeholfen, damit er reinkommen konnte, um die dringend benötigten Spektrometer fertig zu machen. Die anderen haben Überstunden gemacht, um wiederum Moritz und Gerd bei ihrer Arbeit hier zu unterstützen.« Ich versuchte ruhig zu bleiben, auch wenn es mir schwerfiel.

»Sag mal bitte was dazu! Du gibst mir das Gefühl, dass es dir egal ist, in welche Situation du uns hier durch dein Fehlen gebracht hast. Du hättest wenigstens letzte Woche mal anrufen können, um zu fragen, ob wir das alles packen.« Ich machte jetzt eine längere Pause und wollte endlich was von Ulrike hören. Es war totenstill im Raum. Ich schaute sie die ganze Zeit an. Sie wich meinem Blick immer noch aus.

Plötzlich holte sie Luft und meinte sehr bestimmt: »Ich war krank. Und ich finde es unfair, dass du mir unterstellst, ich hätte die Krankheit nur vorgetäuscht. Ich bin mal gespannt, was der Betriebsrat dazu sagt.« Aha, gebissene Hunde bellten.

»Ulrike, du kannst gerne zum Betriebsrat gehen und dich beschweren. Ich will dir aber sagen, dass auch der Betriebsrat ein großes Interesse daran hat, dass mit Krankschreibungen ehrlich umgegangen wird. Du wirst dich also auch da erklären müssen.« Sie sagte nichts.

Auch wenn ich es nicht beweisen konnte, ihre Körpersprache und Argumentation sagten mir, dass ich recht hatte. Und das genügte mir erstmal. »Ich will es damit auf sich beruhen lassen. Eine Sache wird sich aber für dich ändern. Ich werde dir in Zukunft keinen kurzfristigen Urlaub mehr genehmigen. Du beantragst ab sofort Urlaube und freie Tage mindestens sechs Wochen vorher bei mir.« Ulrike nickte betroffen.

Ich entließ Ulrike aus unserem Meeting, schrieb eine Gesprächsnotiz und schickte ihr eine Kopie der E-Mail. Eine weitere Kopie kam in ihre Personalakte. Eine Abmahnung sprach ich nicht aus und beließ es bei einer »Gelben Karte«. Zum Betriebsrat ging Ulrike nicht.

In den nächsten Tagen beobachtete ich sehr genau, wie mein Team und Ulrike miteinander umgingen. Ulrike hielt sich zurück, obwohl sie sonst eigentlich sehr kontaktfreudig war. Beim Mittagessen in der Kantine und in den Pausen in der Kaffeeecke saß sie oftmals allein. Nach drei Wochen legte sich das aber und sie war wieder integriert.

Hatte ich ihr Unrecht getan mit meiner Vermutung? Vielleicht. Wichtig war aber, dass ich als Führungskraft ihr Verhalten nicht ignorierte und ansprach.

Zwei Monate später stand das vierteljährliche Feedbackgespräch mit Ulrike an. Wir sprachen über ihre erreichten und ihre neuen Ziele. Ich wollte auch noch mal über ihre Geschichte mit der Krankschreibung während ihrem nicht genehmigten Urlaub sprechen. Ich kam aber nicht dazu, weil sie selbst das Gespräch dazu anfing. Sie erzählte mir, dass sie sich am Freitagnachmittag tatsächlich ein wenig unwohl gefühlt hatte und darum zum Arzt gegangen war. Der Arzt hatte sie dann prompt für die kommende Woche krankgeschrieben. »Ich hätte Montag wieder reinkommen können«, sagte sie, »weil ich mich am Samstag bereits wieder besser gefühlt habe. Habe ich aber nicht, weil ich mit Lasse zusammen sein wollte und ich den Krankenschein ja sicher hatte und ihn auskosten wollte. Es war falsch, und ich entschuldige mich dafür. Ich habe dich und das Team hängen lassen, obwohl es auch anders gegangen wäre.«

Es überraschte mich, dass sich Ulrike doch noch zu dem Thema so offen und ehrlich äußerte. Ich sagte ihr, dass ich ihre nachträgliche Offenheit und Ehrlichkeit anerkenne und ich die Sache jetzt auf sich beruhen lassen wolle. Sie hatte ihre Lektion gelernt. Und auch ich nahm ebenfalls viel aus dieser Erfahrung mit: Als Führungskraft musst du mutig, couragiert und entschlossen agieren und ein Foulspiel deiner Mitarbeitenden, auch wenn nur vermutet, sofort ansprechen.

**Kernbotschaften:**

- Ein Foulspiel der Mitarbeitenden muss von der Führungskraft angesprochen werden. Auch wenn man sich nicht 100 Prozent sicher ist, ob wirklich foul gespielt wurde. Dazu gehört **Mut, Entschlossenheit und Courage**. Wichtig ist, bei der Auseinandersetzung immer fair zu bleiben.
- Ist das Foulspiel eines Mitarbeitenden im Team bekannt, so wird die Führungskraft vom Team genau beobachtet, wie sie mit dem Thema umgeht. Die **Erwartungshaltung der Mitarbeitenden** im Team ist ganz klar: »Wir erwarten, dass du das ansprichst und gegebenenfalls sanktionierst.«
- Ignoriert die Führungskraft das Foulspiel, so hat das **zwei dramatische Konsequenzen**:
    1. Das Foul wird zum neuen Standard im Team: »Wenn das bei ihm oder ihr durchgeht, dann mache ich das in Zukunft auch so.« Als Führungskraft hat man damit verloren.
    2. Die foulspielenden Mitarbeitenden meinen, man merkt es als Führungskraft nicht oder hat nicht den Mumm, das Fehlverhalten anzusprechen. Somit wird sich das Fehlverhalten wie-

derholen. Und auch dann hat die Führungskraft verloren, weil man nicht in die Auseinandersetzung geht.

- Ein **Foulspiel** kann sein: bewusstes Missachten von Standards, Arbeitsanweisungen, Werten und Sicherheitsvorschriften, Vortäuschen von Krankheit etc. Ob mit einer Abmahnung sanktioniert wird oder wie in dieser Geschichte nur die »Gelbe Karte« gezeigt wird, liegt im Ermessen der Führungskraft.

Jens hat alles versucht, um Ulrike den spontanen Urlaub zu ermöglichen. Das muss man von einer Führungskraft erwarten. Leider war es aufgrund der Umstände und Dringlichkeiten nicht möglich, Ulrike die Woche spontan Urlaub zu ermöglichen.

Die Entscheidung, Ulrike den beantragten kurzfristigen Urlaub nicht zu genehmigen, war somit richtig. Ulrike war für den wichtigen Auftrag aus Schweden unabkömmlich.

Es war auch richtig, dass Jens das Thema und seinen Verdacht sofort nach Rückkehr von Ulrike ansprach. Ob der Verdacht berechtigt war oder nicht, spielt dabei keine Rolle. Allein der Umstand, dass ein Foulspiel vorliegen könnte, erzwingt eine Reaktion und Auseinandersetzung der Führungskraft mit dem Mitarbeitenden. Wichtig hierbei ist aber, immer fair zu bleiben.

Ob Ulrike sich wirklich krank gefühlt hatte, als sie Freitag zum Arzt ging, bleibt unbeantwortet. Nach eigenen Angaben fühlte sie sich bereits am nächsten Tag wieder gut und hätte dann die Arbeit am Montag wieder aufnehmen können. Sie wusste, dass das Team und das Unternehmen dringend auf sie angewiesen war. Stattdessen hat sie ihren Krankenschein ausgekostet und damit eindeutig foul gespielt.

Trotz Krankschreibung zu arbeiten, ist grundsätzlich erlaubt. Eine **Krankschreibung** beinhaltet kein generelles Arbeitsverbot, sondern ist nur eine Prognose über den wahrscheinlichen Krankheitsverlauf. Fühlen sich Arbeitnehmer vorzeitig fit, dürfen sie nach Rücksprache mit ihrer Führungskraft an den Arbeitsplatz zurückkehren – und sind versichert.[2]

Natürlich hätte Jens noch mehr Mitarbeitende für den Montage- und Kalibrationsprozess der Spektrometer trainieren können. Drei trainierte Mitarbeitende für einen wichtigen Prozess ist etwas wenig. Mindestens vier oder fünf Mitarbeitende wären besser gewesen. Jens ist das Thema nach der Geschichte mit Ulrike sofort angegangen und hat zwei weitere Person aus dem Team trainieren lassen.

# Kapitel 5
# Cheffing – Der heimliche Chef neben Dir

## Du glaubst, der alleinige Chef in Deinem Team oder in Deiner Abteilung zu sein? Vergiss es!

Vor zwei Monaten hatte ich meine neue Abteilung übernommen. Eine schwierige Abteilung, wie mir meine Vorgängerin Anna mit auf den Weg gegeben hatte.

Die Abteilung bestand aus 13 Mitarbeitenden und war für die Auftrags- und Reklamationsbearbeitung verantwortlich. Anna war an dieser Abteilung gescheitert. Vereinbarungen und Zielsetzungen wurden von den Mitarbeitenden nur mangelhaft eingehalten, die Krankheitsrate war überdurchschnittlich hoch und die Ergebnisse der halbjährlichen Mitarbeiterumfrage waren unterirdisch. Die Auftragsbearbeitung wurde immer mehr zu einem Problem im Unternehmen. Andere Abteilungen mussten eingreifen oder aushelfen. Vor einem halben Jahr war Anna dann zu ihrem Chef gegangen und hatte um Versetzung gebeten. Sie hatte einfach keine Lust mehr auf Führung und wollte »den Laden«, wie sie es nannte, so schnell wie möglich abgeben. Leider war in unserem Unternehmen keine passende Stelle für Anna frei – oder man hatte ihr nach dem Desaster mit ihrer Abteilung keine Stelle mehr anbieten wollen. Darum hatte sie fristgerecht gekündigt und das Unternehmen verlassen.

Bevor Anna gegangen war, hatte ich noch die Gelegenheit ergriffen, mit ihr zu sprechen. Ich wollte wissen, was schiefgelaufen war und wo nach ihrer Meinung die Probleme lagen. Anna hatte mir bereitwillig Auskunft gegeben. Wir hatten uns dazu nicht bei uns im Unternehmen, sondern zum Mittagessen beim Griechen ein paar Straßen weiter getroffen. Aus einer geplanten Stunde waren zum Schluss fast zwei Stunden Gespräch geworden. Anna war froh gewesen, dass ihr endlich einmal jemand zuhörte und sich für die Probleme mit ihrer

Abteilung interessierte. Auch wenn es zu diesem Zeitpunkt schon zu spät gewesen war und ich in Kürze ihre Abteilung übernehmen sollte. Ich erinnerte mich an unser Gespräch, in dem wir das Problem mit der Abteilung besprochen hatten:

Anna war 25 Jahre alt, als sie die Abteilung als Supervisor vor zwei Jahren übernahm. Wie leider sehr oft in unserem Unternehmen war sie auf ihre Rolle und Funktion als Führungskraft nicht vorbereitet, sondern ins kalte Wasser geworfen worden. Mit viel jugendlichem Enthusiasmus trat sie die Stelle an. Sie nahm sich vor, ihre Mitarbeitenden mit viel Empathie, Selbständigkeit und Vertrauen zu führen. »Old School Leadership«, wie sie es nannte, war nicht ihr Ding. Anfänglich lief auch alles ganz großartig.

Nach ein paar Monaten stellte Anna allerdings fest, dass ihre Anweisungen verspätet, anders oder gar nicht durchgeführt wurden. In den Teammeetings wurde immer alles besprochen und alle stimmten zu. Anschließend hielten sich aber nur wenige an die Abmachungen. Nur nach einigen Monaten bekam sie schon den Eindruck, nicht mehr die Chefin des Teams zu sein. Nicht weil ihr die Mitarbeitenden auf der Nase herumtanzten oder hinter ihrem Rücken tuschelten — nein, so war das nicht. Vorne herum war alles in Ordnung. Aber irgendwie wurde sie das Gefühl nicht los, dass da irgendwelche Kräfte gegen Sie arbeiteten.

»Wie bist du zu der Vermutung gekommen, dass Kräfte gegen dich arbeiteten?«, fragte ich Anna, nachdem uns die Bedienung einen Ouzo hingestellt hatte.

»Anfangs dachte ich ja, ich bilde mir das nur ein. Das war aber nicht so«, sagte sie. »Viele meiner Anweisungen wurden entweder gar nicht oder anders ausgeführt. Wenn wir Überstunden machen musste, dann war eine anfängliche Bereitschaft dazu plötzlich nicht mehr da. Aber irgendwie lief es doch immer und die Ergebnisse wurden erreicht. Zum Schluss allerdings mit viel Hilfe von anderen Abteilungen.« Sie zuckte mit den Schultern. »Es kam mir so vor, als ob nicht ich die Chefin dieser Abteilung war, sondern jemand anderes. Wer, habe ich allerdings nie herausgefunden. Vielleicht war das aber auch nur eine fixe Idee von mir.« Anna nahm den Ouzo und trank ihn in einem Zug aus.

»Ich habe versagt«, sagte sie mir, nachdem sie das Glas wieder auf den Tisch gestellt hatte. »Vielleicht lag es wirklich daran, dass ich einfach zu jung war und eine Frau. Oder ich habe mit meinem Führungsverhalten zu alledem animiert. Ich hätte mich härter durchsetzen sollen. Auch einmal mit der Faust auf den Tisch hauen sollen. Aber genau das verstehe ich halt nicht unter Führung und Leadership. So eine Chefin wollte ich nicht sein.«

»Du hast vielleicht nicht alles richtig gemacht, okay«, antwortete ich ihr. »Aber es lag bestimmt nicht daran, dass du zu jung oder eine Frau bist. Vielleicht warst du etwas zu harmoniebedürftig oder zu konfliktscheu. Oder du hättest deutlichere Grenzen aufzeigen sollen. Du bist leider nicht gut auf deine neue Rolle vorbereitet worden. Vor allem hat dir halt niemand erzählt, wie man mit diesen Anforderungen und Problemen professionell und erfolgreich umgeht.«

Anna nickte. »Stimmt! Ein richtiges Führungstraining habe ich nie bekommen. Wenn ich in der Personalabteilung nach einem Führungskräftetraining oder Coaching gefragt habe, dann wurde ich immer wieder vertröstet. Meine Chefin hat mich auch nicht unterstützt und meinte nur, ich würde das schon lernen. »Learning by doing«, meinte sie immer. Na ja, jetzt fange ich in zwei Wochen als Projektleiterin in einer neuen Firma an. Führungskraft will ich nach diesen Erfahrungen erstmal nicht mehr sein.« Sie machte eine Pause und sagte dann mit einem Augenzwinkern: »Mein neuer Arbeitgeber ist einer eurer Mitbewerber.«

Na prima. Anna ging zum Mitbewerber. Und nahm viel Insiderwissen mit. Aber daran konnte ich jetzt auch nichts mehr ändern. Das hatten meine Chefs verbockt. Wenn man gewollt hätte, dann hätte man ihr auch bei uns sicher eine Projektleiterposition anbieten können.

»Ich vermute, in der Abteilung gibt es einen heimlichen Chef – einen informellen Führer, dessen Name neben deinem Namen unsichtbar auf dem Organigramm steht. Eine machtvolle Person, die für dich unsichtbar, aber spürbar war. Eine Person, die die Entscheidung und Anordnungen der Führungskraft für das Team nochmals in einen anderen Kontext setzt und immer wieder über Go oder No-Go entscheidet«, erklärte ich Anna.

»Genau das habe ich schon vermutet«, meinte Anna. »Ich habe allerdings keine einzige Idee, wer das sein könnte. Zu meinem Team hatte ich immer ein gutes und offenes Verhältnis. Da fiel mir niemand auf. Ich erinnere mich allerdings auch an eine Situation, da muss mir jemand heimlich geholfen haben. Ich hatte vor meinem freien Tag vergessen, eine wichtige Reklamationsabwicklung ans Team weiterzuleiten. Das musste am nächsten Tag unbedingt gemacht werden, damit der Kunde keinen Regress anmelden konnte. Am späten Nachmittag meines freien Tages fiel es mir dann panisch ein. Ich rief Paula aus meinem Team an und bat sie, das unbedingt noch heute zu bearbeiten. Zu meiner Erleichterung teilte sie mir nach einem Blick in unser IT-System mit, dass schon alles erledigt worden war. Mir fiel ein Stein vom Herzen und ich bedankte mich bei ihr. Wer das allerdings in die Wege geleitet hatte, hinterfragte ich leider nicht.«

»Du meinst also, es arbeitet jemand nicht nur gegen dich, sondern auch für dich?« Ich war etwas erstaunt.

»Ja«, sagte Anna, »in diesem Fall allerdings nicht für mich, sondern eher für das Unternehmen. Von dem wurde Schaden abgewendet.«

»Wann hast du denn gemerkt, dass dir die Zügel immer mehr aus den Händen glitten?«

»Es war wie verhext. Je mehr ich mich bemühte, desto schlimmer wurde es. Ich verlor immer mehr das Vertrauen in mein Team. Und ich glaube, auch sie verloren das Vertrauen in mich. Darum war es besser, den Job als Teamleiterin hinzuwerfen. Ich hoffe sehr, dass du mehr Glück mit diesem Team hast.« Anna wirkte auf einmal sehr traurig, weil sie sich nochmals eingestehen musste, in ihrer Führungsrolle versagt zu haben.

Ich machte ihr aber keinen Vorwurf. Sie war schlichtweg von unserem Unternehmen nicht auf diese wichtige Rolle vorbereitet worden. Aufgrund ihrer Unerfahrenheit hätte das gar nicht anders verlaufen können.

Wir beendeten das Gespräch. Ich bezahlte die Rechnung und bedankte mich bei Anna für ihre offenen und ehrlichen Worte. Ich wünschte ihr viel Glück und Erfolg in ihrer neuen Firma.

Nach diesem Gespräch war mir klar, dass ich den heimlichen Chef oder die heimliche Chefin in meinem neuen Team unbedingt finden musste. Sonst würde ich vermutlich das gleiche Schicksal wie Anna erleiden und mir das Team nach kurzer Zeit bereits aus den Händen gleiten. Ich hatte aber einen großen Vorteil gegenüber Anna: Erstens hatte ich viel Führungserfahrung und Menschenkenntnis. Zweitens wusste ich jetzt bereits, dass jemand in der Abteilung gerne die heimliche Chefrolle übernahm.

Ich überlegte mir also, was wohl die Beweggründe für eine Person waren, innerhalb eines Teams heimlich die Zügel in die Hand zu nehmen. Was könnten die Motive dieser Person sein? Ich nahm mir ein Flipchart und schrieb auf:

- **Freude an destruktivem Verhalten:** Es gab Menschen, die aus den verschiedensten Gründen Freude daran hatten, ihr Umfeld negativ und destruktiv zu beeinflussen. Solche Menschen trugen einen hohen Frustrationslevel in sich und hatten einen sehr geringen Selbstwert. Ich glaubte nicht, dass das der Grund war. Diese Person wäre schon früher und deutlicher aufgefallen, da alle Teammitglieder schon mehr als fünf Jahre im Unternehmen waren. Ich strich dieses Motiv auf dem Flipchart.
- **Machtanspruch im Team:** Jemand wollte im Team das Sagen haben und Dominanz ausüben, um sein Ego zu befriedigen und seinen Status zu festigen. Auch so jemand wäre in den letzten Jahren bereits aufgefallen. Bestimmt hätten nicht alle im Team diesen Machtanspruch hingenommen und es wäre sicher zu einer Krise und Auseinandersetzung gekommen. Das war bisher aber nicht der Fall gewesen.
- **Der Versuch der Führung von unten, sogenanntes »Cheffing«:** Jemand im Team versuchte aktiv, das Verhalten und die Entscheidungen der Führungskraft zu beeinflussen. Ich wusste, dass es viele Auslöser und Gründe für »Cheffing« gab. Ein Auslöser konnte zum

Beispiel sein, dass jemand seinen Chef für unfähig, wenig durchsetzungsstark oder entscheidungsschwach hielt. Oder die Person war generell unzufrieden mit der Führungskraft. Unzufriedenheit war ein starker Treiber und ließ Menschen oftmals Maßnahmen ergreifen, von den sie meinten, dass diese besser waren als die Vorgaben der Führungskraft. Ja, das könnte ein Motiv sein! Ich kreiste das Geschriebene mit meinem Filzstift dick und mehrmals ein.

Ich beschloss, mit jedem Teammitglied ein Gespräch zu führen. Ich wollte das aber nicht allein machen und dokumentieren. Also fragte ich Wiebke aus der Personalabteilung, ob sie die Gespräche bitte passiv beobachten und dokumentieren könnte. Sie sagte zu. Ich war froh, denn vier Ohren konnten immer mehr hören als zwei. In die Gespräche sollte sie aber nicht eingreifen.

Nachdem ich mich in die Abteilung eingearbeitet und mir von jedem Teammitglied ein Bild gemacht hatte, plante ich die Gespräche mit jedem einzelnen Teammitglied. Innerhalb meiner ersten zwei Monate war mir kein »Cheffing« im Team aufgefallen. Wir erledigten im Team alle Aufgaben fristgerecht und ohne Fehler. Einzig die Anweisung, dass bitte vier Mitarbeitende an einem Samstagvormittag überfällige Reklamationen für den Monatsabschluss am folgenden Montag fertig machen sollten, führte zu einer größeren Diskussion, weil sich niemand dazu bereit erklärte. Erst nachdem ich gezielt vier Mitarbeitende einzeln ansprach und bat, am Samstag reinzukommen, war die Sache unter Dach und Fach. Ich selbst kam auch an diesem Samstag, besorgte ein Frühstück und half bei der Bearbeitung der dringenden Reklamationsabwicklungen mit.

Die Einzelgespräche zusammen mit Wiebke erbrachten eine wichtige Erkenntnis. Fast alle im Team waren mit der Führungsarbeit von Anna unzufrieden gewesen. Viele sagten, dass Anna sachlichen Argumenten der Teammitglieder in den Teammeetings wenig aufgeschlossen gewesen sei und fast immer nur ihre Meinung habe durchsetzen wollen. Viele hatten sich dadurch vor den Kopf gestoßen gefühlt. Auch fiel immer wieder der Name eines Teammitglieds: Oliver. Er wurde immer wieder genannt, weil Teammitglieder die Anweisungen von Anna als falsch oder unpassend empfunden und sich dann bei Oliver Rat geholt hatten. Er war bereits seit über zehn Jahren in der Abteilung, sehr erfahren und kannte alle Prozesse aus dem Effeff. Auch ich bekam im Gespräch mit Oliver das Gefühl, dass er viel Unzufriedenheit mit sich herumtrug. Ich beschloss, mit Oliver noch ein weiteres Mal zu reden. Allerdings ohne Wiebke, damit ich ihn mehr auf der persönlichen Schiene erreichen konnte und er sich im Gespräch vielleicht mehr öffnete, weil er sich nicht mehr beobachtet fühlte.

Ein paar Tage später saß mir Oliver in unserem Meetingraum gegenüber. »Oliver, danke, dass wir noch mal sprechen können.« Er nickte kurz und setzte sich mir gegenüber auf den angebotenen Stuhl. Ich hatte den kleinen Tisch im Raum beiseitegeschoben und zwei Stühle gegeneinander aufgestellt. So konnte jeder die Körpersprache des anderen sehen.

»Ich möchte ganz offen und ehrlich zu dir sein, Oliver. Ich spüre eine gewisse Unzufriedenheit bei dir. Liege ich da richtig?« Olivers Augen verengten sich ein wenig und seine Mundwinkel zuckten etwas. Ich lag also richtig. Es dauerte etwas, bis er antwortete. Ich ließ ihm diese Zeit, damit er nachdenken konnte und sich nicht unter Druck gesetzt fühlte.

»Okay, du hast recht. Ich bin unzufrieden. Und zwar schon ziemlich lange.« Sein Körper richtete sich auf und er schob seine Augenbrauen zusammen. Das Gesagte klang sehr ärgerlich.

»Oliver, ich möchte verstehen, warum du unzufrieden und innerlich verärgert bist. Und dann lass uns bitte gemeinsam überlegen, wie wir das ändern können.« Ich hoffte, dass er das Angebot zum Gespräch und einer Veränderung annehmen würde.

Er holte tief Luft und sagte: »Ich bin jetzt seit über zehn Jahren in der Abteilung, kenne jeden Prozess, trainiere jedes neue Teammitglied, das in die Abteilung kommt und war …«, er machte eine kurze Pause, »… zu jeder Mehrarbeit und Überstunde bereit.«

»War?«, fragte ich ihn erstaunt.

»Ja«, sagte Oliver, »bis Anna kam. Sie wurde uns einfach als neue Chefin in die Abteilung gesetzt. Dabei hätte ich mich so gerne auf diese Stelle beworben. Ich wurde aber noch nicht einmal gefragt.«

Ich spürte viel Enttäuschung in Olivers Stimme. »Warum hast du dich nicht auf die Stelle beworben, als sie ausgeschrieben wurde?«, wollte ich von ihm wissen. »In der Ausschreibung stand, man brauche ein abgeschlossenes Bachelor- oder Masterstudium. Ich habe aber nicht studiert. Darum habe ich mich dann auch nicht beworben.« Er schüttelte dabei enttäuscht den Kopf.

Unser Personalleiter wollte selbst für Supervisor- und Teamleiter-Positionen Bewerbungen mit Studium sehen. Eine für mich sehr fragwürdige Praxis. Vor allem waren diese Bewerber und Bewerberinnen dann oftmals sehr jung und unerfahren. Viele sahen diese Positionen als Sprungbrett in höhere, besser bezahlte Führungspositionen und waren dann schnell wieder weg. Eine wirkliche Belastung für die Teams und nicht besonders zielführend für das Unternehmen.

»Okay, Oliver, das habe ich verstanden. Und ganz ehrlich, ich hätte mich an deiner Stelle trotzdem beworben. Auch wenn es vielleicht nur dazu gedient hätte, dich zu positionieren und zu zeigen, dass du bereit bist, Verantwortung und Leadership zu übernehmen.«

»Ist nun auch egal«, meinte er und schaute resigniert auf den Boden. Ich sah die Zeit gekommen, Oliver mit dem eigentlichen Thema für unser Gespräch zu konfrontieren. Ich wollte Klartext reden und nicht um den heißen Brei reden. »Oliver, warum hast du Anna nicht unterstützt?« Ich hoffte, dass er die nächste Frage erahnen konnte und schob die Frage gleich hinterher: »Warum hast du gegen sie gearbeitet?« Eigentlich hätte ich die Frage gar nicht zu stellen brauchen, denn Oliver kam jetzt so richtig in Fahrt.

»Anna wusste immer alles besser. Ständig kam sie mit irgendwelchen neuen Ideen und Prozessen. Im Teammeeting sagten wir dann immer, dass das so nicht funktionieren könne, aber sie wollte unbedingt zeigen, dass sie recht hatte. Ich habe oftmals versucht, ihr zu erklären, warum das nicht so funktionieren könne. Sie wollte aber nicht zuhören. Also ordnete sie regelmäßig die Veränderungen der

Prozesse an.« Oliver wurde immer lauter und ich merkte, dass das ein sehr emotionales Thema für ihn war.

»Anordnungen zu treffen, sind das gute Recht von Führungskräften«, sagte ich ihm. »Das weißt du. Auch wenn ihre Ideen und ihre Kommunikation mit euch nicht optimal waren, dann war es nicht okay, einfach im Verborgenen gegen sie zu arbeiten.« Ich wollte möglichst schnell auf den Punkt kommen und sprach das Thema darum direkt an.

»Ich habe aber nicht gegen sie gearbeitet! Eher für sie. Wenn sie wieder einmal eine nicht machbare Entscheidung getroffen hatte, dann habe ich den anderen im Team gesagt, dass sie es ignorieren sollen, weil wir sonst wieder samstags hätten kommen dürfen, um den Mist von ihr auszubaden. Hätten wir es immer so gemacht, wie sie es angeordnet hatte, dann wäre die ganze Abteilung schon früher den Bach runtergegangen.«

»Okay, Oliver, wir sprechen hier aber nicht über Anna, der Qualität ihrer Entscheidungen und ihre Führungsqualität. Wir sprechen hier über deine Einstellung und dein Verhalten ihr und der Firma gegenüber.« Oliver schaute mich betroffen an und schluckte zweimal heftig. Er war sich sicher, alles richtig gemacht zu haben.

»Du hast Annas Autorität untergraben und bist als heimlicher Chef in deinem Team aufgetreten. Damit hast du eindeutig deine Kompetenzen überschritten. Auch wenn du es eigentlich im Guten gemeint und manch eine Situation gerettet hast. Warum hast du nicht mit Anna gesprochen? Und weswegen hast du ihr nicht erklärt, warum das eine oder andere nicht funktioniert?«

»Das habe ich doch versucht!«, antwortete mir Oliver. »Sie war aber immer so überzeugt von ihren komischen Ideen. Einmal sagte sie zu mir, dass sie das so entschieden habe und damit basta. Schließlich hätte sie ja studiert. Ich habe es dann irgendwann aufgegeben, mit ihr zu reden. Und zu ihrer Chefin wollte ich nicht gehen. Die hätte mich sowieso nicht angehört.«

Ich spürte die Verbitterung in Oliver und konnte sein Handeln als heimlicher Chef durchaus nachvollziehen, auch wenn es nicht in Ordnung war und er zum Scheitern von Anna beigetragen hatte.

»Oliver, du weißt, dass dein Handeln auch dazu beigetragen hat, dass Anna hingeschmissen und das Unternehmen verlassen hat?«

Oliver schaute betroffen auf den Boden. »Ja, das tut mir leid. Aber was hätte ich denn tun sollen, wenn mir niemand zuhört?« Ich nahm mir vor, an der Feedback- und Fehlerkultur in meinem neuen Team intensiv zu arbeiten. Da lief einiges nicht, wie es sollte.

»Ich möchte als neuer Chef der Abteilung eine Vereinbarung mit dir treffen.« Oliver schaute wieder auf. »Ich möchte, dass wir zwei in Zukunft eng zusammenarbeiten. Du hast viel Wissen und Überblick über die komplexen Prozesse in unserer Abteilung. Ich glaube, dass wir zwei viel bewegen und verbessern können. Ich werde für alle, nicht nur für dich, immer offene Ohren haben. Wenn was nicht passt oder ihr anderer Meinung seid, dann reden wir darüber. Aber bitte ab sofort keine heimlichen Aktionen mehr! Einverstanden?« Oliver nickte und es schien ihm ein Stein vom Herzen zu fallen. Ich stand auf und streckte ihm meine Hand entgegen. »Ich möchte, dass wir diese Abmachung per Handschlag besiegeln.« Oliver schaute etwas verdutzt, dann stand auch er auf und reichte mir seine Hand. Ich drückte fester als sonst zu, um meinem Anliegen Nachdruck zu verleihen.

»Danke, Chef, ich habe es verstanden.« Er drehte sich um und wollte den Raum verlassen.

»Moment mal, Oliver, zwei Dinge noch.« Oliver blieb abrupt stehen und drehte sich wieder zu mir um. »Erstens überlege dir mal bitte, ob du dich nicht bei Anna für dein Verhalten entschuldigst. Wenn du ihre Telefonnummer nicht hast, dann kann ich sie dir gerne geben.« Er nickte kurz und signalisierte mir, dass er es machen würde. »Und zweitens: Wenn ich die Abteilung einmal wieder verlassen sollte, dann erwarte ich deine Bewerbung für diese Stelle. Auch wenn dein Verhalten nicht in Ordnung war, du hast gezeigt, dass dir das Team und das Unternehmen nicht egal sind, und dass das Team dir folgt. Gute Voraussetzungen für erfolgreiche Führungsarbeit.« Oliver lächelte und meinte: »Wenn‘s so weit ist, dann werde ich es mir ernsthaft überlegen.«

Die Zusammenarbeit mit dem Team und vor allem mit Oliver lief anschließend sehr gut. Von »Cheffing« oder einem »heimlichen Chef« in dieser Abteilung konnte keine Rede mehr sein. Das lag vor allem auch daran, weil ich eine Feedbackkultur eingeführt hatte, in der sich alle alles sagen konnten, solange es wertschätzend und sachlich war.

Außerdem hatte ich das Potenzial in Oliver erkannt und er übernahm während meinen Urlauben meine Vertretungen. Drei Jahre später wurde Oliver sogar Chef dieser Abteilung, nachdem ich eine andere Abteilung übernommen hatte. »Vom heimlichen zum offiziellen Chef«, sagte er mir, nachdem er die Zusage für meine Nachfolge bekommen hatte. Ich musste schmunzeln und war mir sicher, dass er seine Sache in Zukunft sehr gut machen würde.

**Kernbotschaften:**

- Wenn Du als Führungskraft glaubst, der alleinige Chef Deiner Abteilung oder Deines Teams zu sein: **Vergiss es!** Es gibt oftmals andere machtausübende Kräfte im Team oder der Abteilung, die mehr oder weniger das Sagen haben.
- Du als **»offizieller« Chef** bist wohl für die Mitarbeitergespräche, die Gehaltsrunde und für das Reporting nach oben verantwortlich. Den Takt, die Motivation und die heimlichen Spielregeln werden oftmals von jemandem ganz anderem bestimmt: vom verborgenen und heimlichen Chef Deiner Abteilung.
- Fast jede Organisation hat einen mehr oder weniger mächtigen **»heimlichen Chef«**. Wer ist es? Und welche heimlichen Spielregeln gibt er oder sie an das Team weiter? Welche Kontrolle übt er oder sie aus? Welche Motive stecken dahinter? Fragen, die Du als Führungskraft dringend beantworten musst. Vor allem, wenn Du merkst, dass da etwas in Deinem Team nicht in die richtige Richtung läuft. Sei Dir selbst gegenüber ehrlich und erkenne, dass eventuell jemand anderes die Zügel in den Händen hält. Hast Du eine verborgene Organisation mit einem verborgenen Chef erkannt, dann gilt es, diesen Dingen mutig auf den Grund zu gehen und die Motive und die heimlichen Spielregeln zu ergründen –,

auch wenn es manchmal weh tut, die Motive zu hören. Denn Du kannst eventuell durch Dein Führungsverhalten der Grund sein.

- Generell gilt: **Keine Abteilung oder Unternehmen kann lange überleben, wenn es von innen untergraben wird.**
- In Unternehmen gibt es immer auch geheime Spielregeln, verborgene Verhaltensregeln und ungeschriebene Gesetze, die das Handeln jedes Einzelnen mehr oder weniger beeinflussen. Diese **»heimlichen Spielregeln«** lassen sich nutzen, aber nur selten verändern. Beispiel: Sonntags wird nicht gearbeitet. Es ist in vielen Ländern genehmigungspflichtig oder sogar verboten. Wenn es Dein Chef aber honoriert, wenn Du ihm sonntags einige E-Mails beantwortest, dann lautet die geheime Spielregel Deines Chefs: Um bei ihm oder ihr gut dazustehen und zu punkten, musst Du sonntags einfach ein paar E-Mails schreiben. Das gibt dann Fleißkärtchen. Und der Chef hat damit eine geheime Spielregel geschaffen. Wer gegen die geheimen Spielregeln ankämpft, wird sich sehr schwertun oder vielleicht sogar verlieren und scheitern. Und wem dagegen diese geheimen Spielregeln bekannt sind, der kann diese **Erkenntnisse** durchaus auch zum Vorteil für sich nutzen.

Auch bei den Werten eines Unternehmens gibt es den **offiziellen Wertekanon**, oftmals dargestellt auf großen Postern in Lobby- und Meetingräumen oder auf der Webseite des Unternehmens. Alle Mitarbeitende sowie Führungskräfte sollten diese offiziellen Werte auswendig kennen und tagtäglich sowohl nach ihnen handeln als auch Entscheidungen treffen. Dann gibt es aber auch die heimlichen, **nicht aufgeschriebenen und wirklich gelebten Werte** eines Unternehmens, nach denen alle Mitarbeitenden auch handeln. Beispiel: »Customer first«, der Kunde kommt immer zuerst. Ein guter Unternehmenswert, wenn er kompromisslos und bedingungslos gelebt wird. Manchmal wird in Unternehmen aber »Shareholder first« beim Quartals- oder Jahresabschluss gelebt, um die Dividende und die EPS, die »Earnings per Share« (Gewinn pro Aktie) im geplanten und versprochenen Bereich zu halten. Ein Nichterfüllen von Umsatz- und Wachstumsplänen kann dramatische Folgen für ein Unternehmen haben. Und so werden dann im Krisenfall vielleicht einmal auch unvollständige oder nicht ganz einwandfreie Waren an die Kunden geschickt, nur um den Umsatz noch rechtzeitig zeigen zu können. Spätere Kundenreklamationen werden dann locker akzeptiert. Hauptsache der Aktienkurs bricht nicht ein. Der heimliche Wert in so einem Unternehmen lautet: »Wenn es eng wird, dann kommt der Aktionär vor dem Kunden.«

# Kapitel 6
# Welcome on Board

## Wenn Du Mitarbeitende findest, die an das glauben, an das auch Du und Dein Unternehmen glaubt, dann ist Erfolg die Konsequenz.

Kurz vor Ostern kündigte Manuel, einer meiner wichtigsten jungen Projektleiter. Es lag nicht am Job, nicht an mir als seine Führungskraft und auch nicht am Unternehmen. Seine Frau wollte zurück in ihr Heimatland Spanien und Manuel hatte sich entschieden, vor Ort in Spanien für ein anderes Unternehmen zu arbeiten. Das Angebot, weiterhin für uns online aus seiner neuen Heimat heraus zu arbeiten, schlug er aus. Er brauche ein Team um sich herum, denn virtuelle Teams und ständige Online-Meetings seien absolut nicht sein Ding.

Ich beantragte also die freiwerdende Stelle rechtzeitig zur Wiederbesetzung. Da wir im Unternehmen gerade durch eine Durststrecke liefen, wurden alle Personalanforderungen, auch wenn es Ersatzeinstellungen waren, auf Eis gelegt. Es dauerte acht Monate, bis ich endlich die Genehmigung zur Neubesetzung der Projektleiterposition bekam. Manuel hatte da bereits seit sechs Monaten mein Team verlassen. In der Zwischenzeit war die Arbeit auf die anderen Projektleiter verteilt und mit vielen Überstunden und einigen Abstrichen bewerkstelligt worden. Ich hoffte, dass ich schnellstens einen qualifizierten Mitarbeitenden für die freie Position als Projektleiter finden würde.

Leider wurden in den letzten drei Jahren in unserem Unternehmen Praktikantenstellen nur sehr sparsam genehmigt. Darum hatte ich keinen Pool an möglichen Hochschulabgängern, die vielleicht gerne bei uns angefangen hätten. Früher hatte das anders ausgesehen: Jede Abteilung hatte ständig ein bis drei Praktikanten, Diplomanden oder Werkstudenten, die ihre Bachelor- oder Masterarbeit über ein

Thema von uns schrieben, beschäftigt. Solche Studenten nahmen uns nicht nur viel Arbeit ab, sie waren auch eine erstklassige Quelle, wenn wir neue Mitarbeitende einstellen wollten. Der große Vorteil war, dass wir das Potenzial und die Persönlichkeit dieser Bewerber und Bewerberinnen schon intensiv kennengelernt hatten. Und sie kannten uns und das Unternehmen bereits auch. Ein klassischer Win-Win für alle. Leider war der Pool aber leer und so musste ich die zu besetzende Position ganz klassisch am Markt offerieren und suchen. Einen Headhunter durfte ich aus Kostengründen nicht hinzuziehen.

Nach einem Gespräch mit unserer Personalabteilung verfasste ich den Ausschreibungstext für die Stellenanzeige. Marlene aus unserem Recruiting-Team wollte dann die Anzeige auf den gängigen Internetjobbörsen platzieren und online schalten.

Eine Stellenanzeige zu schreiben, war eigentlich eine einfache Sache. Es musste drinstehen, wer wir waren, was die Aufgaben und die Anforderungen waren, was wir erwarteten und anboten. Schnell hatte ich alles zusammengeschrieben:

**Projektleiter/in (m/w/d) für die Produktionsautomatisierung gesucht**

**Das Unternehmen:**
Wir sind ein Pharmaunternehmen im Bereich Forschung, Entwicklung und Herstellung von Medikamenten zur Heilung von schweren Krankheiten. Weltweit sind 42.000 Mitarbeitende auf allen fünf Kontinenten beschäftigt. In Deutschland arbeiten an unserem Standort in der Nähe von Frankfurt am Main 1.500 Mitarbeitende im Bereich der Entwicklung und Herstellung von vollautomatischen Produktionsanlagen für Medikamente.

**Ihre Aufgaben:**
Übernahme der organisatorischen und fachlichen Verantwortung für die Entwicklung von automatisierten Blister Befüllungsanlagen. Sie koordinieren die Arbeiten der zuständigen Entwickler intern sowie die Zusammenarbeit mit externen Partnern, inklusive der Ermittlung des regelmäßigen Entwicklungsbedarfs aus den Bereichen Projekte und Produktion. Sie sind verantwortlich für die Kapazitätsplanung, die Projektprioritäten und die Einhaltung von Terminen sowie Qualitäts- und Kostenzielen. Sie überwachen, steuern und dokumentieren den Projektfortschritt und sind verantwortlich für die Einhaltung fachspezifischer Richtlinien und regulatorischer Vorgaben nach CE, GMP, MDR und DIN.

**Anforderungen:**
Studium im Bereich Maschinenbau, Feingerätetechnik, Mechatronik, Automation oder vergleichbare Erfahrung in der Koordination und Steuerung von komplexen Projektleitungsaufgaben und interdisziplinären Teams sowie der Steuerung externer Partner. Selbständige und systematische Arbeitsweise sowie sehr gute organisatorische und kommunikative Fähigkeiten. Mindestens zehn Jahre Berufserfahrung in der Entwicklung und Konstruktion komplexer Automationssysteme. Praktische Erfahrung im Projektmanagement, idealerweise verbunden mit einer entsprechenden Zertifizierung (zum Beispiel GPM/IPMA). Gute Kenntnisse im Umgang mit CAD, CRM und MS Office. Die Fähigkeit, komplexe technische Zusammenhänge schnell zu erfassen und zu analysieren. Fließende Deutsch- und verhandlungssichere Englischkenntnisse in Wort und Schrift. Bereitschaft zum weltweiten Reisen. Führerschein Klasse 3 oder vergleichbar. Arbeitsort ist Frankfurt am Main. Homeoffice-Anteil maximal 20 Prozent.

**Was Sie von uns erwarten dürfen:**
Ein kreatives Arbeitsumfeld in einem sympathischen Team, hochqualitative Trainings, vielfältige Entwicklungsmöglichkeiten für die Umsetzung Ihrer Ideen mit dem Netzwerk eines internationalen Unternehmens. Ferner ein ausgezeichnetes Sozialleistungspaket, eine gute Work-Life-Balance und ein interessantes Arbeitszeitmodell.

So oder so ähnlich lasen sich alle unsere Stellenanzeigen. Marlene kontrollierte den Text noch einmal und meinte: »Passt.« Zwei Tage später war die Stellenanzeige auf den wichtigsten Online-Jobportalen gepostet.

Ich war froh, als die Stellenanzeige raus war. Endlich würde die Stelle wieder besetzt werden und wir konnten für wichtige Projekte wieder Fahrt aufnehmen. Mein Team lief durch den Weggang von Manuel und die Verteilung seiner Projekte am Anschlag. Nach zwei Wochen kamen die ersten Bewerbungen per E-Mail und Post rein.

Wie immer waren auch Bewerbungen dabei, die das Anforderungsprofil nicht ansatzweise erfüllten. Lasen diese Menschen den Text nicht komplett? Vermutlich hauten sie einfach mal Bewerbungen raus, sobald ansatzweise Interesse bestand. Ich gab mir und den Bewerbern vier Wochen Zeit. Nach Ablauf dieser Zeit hatte ich vier vielversprechende Bewerbungen herausgefiltert. Da alle Bewerber und Bewerberinnen im Umkreis von 200 Kilometern um Frankfurt herum wohnten, verzichtete ich auf ein erstes Kennenlernen via Chat und lud alle gleich zu einem persönlichen Interview ein. Ich wollte die Interviews nicht allein machen und lud Michaela und Patrick aus meinem Team mit dazu ein. Beide waren schon über zwölf Jahre im Team und hatten viel Sozial- und Fachkompetenz, die ich für Interviews immer gerne nutzte. Außerdem war mir wichtig, die Entscheidung für einen neuen Mitarbeitenden und Teamkollegen oder Teamkollegin nicht allein zu treffen.

Nach den Interviews waren wir drei enttäuscht. Die vier Bewerber und Bewerberinnen hatten fachlich alle mehr oder weniger das geforderte Rüstzeug. Über die uns wichtigen technischen Allgemeinkenntnisse waren wir allerdings enttäuscht. Ich nahm zu Interviews immer gerne das kleine Modell eines Airbus A320 mit und stellte das Flugzeug auf den Tisch. Irgendwann im Interview fragte ich dann, ob man mir erklären könne, warum ein Flugzeug fliegt. Ich wollte damit herausfinden, ob jemand nur ein »Fachidiot« war oder zusätzlich allgemeines Interesse an technischen Dingen vorhanden war und mein Gegenüber sich technische und physikalische Abläufe vorstellen und erklären konnte. Von technischen Ingenieuren konnte das erwartet werden und hatte große Vorteile im Beruf.

Aber den »Airbus-Test« hatte keiner bestanden. Für alle Bewerber war ein Flugzeug ein wahrhaftiges Wunderwerk der Technik. Vom Bernoulli-Effekt und der Auftriebserzeugung an gewölbten Flächen im Luftstrom hatte noch niemand etwas gehört und konnte sich das auch nicht vorstellen oder herleiten. Schade!

Zusätzlich waren wir uns auch alle einig, dass keiner der Bewerber und Bewerberinnen zu uns ins Team passte. Irgendwie sprang der Funke bei den Gesprächen nicht über. Eine richtige Begeisterung für unsere Produkte kam auch nicht auf. Ich bekam das Gefühl, die Falschen aus dem Bewerberpool ausgewählt zu haben. Oder war vielleicht meine Ausschreibung nicht gut genug? Ich widerstand dem Reflex, schnellstens jemanden einzustellen, auch wenn er oder sie kein »Best Fit« war.

Am folgenden Wochenende waren meine Frau Kaia und ich bei Freunden zur Einweihung ihres neuen Hauses eingeladen. Wir hatten beide beim Umzug und Einzug über mehrere Wochenenden mitgeholfen. Heute also war endlich alles im neuen Haus untergebracht und unsere Freunde Mia und Max feierten das mit einer großen Haus- und Gartenparty für alle Helfer im noch nicht ganz fertigen Garten. Am späten Nachmittag stand ich an der aus Umzugskartons provisorisch zusammengebauten Bar und trank einen Gin Tonic mit Eis. Ich kam mit Piet ins Gespräch, den ich an den letzten Wochenenden beim Umzug auch schon einige Male gesehen hatte. Viel gesprochen hatten wir noch nicht miteinander.

»Toll geworden, das Haus, oder?«, begann er das Gespräch.

»Ja, ist ein absoluter Hammer«, meinte ich. »Vor allem Mias neue Küche hat es meiner Frau total angetan. Ich behaupte mal, dass meine Frau mich demnächst in ein Küchenstudio abschleppen wird.« Wir mussten beide lachen und prosteten uns zu.

Nach anfänglichem Smalltalk erzählte mir Piet, dass er gerade ein Startup-Unternehmen im Bereich Personalmanagement berate. Und wie schwer sich das Unternehmen tue, die richtigen Leute zu finden.

»Genau das ist momentan auch mein Problem«, meinte ich zu Piet und erzählte ihm über meine Erfahrung und Probleme mit der letzten Bewerberrunde. »Du hast mit deiner Stellenausschreibung vermutlich die falschen Menschen angesprochen und bestimmt auch keine Inspiration für dein Unternehmen entfacht«, sagte Piet. »Bestimmt stand in der Stellenausschreibung nur, **was** die Aufgaben sind, **was** ihr erwartet und **was** ihr bietet. Richtig?« Ich überlegte kurz und rief den Text der Stellenausschreibung von einem der Jobportale mit meinem Handy ab.

»Stimmt! Machen doch alle so. Was ist denn daran falsch?«, fragte ich Piet überrascht. Ich hielt Piet das Handy hin und er las den Text.

»Das soll jemanden vom Hocker hauen und inspirieren? Diese Ausschreibung soll erstklassige Ingenieure und großartige Menschen zu euch bringen? Mit dem Text wirst du nur die ansprechen, für die die Arbeit bei euch nur ein Job ist. Die, deren Einstellung nicht zu eurem Unternehmen, nicht zu deinem Team und nicht zu dir passt. Na, zum Glück habt ihr das ja noch gemerkt und keine ›Not-Einstellung‹ getätigt.« Piet grinste mich an, öffnete zwei neue kleine eisgekühlte Bierflaschen und gab mir eine. Wir prosteten uns wieder zu.

»Du meinst also, der Text der Ausschreibung ist falsch?«, fragte ich ihn.

Piet schüttelte den Kopf. »Nein, nicht falsch, faktisch ist das ja alles richtig. Es ist halt Standard, nur eine einfache Stellenausschreibung. Der Text beschreibt aber mit keinem Wort, an was dein Unternehmen glaubt, was seine Vision ist und an was du und dein Team glauben. Kein Wort über das **Warum**. Du beschreibst nur das **Was**. Das Warum wird dir aber die richtigen Menschen zuspielen. Du musst die Menschen finden, die die gleiche Leidenschaft für eure Produkte, eure Werte, eure Kultur und euer Warum mitbringen. Du musst nicht Menschen finden, die nur Geld verdienen wollen, sondern Menschen, die inspiriert von eurem und deinem Warum sind. Solche Bewerber und Bewerberinnen werden dann auch deinen ›Flugzeugtest‹ bestehen, weil sie von Technik und Technologie inspiriert und begeistert sind.« Piet grinste, nahm einen Schluck aus seiner Bierflasche und machte mit seiner freien Hand eine Fliegerbewegung durch die Luft.

Genau, Ziel war es, Menschen zu finden, die die gleiche Leidenschaft für unsere Vision, unser Warum, unsere Kultur und unsere Technologie hatten. Das musste sehr hoch bewertet werden. Und erst dann zählten Kenntnisse und Erfahrung, also das Was. »Piet, wenn ich solche Menschen finde, dann muss Erfolg doch die Konsequenz sein, oder?« Piet nickte. »Genau, du hast es verstanden. Schreib die Stellenausschreibung um. Schreib eine wirklich inspirierende Stellenausschreibung, mit einem klaren **Warum** und weniger mit dem **Was**. Ich bin sicher, du wirst die richtigen Menschen ansprechen und finden. So, und jetzt checken wir mal am Grill, was es da Leckeres gibt.«

Ich bedankte mich bei Piet für seine Kurzvorlesung in inspirierendem Personalmanagement. Schade, dass wir so jemanden nicht in unserem Unternehmen hatten. Es würde so viel besser laufen.

Am Montag bat ich Michaela und Patrick in unser Besprechungszimmer und erzählte ihnen über mein Gespräch mit Piet und die Erkenntnis daraus.

»Stimmt eigentlich«, meinte Michaela, »denn wenn ich mir das jetzt so durchlese, dann liest sich das wirklich langweilig und ohne jede Inspiration. Das spricht die an, die nur einen Job suchen. Und nicht die, die wirklich Interesse an unserem Unternehmen und an uns haben.«

Patrick nickte. »Da muss auch was von unserer Kultur drinstehen. Dann sehen die Interessenten dann gleich, ob sie zu uns passen. Ich schlage vor, wir schreiben die Stellenanzeige komplett neu und posten sie erneut.«

»Das ist auch meine Idee«, sagte ich zustimmend. »Lasst uns mal aufschreiben, was für Punkte wir dieses Mal ansprechen.« Ich nahm einen Filzstift und ging zum Flipchart. »Michaela, was wäre für dich das Erste, das du in einer Stellenanzeige lesen willst?«

Michaela schaute überlegend zur Decke und meinte dann: »Warum ich zu dieser Firma passen würde. Wenn ich das als Erstes lese, dann weiß ich gleich, ob ich und das Unternehmen ein ›Cultural Fit‹ sind.«

»Prima Idee«, meinte Patrick. »Da muss auch was von Technologiebegeisterung und unseren Werten drinstehen.«

Ich schrieb auf das Flipchart: »Du passt zu uns, wenn du …« Die Details dazu konnte ich später aufschreiben. Mir war wichtig, mit Michaela und Patrick die Struktur und Ansprache der Stellenausschreibung grundlegend zu verbessern. »Und jetzt müssen wir etwas über das Warum schreiben. Warum es uns gibt, woran unser Unternehmen glaubt und welche Einstellung wir haben.« Ich schaute die beiden an und bekam ein zustimmendes Nicken zurück.

»Absolut d'accord«, meinte Patrick. »Da muss unsere Unternehmensvision drinstehen. Dass wir daran glauben, mit unseren Produkten, Prozessen und Maschinen den Krebs irgendwann besiegen zu können und dass irgendwann niemand mehr daran sterben muss.« Patrick machte eine kurze Pause und betrachtete seine Gänsehaut auf dem Arm. »Genau darum arbeite ich hier und stehe jeden Morgen mit Freude auf. Um an dieser Vision mitzuarbeiten. An etwas Großem. An etwas, das die Welt verbessert.«

Ich hätte Patrick für seine Worte in den Arm nehmen können, so passend und wunderbar hatte er es formuliert. Michaela zwinkerte ihm zu und meinte: »Genau so ist es bei mir auch. Und solche Mitarbeitenden suchen wir. Also muss das genau so im Text drinstehen.«

Es lief gut. Wir waren so richtig im kreativen Flow. »Was kommt dann?«, fragte ich die beiden. »**Wie** wir als Team arbeiten. Das wäre mir wichtig zu wissen, wenn ich in ein neues Team reinkomme und mir überlege, mich zu bewerben.« Patrick schaute in die Runde. Michaela und ich nickten und ich schrieb auf das Flipchart »Wie wir arbeiten«.

»Und jetzt kommt das **Was**. Was wir machen, was der Jobinhalt ist, was wir für Qualifikationen erwarten und was wir bieten.« Parallel zu meinen Worten schrieb ich das Gesagte in Stichpunkten auf das Flipchart.

Ich trat ein paar Schritte von Flipchart zurück und staunte. »Das ist das Prinzip des ›Golden Circle‹«, sagte ich. »Warum – Wie – Was. Das ist die perfekte Reihenfolge für inspirierende Kommunikation und beruflichen Erfolg. Dass ich da nicht gleich draufgekommen bin!«

Ich hatte das Buch *Start with why* von Simon Sinek[3] vor einigen Jahren gelesen und den Inhalt regelrecht inhaliert. Dass man das Prinzip des ›Golden Circle‹ auch auf Stellenausschreibungen anwenden konnte, darauf hatte mich erst Piet beim Bierchen an der Kartonbar von Mia und Max gebracht. Ich beschloss, für alle in meinem Team das Buch beziehungsweise das Hörbuch von Simon Sinek zu bestellen – und Piet zum Dinner einzuladen.

Am Nachmittag schrieb ich die Stellenanzeige in der Struktur »Warum – Wie – Was« neu auf:

**Projektleiter/in (m/w/d) für die Produktionsautomatisierung gesucht**

**Warum gibt es uns und woran glauben wir?**
Menschen wollen ihr Leben lang gesund sein. Leider gibt es immer noch Krankheiten, die die Lebensqualität der Menschen deutlich beeinträchtigen oder sogar zum frühen Tod führen. Wir glauben daran, dass es für jede Krankheit eine Therapie und ein Medikament zur Heilung geben wird. Wir haben die Vision, dass eines Tages niemand mehr an Krebs oder anderen schweren Krankheiten sterben oder unter dieser Krankheit leiden muss. An diesen Medikamenten, Heilmitteln und Therapien arbeiten wir in unserer Forschung, Entwicklung und Produktion mit ganzer Hingabe und Energie.

**Warum genau Du zu uns passt?**

- Weil Du daran glaubst, dass mit Technologie und der Kreativität von Menschen die Welt besser gemacht werden kann.
- Weil Du aufregende Zeiten liebst und Leidenschaft und Inspiration für Technik und Technologie hast.
- Weil Du leidenschaftlich neugierig auf neue Technologien bist und Dich bei unbekannten Dingen immer fragst: »Wie funktioniert das?«
- Weil Du unsere Werte und Vision kompromisslos teilst und schnell in die Umsetzung kommst.

**Warum genau Du bei uns arbeiten solltest?**

- Du hast keine Angst vor großen Herausforderungen und unbekannten Wegen.
- Neues zu lernen ist für Dich selbstverständlich.
- Weil Du bereit bist, für Deine Projekte auch zeitliche Entbehrungen und Risiken einzugehen.
- Weil es für Dich ein Ziel ist, zusammen mit Deinem Projektteam Anerkennung und Wertschätzung bei Fertigstellung und Übergabe einer neuen Produktionsanlage zu erhalten.

**Wie wir arbeiten:**

Bei uns steht ein freundschaftlicher, unkomplizierter und ehrlicher Umgang über alle Hierarchiestufen hinweg an erster Stelle. Durch unsere Großraumbüros und unsere »Open Door Policy« können alle zu jeder Zeit angesprochen werden. Wir fordern uns gegenseitig heraus, ohne die Ellenbogen zu benutzen, weil wir wissen, dass Teilen und Helfen immer erfolgreicher ist als übertriebener Egoismus. In unserem Unternehmen reden wir uns alle mit dem Vornamen an.

Es macht uns Freude, gemeinsam neue Ideen zu entwickeln, diese auszuprobieren, umzusetzen und zu optimieren. Wenn ein Weg beschritten wurde, der sich als falsch herausstellt, dann sagen wir »Danke«. Danke, dass wir jetzt wissen, dass es so nicht funktioniert. Bei uns darfst Du Fehler machen, um zu lernen, denn wir leben eine positive Fehlerkultur. Weil wir wissen, dass nur durch Experimentieren, Ausprobieren und Fehlerfreundlichkeit großartige neue Dinge erschaffen werden.

Wir arbeiten mit modernen Workflow-Tools innerhalb unserer offenen, agilen und experimentierfreudigen Projektteams. Bei uns gewinnen die smarten und intelligenten Ideen, und nicht automatisch die Ideen, die am wenigsten kosten. Denn unsere Produkte und Maschinen werden Menschen retten und heilen.

Wir nehmen das Thema Work-Life-Balance ernst, auch wenn es gerade zum Projektende oftmals nur mit Überstunden zu machen ist. Ein Mehr an Arbeit wird immer nachhaltig ausgeglichen und ist keine Selbstverständlichkeit. Für Deine direkten Familienangehörigen stellen wir verschiedene Benefit-Programme zur Verfügung.

**Was wir von Dir erwarten:**
Du übernimmst die organisatorische und fachliche Verantwortung für die Entwicklung von automatisierten Blister-Befüllungsanlagen. Du koordinierst die Arbeiten der zuständigen Entwickler intern sowie die Zusammenarbeit mit externen Partnern, inklusive der Ermittlung des regelmäßigen Entwicklungsbedarfs aus den Bereichen Projekte und Produktion. Du bist verantwortlich für die Kapazitätsplanung, die Projektprioritäten und die Einhaltung von Termin sowie Qualitäts- und Kostenzielen. Du überwachst, steuerst und dokumentierst den Projektfortschritt und bist verantwortlich für die Einhaltung fachspezifischer Richtlinien und regulatorischer Vorgaben (CE, GS, GMP, DIN etc.).

**Was sind unsere Anforderungen an Dich:**
Studium im Bereich Maschinenbau, Feingerätetechnik, Mechatronik, Automation oder vergleichbare Erfahrung in der

Koordination und Steuerung von komplexen Projektleitungsaufgaben und interdisziplinären Teams sowie der Steuerung externer Partner. Selbständige und systematische Arbeitsweise sowie sehr gute organisatorische und kommunikative Fähigkeiten. Mindestens zehn Jahre Berufserfahrung in der Entwicklung und Konstruktion komplexer Automationssysteme. Praktische Erfahrung im Projektmanagement, idealerweise verbunden mit einer entsprechenden Zertifizierung (zum Beispiel GPM/IPMA). Gute Kenntnisse im Umgang mit CAD, CRM und MS Office. Die Fähigkeit, komplexe technische Zusammenhänge schnell zu erfassen und zu analysieren. Fließende Deutsch- und verhandlungssichere Englischkenntnisse in Wort und Schrift. Bereitschaft zum weltweiten Reisen. Führerschein Klasse 3 oder vergleichbar. Arbeitsort ist Frankfurt am Main. Homeoffice-Anteil maximal 20 Prozent.

Du willst Teil von etwas ganz Besonderem sein? Dann freuen wir uns auf Deine Bewerbung.

Ich las die neue Ausschreibung zweimal durch. Sie war eindeutig nicht mehr langweilig und deutlich inspirierender als die Erste. Bestimmt konnte man das auch noch besser machen. Ich bat Michaela und Patrick für einen Kaffee in den Besprechungsraum und las ihnen die neue Stellenanzeige vor.

Michaela fragte, ob es gut sei, in der Stellenausschreibung mögliche zeitliche Einschränkungen und Überstunden anzusprechen. »Warum nicht? Erstens ist es so und zweitens wissen die Bewerber und Bewerberinnen dann, dass es in einigen Phasen der Projekte so kommen kann«, meinte Patrick. »Und wir bekommen nur die Bewerber, für die das okay ist, und eben nicht die, die einen strikten Acht-Stunden-Tag suchen und bei der ersten Überstunde meckern.« Genau so war es!

»Habt ihr Verbesserungsvorschläge?«, fragte ich in die kleine Runde. Beide meinten, dass ich das so posten könne. Sie fanden diese zweite Version viel ansprechender und inspirierender als die erste.

Am nächsten Tag schickte ich die Stellenausschreibung an Marlene in der Personalabteilung, mit der Bitte, diese Version noch mal auf allen Internetjobportalen zu posten. Eine halbe Stunde später rief mich Marlene an und fragte, ob ich das wirklich so stehen lassen wolle. Ich hatte schon mit ihrem Anruf und dieser Frage gerechnet. »Ich will es einmal anders probieren. Mit ›Schema-F‹-Stellenanzeigen reißen wir niemanden vom Hocker. Vor allem möchte ich die finden, die zu uns passen. Und nicht die, die nur ihr Handwerkzeug können. Schick es so raus, ich bin mir sicher, dass es funktioniert.« Marlene versprach, heute noch die Anzeige in den Online-Portalen hochzuladen.

Und bereits zwei Wochen später hatte ich drei vielversprechende Bewerbungen auf dem Tisch. Bereits im Anschreiben der Bewerber und Bewerberinnen merkte ich, dass ich dieses Mal deutlich besser passende Menschen gefunden hatte. Ich lud alle drei Personen auf ein erstes Gespräch ein. Michaela und Patrick waren auch wieder im Interview dabei.

Alle drei Bewerber und Bewerberinnen hatten einen erfolgreichen Karriereweg als Projektleiter im Maschinenbau und in der Automationstechnik hinter sich. Sie teilten unsere Werte und unseren Glauben an unsere Vision. Es war sehr interessant, sich mit ihnen darüber zu unterhalten und ihre Sichtweise dazu zu erfahren. Technisch hatten alle drei echt was auf dem Kasten. Sie konnten sich alle Antworten mit ihrem sehr guten technischen Allgemeinwissen und Verständnis mit sehr wenig Hilfe herleiten. Alle drei wussten und konnten erklären, warum ein Flugzeug flog. Ein großer Unterschied zu den Bewerbern in der ersten Runde.

Vivian begeisterte uns ganz besonders. Sie war mit ihrem Motorrad angereist und entschuldigte sich für ihre nicht ganz sauberen Hände: »Ich musste gestern Abend noch ein durchgebranntes Ventil an meiner Kawasaki neu einschleifen. Bis ich den Motor wieder zusammengebaut hatte, war es schon sehr spät.« Genau solche Menschen suchten wir. Keine Angst, schwierige Dinge anzugehen und sich die Finger dreckig zu machen, auch wenn es mal länger dauern sollte. Das war genau die richtige Einstellung für mein Team. Wir führten ein langes Gespräch mit Vivian und waren überzeugt, dass sie genau die Richtige und ein »Cultural Best Fit« war. Zwei Monate später fing Vivian als unsere neue Projektleiterin im Team an und leitete sehr erfolgreich wichtige Automatisierungsprojekte zur Herstellung und Verpackung neuer, innovativer RNA-Krebsmedikamente. Heute, fünf Jahre später, war Vivian Abteilungsleiterin einer neu aufgebauten Abteilung für den Einsatz von Künstlicher Intelligenz in der Automatisierung. Vor Kurzem hatte ihre Abteilung das dritte Patent in diesem Jahr angemeldet.

Seit der Einstellung von Vivian schrieben wir alle Stellenausschreibungen nach dem Prinzip des ›Golden Circle‹:

- **Warum** gibt es uns und woran glauben wir mit unserer Vision.
- **Wie** arbeiten wir.
- **Was** erwarten wir vom Bewerber oder der Bewerberin und was bieten wir.

So war es immer möglich, Mitarbeitende zu finden, deren Einstellung und Können genau zu unserem Unternehmen, den Teams und zu den Führungskräften passte.

Und meine wichtigste Erkenntnis daraus war: Hatte man Menschen im Team, die zu einem selbst, dem Team und dem Unternehmen passten, dann war Erfolg tatsächlich die Konsequenz.

### Kernbotschaften:

- **Keine Kompromisse bei der Einstellung neuer Mitarbeiter!** Wenn Du Dir mit einem Bewerber oder einer Bewerberin nicht sicher bist, dann lehne ihn oder sie lieber ab. Es ist besser in eine neue Bewerberrunde zu starten, als einen nicht optimal passenden Bewerber an Bord zu holen, nur weil die Stelle endlich besetzt werden muss. Du wirst Dir, Deinem Team und Deinem Unternehmen damit keinen Gefallen tun.

- Wenn Dein Unternehmen großartige Werte oder eine inspirierende Vision hat, dann nutze das als Argument für Dein Unternehmen. Es ist nichts ansteckender als eine inspirierende Vision, für die es sich lohnt, morgens aufzustehen und 40 und mehr Stunden zu arbeiten. Das Gehalt und die Benefits spielen dann eine untergeordnete Rolle. Großartige Benefits und moderne Arbeitszeitmodelle sind in vielen Unternehmen, großen und kleinen, heute Standard und nichts Besonderes. Die machen keinen großen Unterschied mehr. Die Mitarbeitenden werden nicht durch das »**Was** sie im Unternehmen tun« motiviert, sondern durch das »**Warum** sie es tun« inspiriert.
- **Finde Mitarbeitende, die zu Dir, Deinem Team und Deinem Unternehmen passen.** Es nutzt nichts, eine erstklassige Fachkraft einzustellen, die weder die Werte noch die Vision oder den Arbeitsstil Deines Unternehmens teilt und sich darum nicht ins Team integrieren lässt.
- Wenn sich innerhalb der Probezeit herausstellt, dass Dein neuer Mitarbeiter oder Deine neue Mitarbeiterin nicht den Anforderungen oder Erwartungen entspricht, dann zieh die Reißleine und beende das Arbeitsverhältnis innerhalb der Probezeit. Vorher musst Du aber das Gespräch gesucht und offen sowie ehrlich Deine Erwartungen, Beobachtungen oder Bedenken diskutiert haben, um die Chance zur Verbesserung zu geben. Gib anfangs in kurzen und dann in längeren Abständen Feedback an Deine neuen Mitarbeitenden und beobachte, ob sich Veränderungen einstellen. Wenn zum Ende der Probezeit aber immer noch Bedenken im Raum stehen, dann beende das Arbeitsverhältnis. Man muss es offen sagen: Mitleid oder die Hoffnung, dass er oder sie sich noch ändern wird, sind hier fehl am Platz. Je **besser und qualifizierter der Auswahlprozess** ist, desto geringer ist auch die Gefahr, auf das falsche Pferd gesetzt zu haben und innerhalb der Probezeit das Arbeitsverhältnis beenden zu müssen.

- Denke rechtzeitig an den **Nachwuchs** in Deinem Team. Praktikanten, Diplomanden, Werkstudenten oder Aushilfen sind eine exzellente Quelle für zukünftige Mitarbeitende. Wenn sie gute Erfahrungen in Deinem Team und Unternehmen gemacht haben, dann kommen sie gerne zurück und starten in Deinem Unternehmen ihre Karriere. Das Gleiche gilt für Azubis im gewerblichen oder kaufmännischen Bereich. Unternehmen, die nicht oder nur sehr wenig ausbilden, brauchen sich nicht über Facharbeitermangel zu wundern.
- Nimm für die Interviews auch **Mitglieder aus dem späteren Team der Bewerber** dazu und bewerte ihre Ansichten und Aussagen wie Deine. Schließlich wird das Team am intensivsten mit dem neuen Mitarbeitenden zusammenarbeiten. Also brauchen sie auch Mitsprache. Wichtig ist, dass für alle Interviews immer die gleichen Teammitglieder bei den Gesprächen dabei sind und die Rollen klar verteilt sind.

# Kapitel 7
# Ich bin dann mal weg

## Es wird von Dir als Führungskraft erwartet, dass Du Dich nicht aus dem Staub machst, wenn es unangenehm wird.

Morgens im Büro. Nachdem ich meinen Laptop hochgefahren hatte, poppte eine Terminerinnerung auf dem Bildschirm auf. »Gespräch mit Tabea um 13 Uhr«, stand dort zu lesen. Meine Laune sackte augenblicklich auf den Nullpunkt, denn das Verhältnis zu meiner Chefin Tabea war in den letzten Monaten nicht das Allerbeste und teilweise sehr angespannt.

Vor 23 Jahren hatte ich als Entwicklungsingenieurin für Hochfrequenztechnik in diesem Unternehmen angefangen. Nach vier Jahren hatte ich dann die Führung der ersten kleinen Abteilung übernommen. Danach war ich immer in einer Führungs- und Managerposition geblieben. Ich hatte mich auf diese Positionen nie beworben, sondern wurde immer gefragt, ob ich die Aufgabe und Herausforderung übernehmen möge. Das Verhältnis zu meinen früheren Chefs und Chefinnen war stets hervorragend gewesen. Sie hatten mir den von mir benötigten Spielraum gelassen, damit ich die vereinbarten Ziele erreichen oder übertreffen konnte. Oftmals waren meine Teams und ihre Entwicklungen ein Benchmark für unsere anderen Standorte weltweit gewesen. Prozesse und Produktstrategien, die wir erstmalig bei uns eingeführt hatten, wurden oft von anderen Standorten in unserem Konzern übernommen.

Kurz und knapp: Es machte Spaß, für dieses Unternehmen zu arbeiten und sich einzubringen. Ich arbeitete nicht nur in diesem Unternehmen, nein, ich verstand es immer als Arbeit am Unternehmen. Die Beiträge von meinen Abteilungen, den Teams und allen Mitarbeitenden waren sichtbar und ein wichtiger Beitrag zum jährlichen Unternehmensergebnis.

Bis Tabea meine Chefin wurde. Sie war einige Zeit länger im Unternehmen beschäftigt als ich. Wir kannten uns, hatten oftmals auch die gleichen Ansichten, aber in Wirklichkeit mochten wir uns nicht. Dafür waren wir viel zu unterschiedliche Typen. Ich war die Experimentierfreudige, die auch mal eine schnelle Bauchentscheidung aus der Erfahrung heraus traf und aus meinen gemachten Fehlern immer schnell lernte, Neues gerne ausprobierte und eine positive Fehlerkultur bei jedem Mitarbeitenden lebte. Nach einem Unfall in jungen Jahren konnte ich keine Kinder mehr bekommen. Und so konzentrierte ich mich voll auf meine Karriere und meinen Beruf.

Und Tabea war als weltweite Marketingmanagerin in unserem Produktsegment erfolgreich und steuerte einen nicht unerheblichen Beitrag zum Unternehmenserfolg bei. Sie brauchte für viele Entscheidungen lange, denn sie suchte überall den Haken, um dann nach langem Hin und Her endlich doch eine Entscheidung zu treffen. In Diskussionen und Meetings, die nicht so liefen, wie sie sich das vorstellte, konnte sie auch mal sehr ungemütlich und arrogant werden. Außerdem zog sie gerne auch mal über andere her, wenn sie ihr nicht passten oder Fehler gemacht hatten. Wir konnten nicht unterschiedlicher sein.

Als Tabea mich dann gefragt hatte, ob ich die Leitung einer ihrer Marketingabteilungen übernehmen wolle, hatte mich mein Mann gemahnt: »Liz, du weißt, dass ihr zwei nicht gut miteinander könnt. Und nun soll Tabea deine Chefin werden. Das geht bestimmt nicht gut.« Er sollte Recht behalten.

In der ersten Zeit verlief alles problemlos. Unsere Meetings waren ein offener Austausch und durchaus harmonisch. Die Ergebnisse waren meistens im Zielbereich und darüber. Nach ungefähr zwei Jahren kippte die Stimmung aber plötzlich. In einem unserer Meetings fing Tabea plötzlich an, einen Monolog zu halten. Sie warf mir alles Mögliche vor. Der Monolog gipfelte in der Aussage »Du bist eine miserable Managerin und deine Mitarbeitenden leiden unter dir«. Ich schaute mich im Raum um, ob da noch andere saßen. Nein, da saß niemand, auch nicht unter dem Tisch. Sie meinte tatsächlich mich!

»Tabea, erklär mir bitte mal, wie du darauf kommst, dass meine Leute unter mir leiden«, war meine erstaunte Frage. Sie ging nicht darauf ein und warf mir stattdessen zu niedrige Verkaufszahlen vor.

»Umsätze können nur gemacht werden, wenn genügend Aufträge da sind. Für die Aufträge sind aber der Vertrieb und Verkauf verantwortlich. Unsere Geräte sind erstklassig positioniert und besser als der Wettbewerb. Alle unsere Marketingkampagnen sind wie geplant draußen. Wende dich mit deinem Anliegen bitte an den Verkaufsleiter und nicht an mich«, versuchte ich ihr zu erklären.

Ich würde das nicht verstehen, war ihre Antwort. Sie brach das Meeting abrupt ab und verließ einfach den Raum. Ich saß da und ließ mir die vergangen 30 Minuten und ihre Vorwürfe noch mal durch den Kopf gehen. Ich war mir sicher, dass ihre Chefin in Malaysia ihr die Pistole in den Rücken gedrückt, sie für fehlenden Umsatz in dem Quartal verantwortlich gemacht und Konsequenzen angedroht hatte. Ich wusste, dass in den obersten Etagen des Unternehmens ohne Bandagen und Handschuhe geboxt wurde. Auch unter Frauen, wenn auch manchmal mit anderen Mitteln als unter Männern. Eines war aber für alle Geschlechter gleich: Wer nicht spurte und die richtigen Ergebnisse lieferte, flog über kurz oder lang raus. Und in ihrer Hilflosigkeit gab Tabea das jetzt eins zu eins nach unten an mich und vermutlich auch andere weiter.

Im folgenden Jahr wurde das Verhältnis immer angespannter, auch wenn wir zeitweise gute Phasen miteinander hatten. Vor allem dann, wenn wir beide ein und derselben Meinung waren. Dann machte es sogar richtig Spaß für sie zu arbeiten und wir ergänzten uns perfekt. Ich verstand meine Arbeit immer als Einsatz für sie und für das Unternehmen. In Diskussionen konnte ich aber nicht immer ihrer Meinung sein. Es war bestimmt auch nicht meine Aufgabe, in Meetings nur zu nicken. Auch wenn das in unserem Unternehmen in den oberen Etagen mehr und mehr erwartet wurde.

Reflektierend musste ich sagen, dass auch ich nicht immer alles richtig und perfekt gemacht hatte, sodass Tabea das eine oder andere

Mal auch Grund zur Kritik gehabt hatte. Aber wie hieß es so schön: Wer keine Fehler machte, machte auch sonst nichts.

Und jetzt das Meeting mit Tabea. Dieses Mal kam sie schnell auf den eigentlichen Grund des Meetings zu sprechen: »Liz, du hast meinen Befehl verweigert und dieses Mal hat es Konsequenzen für dich.«

Wow, war das eine tolle Eröffnung! Das Meeting konnte ja lustig werden. Ich hatte auch noch gar nicht mitbekommen, dass man in unserem Unternehmen Befehle erteilt bekam – in einem Unternehmen, das die Werte Vertrauen, Wertschätzung und Respekt auf seinen Fahnen und Postern stehen hatte.

»Warum soll ich dir den Befehl verweigert haben?«, fragte ich sie ganz erstaunt. Das Wort »Befehl« sprach ich dabei sehr betont und pointiert, ja fast schon angewidert aus.

»Ich hatte dir klipp und klar den Befehl erteilt, die neuen Geräte der Delta-Serie im dritten Quartal an den Markt zu bringen. Und jetzt höre ich, dass das nicht passieren wird. Du bist schuld, wenn der Aktienkurs fällt.« Tabea bekam einen roten Kopf.

»Sag mir, wie das gehen soll?«, entgegnete ich ihr. »Du weißt, dass die Interfaces zu den anderen Gerätefamilien noch nicht stabil laufen. Soll der Kunde zum Versuchskaninchen werden? Du weißt genau, wo die Probleme liegen. Ich hatte dich vor einem Jahr immer wieder gebeten, die vier offenen Stellen in der Interface-Entwicklung zu genehmigen. Wären diese vier Ingenieure rechtzeitig eingestellt worden, hätten wir den Zeitplan auch halten können. Für die Genehmigungen warst du verantwortlich. Aber nein, du hast ja bis heute nicht entschieden, ob diese vier Positionen eingestellt werden!« Ich bemühte mich, ruhig zu bleiben.

Gleich darauf donnerte sie los: »Jetzt soll ich schuld sein, wenn du deinen Zeitplan nicht einhältst? Du hast meinen Befehl missachtet und nur du bist schuld, wenn der Aktienkurs fällt.«

Ich sagte nichts mehr. Nach 23 Jahren in diesem Unternehmen musste ich mich nicht so behandeln lassen und mir auch noch »Befehlsverweigerung« unterstellen lassen. Ich klappte meinen Laptop zu und wollte gehen.

»Ich will, dass du nicht mehr für mich arbeitest«, rief sie mir hinterher.

In der Tür drehte ich mich noch einmal um. »Ich denk darüber nach«, sagte ich und schloss die Tür zu ihrem Besprechungsraum.

»Ich habe es dir gleich gesagt, dass das nicht gutgehen wird«, meinte mein Mann, als ich ihm abends von meinem sonderbaren Gespräch mit Tabea erzählte. »Und nun? Was willst du machen?«, fragte er mich noch im Nachgang.

»Sie kann mich nicht rauswerfen. Das geht bei uns nicht so einfach. Ich werde ihr zwei Vorschläge machen, was ich anstatt der Tätigkeit als Marketingleiterin machen könnte. Nach fünf Jahren sollen da auch mal andere ran, die dann vielleicht auch alles viel besser machen können. Ja, du hattest recht. Das ging wirklich nicht gut. Ich hätte mal auf dich hören sollen, mein Schatz.« Wir mussten beide lachen.

Ein paar Tage später ging ich zu Tabea und bat um ein kurzes Gespräch. »Wenn du mich in meiner jetzigen Position nicht mehr haben willst, dann schlage dir zwei andere Positionen vor, die ich übernehmen könnte. So kannst du dann die Marketingleiterstelle neu besetzen.«

Wir gingen in ihren Besprechungsraum und ich schloss meinen Laptop an den Beamer an. Tabea setzte sich mir gegenüber an den Tisch und nahm eine lustlose und unbeteiligte Sitzhaltung ein.

»Mein erster Vorschlag wäre, dass ich mich mit einem kleinen Team um das Design und die Software-Architektur für die zukünftige Quantum-Serie kümmere. Da kümmert sich momentan niemand leitend drum. Ist aber dringend notwendig, damit die neue Serie ein Erfolg wird und nach Zeitplan eingeführt werden kann.« Zusammen mit meinen Worten zeigte ich ein Slide mit der Überschrift »New Produkt Design Manager«, das das alles nochmals zusammenfasste.

»Brauchen wir nicht«, war ihre Antwort. Sonst nichts. Nur ein »Brauchen wir nicht«. Natürlich hätten wir so eine Position dringend besetzen müssen. Aber sie war die Chefin. Wenn sie meinte, das ginge von allein, bitte sehr.

»Mein zweiter Vorschlag ist, dass ich mich um die Integration neu zugekaufter Unternehmen kümmere und ihnen helfe, den Weg in unsere Unternehmenswelt zu finden. Je schneller diese Unternehmen gut integriert und vernetzt sind, desto schneller werden die Ziele mit ihnen erreicht.« Auch hierzu zeigte ich ihr ein Slide, auf dem die Überschrift »Integration Manager« stand. Ich ahnte es bereits, denn auch hierzu kam dieselbe Antwort: »Brauchen wir nicht.«

Ich hätte ihr alles Mögliche als zukünftigen Job für mich vorschlagen können, ihre Antwort wäre jedes Mal »Brauchen wir nicht« gewesen. Tabea wollte mich loswerden, das wurde mir klar.

»Hast du nicht noch was anderes vorzuschlagen?«, fragte sie völlig emotionslos. Und ja, das hatte ich. Ich hatte noch eine drittes Slide vorbereitet, weil ich das Ergebnis dieses Meetings schon vorausgeahnt hatte. Ich sah Tabea an und führte gleichzeitig meinen rechten Zeigefinger langsam zur Eingabetaste meines Laptops. Mein drittes Slide erschien auf der Leinwand in einer dicken und fetten Schrift: »Liz hört auf«. Sonst nichts. Ich war auf ihre Reaktion gespannt.

Plötzlich kam Leben in Tabea und sie setzte sich aufrecht in ihren Sessel. »Darüber können wir reden«, war ihre erfreute Reaktion. Also doch, sie wollte mich loswerden. Tabea hatte beschlossen, dass ich das Unternehmen verlassen sollte. Nach 23 Jahren!

»Mach uns ein Angebot«, meinte sie freudestrahlend, stand auf und ließ mich allein im Besprechungsraum zurück. Das war das letzte Mal, dass ich mit meiner Chefin Tabea persönlich gesprochen hatte.

Am nächsten Tag saßen mein Mann und ich bei einem Fachanwalt für Arbeitsrecht und ich ließ mich über meine Rechte aufklären. »Rauswerfen kann man Sie nicht«, meinte der Anwalt. »Dafür sind Sie zu alt und zu lange im Unternehmen. Und Sie haben sich ja nichts zu Schulden kommen lassen. Wenn Sie aber freiwillig mit einem Aufhebungsvertrag gehen, dann kommt da eine ganz schöne Abfindungssumme zusammen. Das wird für Ihre Chefin teuer werden. Wenn Sie möchten, dann klage ich das gerne für Sie ein und hole das Maximale für Sie raus.«

Nach dem Termin beim Fachanwalt besprachen mein Mann und ich uns abends bei unserem Lieblingsitaliener bei Pizza und Rotwein. Wir beschlossen, dass ich einen Aufhebungsvertrag vorschlagen und eine hohe Abfindung verhandeln würde. Sollte sich das Unternehmen geizig und bockig zeigen, dann konnte mir immer noch der Anwalt helfen.

Die Verhandlung der Abfindung und aller anderen Modalitäten dauerte etwa vier Wochen. Mein einziger Gesprächspartner über die ganze Zeit war unser Personalchef David. Zu jedem Gespräch forderte ich ihn immer wieder auf, auch Tabea einzuladen. Ich wollte die Angelegenheit auch mit ihr zusammen klären. Aber Tabea ließ sich immer wieder entschuldigen, obwohl sie anwesend war.

Das erste Angebot zur Abfindung war lächerlich. Nachdem ich das Angebot abgelehnt hatte, meinte David: »Schreib mal auf, was dir so vorschwebt.«

Ich nahm einen Filzstift und schrieb auf das Flipchart, was ich alles für meine Abfindung in Rechnung stellte. Die Zahlen wurden immer größer und es kamen immer mehr Posten dazu. Zum Schluss machte ich einen Strich unter alles und addierte es zusammen. Der Wert lag circa 20 Prozent über dem Wert, den ich zusammen mit meinem Mann als Mindestsumme für die Abfindung festgelegt hatte.

»Das ist mein Angebot«, sagte ich, nahm wieder Platz und setzte mein bestes Pokerface auf. David verzog keine Miene, während er mein Zahlenwerk mit seinem Tablet fotografierte, und kommentierte nur: »Da wird Tabea aber Schnappatmung bekommen.«

Das war mir egal. Sollte sie doch Schnappatmung bekommen. Ich wollte einfach auch austesten, wie wichtig es ihr war, dass ich das Unternehmen verließ. David ging mit meinem Angebot zu Tabea. Er wollte sich ein paar Tage später wieder melden.

Es dauerte eine Woche, bis mich David wieder zu einem Meeting mit ihm einlud. »Tabea kann deinem Vorschlag zur Abfindung nicht zustimmen. Die Summe ist zu hoch. Sie bietet dir aber eine andere Summe an.« David schob mir einen Zettel rüber, auf dem eine

Abfindungssumme stand, die immer noch fünf Prozent über meiner Mindestabfindung lag. Und es stand noch etwas auf dem Zettel: Zwölf Monate Freistellung mit allen Bezügen, Firmenwagen und Boni, wenn ich bis zum Ende der Woche das Unternehmen verlassen würde. Innerlich triumphierte ich. Ich vermutete, dass sich Tabea mit den mir zugestandenen Zahlungen und der zusätzlichen Freistellung und Boni weit aus dem Fenster gelehnt hatte. Aber mein Pokern hatte sich gelohnt. Ich war auch erstaunt, wie viel es ihr wert war, dass ich das Unternehmen verließ. Einen Tag später unterschrieb ich den Aufhebungsvertrag mit den ausgehandelten Modalitäten.

Am nächsten Tag lud ich meine Abteilungen und meine Mitarbeitenden zu einem Meeting ein. Dass was im Busch war, hatte sich im Flurfunk bereits herumgesprochen und jeder aus meinem Team wusste genau, was jetzt kam.

Als sich alle versammelt hatten, sagte ich kurz und knapp, dass ich das Unternehmen am nächsten Tag verlassen würde. Auf eine große Ansprache und Lobeshymne auf das Unternehmen hatte ich keine Lust mehr. Tabea stand die ganz Zeit auf der mir gegenüberliegenden Seite im Konferenzraum und schaute auf den Boden. Nachdem ich fertig war, übernahm sie das Gespräch. Ich hörte gar nicht mehr zu. Innerlich hätte ich kotzen können, so abserviert worden zu sein. Einzig die Aussicht auf den ausgehandelten finanziellen Ausgleich ließ mich meine Selbstachtung und meinen Selbstwert in diesem Moment bewahren.

Gleich nach dem Meeting ging ich an meinen Arbeitsplatz zurück, um klar Schiff zu machen. Meine Assistentin Elvira war den Tränen nahe. »Was soll denn jetzt aus mir werden?«, fragte sie mich aufgelöst.

»Du wirst bestimmt an meinen Nachfolger oder meine Nachfolgerin berichten«, war alles, was ich ihr sagen konnte, und nahm sie in den Arm. Ich spürte ihre Angst, weil jetzt vieles anders werden würde.

Zwei Stunden später poppte eine Einladung von Tabeas Assistenten Michael in meinem Kalender auf. Der Betreff lautete: »Letztes Meeting Liz/Tabea«. Außerdem las ich in der Einladung die zusätzliche Information: »Bitte Laptop, Kreditkarte und Ausweis mitbringen.« Der Termin war am nächsten Tag, ein Freitag, mein letzter offizieller Arbeitstag, um 16 Uhr. Mein allerletztes offizielles Meeting in diesem Unternehmen. Nur Tabea und ich. Endlich bekam ich die Gelegenheit, mit ihr zu sprechen, mich mit ihr auszusprechen. Mir war es unglaublich wichtig, dass wir mit einem Handschlag auseinandergehen konnten. Und ich hoffte, dass es ihr auch wichtig war. Schließlich traf man sich immer zweimal im Leben.

Am nächsten Tag ging ich um kurz vor 16 Uhr mit meinem Laptop unterm Arm, meiner Firmenkreditkarte und meinem Firmenausweis in der Hand Richtung Tabeas Besprechungsraum. In dem Besprechungsraum saß nur Michael, Tabeas Sekretär und Assistent. »Wo ist Tabea?«, fragte ich erstaunt. »Ja, also, Tabea ist vor zehn Minuten nach Hause gegangen«, sagte Michael mit betroffener Stimme.

»Tabea ist was?«, fragte ich ihn ungläubig. Ich hätte es mir denken können. Sie hatte sich aus dem Staub gemacht. In letzter Konsequenz war sie nicht bereit, auch nur ansatzweise ihrer Verantwortung mir gegenüber nachzukommen. Sie verwehrte mir ein letztes ausgleichendes Gespräch und die persönliche Verabschiedung. Und sie verpasste damit die Chance, dass wir doch noch einigermaßen im Guten und wertschätzend auseinandergingen. Schade!

Ich war unglaublich enttäuscht. Von Tabea und von diesem Unternehmen. Ich schob Michael den Laptop, die Kreditkarte und den Ausweis über den Tisch, stand auf und verabschiedete mich von ihm. Fünf Minuten später verließ ich das Firmengebäude zum letzten Mal und fuhr nach Hause.

Nichts hatte mich im Nachhinein so sehr enttäuscht wie das Verhalten meiner direkten Vorgesetzten. Ich war aber auch vom Unternehmen enttäuscht. Nach 23 Jahren war ich einfach so abgeschoben worden, ohne dass auch nur irgendjemand den Konflikt zwischen mir und Tabea zu lösen versucht hatte. Konnte ich heute noch gut über das Unternehmen sprechen? Konnte ich den dringend benötigten Berufsanfängern empfehlen, in diesem Unternehmen eine Karriere anzustreben?

Nun, es fiel mir schwer, obwohl es ein innovatives Hightech-Unternehmen mit einer inspirierenden Vision war. Denn das, was mir passiert war, konnte in diesem Unternehmen jederzeit auch anderen passieren, weil die Werte Vertrauen, Wertschätzung und Respekt nicht von allen gelebt, geschweige denn gefordert wurden. Meine Einstellung wäre eine völlig andere, wenn Tabea die Gespräche zu meiner Trennung vom Unternehmen begleitet und mir vor allem nicht das letzte Gespräch verweigert hätte. Sie hatte sich stattdessen lieber ins Wochenende verabschiedet, weil sie nicht den Mumm und die Courage dazu gehabt hatte.

**Kernbotschaften:**

- Der erste Mensch, den neue Mitarbeitende im Unternehmen kennenlernen, ist fast immer der neue Chef oder die neue Chefin. Und genauso muss es auch bei einer Trennung sein: Die Führungskraft führt immer persönlich das **letzte Gespräch** und begleitet den Mitarbeitenden zum Abschied in die Lobby. Auch wenn es unangenehm ist!
- Es wird von Dir als Führungskraft erwartet, dass Du die **Gespräche zur Kündigung** führst oder zumindest begleitest. Und es nicht komplett an die Personalabteilung oder deine Assistenz delegierst, nur weil es Dir selbst unangenehm ist oder Dir der Mumm und die Courage dazu fehlt. Als Führungskraft bist Du nämlich nicht nur für die schönen Dinge bei der Führungsarbeit zuständig, sprich für Einstellungen, Gehaltserhöhungen, Beförderungen, Boni, Schulterklopfen usw. Es gibt auch viele nicht so schöne Dinge, die das Unternehmen und Deine Mitarbeitenden von Dir als Führungskraft erwarten, wie zum Beispiel eine Kündigung auszusprechen, zu verhandeln und wertschätzend zu Ende zu bringen.
- Mitarbeitende, von denen man sich trennt, müssen hinterher nicht zwangsläufig schlecht über das Unternehmen in der Öffentlichkeit reden. Es ist die **Kunst der Führungskraft**, sich so zu trennen, dass man sich auch hinterher noch in die Augen sehen kann.

Darum gilt: Egal warum man sich trennt, es hat immer wertschätzend, ehrlich und aufrichtig zu passieren.

- **Respekt, Empathie und eine professionelle Haltung** sind immer die Schlüssel zu einer erfolgreichen Konfliktlösung.

# Kapitel 8
# Die schwerste Fremdsprache

## Die schwierigste Fremdsprache, die Führungskräfte beherrschen müssen, ist nicht Chinesisch oder Finnisch.

Jedes Jahr im Frühjahr und Herbst wurde bei uns im Unternehmen eine Mitarbeiterumfrage durchgeführt. Jeder Mitarbeitende wurde im ersten Teil gefragt, ob die Unternehmenswerte gelebt wurden, ob die Strategie und Vision verständlich war und ob sie oder er mit der Work-Life-Balance zufrieden war. In einem zweiten Teil wurden alle Mitarbeitenden zu ihren Führungskräften befragt, und zwar, ob man mit seiner direkten Führungskraft und dem Management zufrieden war. Es wurden verschiedene Führungskompetenzen auf einer Skala von 1 bis 10 bewertet.

Mit dem Betriebsrat war vereinbart, dass jede Führungskraft und deren direkte Führungskraft die Ergebnisse bekam. Natürlich anonym, damit keine Rückschlüsse gezogen werden konnten, welcher Mitarbeitende wie geantwortet hatte. Für uns Führungskräfte war das Ergebnis der Mitarbeiterumfrage immer ein wertvolles Feedback über die Qualität unserer Führungsarbeit. Der Unternehmensleitung war es wichtig, dass sich Führungskräfte als Dienstleister für die Mitarbeitenden verstanden und in der Lage sein mussten, bei zufriedenen Mitarbeitenden nachhaltig ein hohes Maß an Potenzialentfaltung und Zufriedenheit auszulösen.

Ich selbst war seit nicht ganz drei Jahren Führungskraft und Gruppenleiter von elf Mitarbeitenden der Dokumentationsabteilung. In dieser Abteilung wurden Zeichnungen, Stücklisten und Prozessdokumentationen elektronisch und digital verwaltet. Am aufwendigsten war der Revisionsprozess, wenn sich Stücklisten oder Zeichnungen änderten und von verschiedenen Instanzen genehmigt und freigegeben werden mussten.

Ein paar Tage, nachdem alle Führungskräfte ihre Ergebnisse der Mitarbeiterumfrage per E-Mail geschickt bekommen hatten, lud mich mein Chef Justus zu einem Gespräch ein. Er wollte mit mir das Ergebnis besprechen.

»Tim, schön, dass du so schnell Zeit hast. Ich würde gerne mit dir das Feedback deiner Mitarbeitenden besprechen. Wie du weißt, ist es dem Unternehmen sehr wichtig, dass alle Mitarbeitenden mit ihren Führungskräften zufrieden sind. Hast du dir dein Ergebnis schon einmal angeschaut? Ich zeig es auch noch mal hier auf dem Monitor.« Justus drückte die Eingabetaste auf seinem Laptop und mein Ergebnis wurde in mehreren Grafiken angezeigt.

Natürlich hatte ich mir das Ergebnis selbst schon im Detail angeschaut. Und ich war nicht zufrieden, da ich mehr erwartet hatte. In einigen Bereichen waren meine Ergebnisse leicht besser geworden und lagen gerade so über dem Durchschnitt, in anderen Bereichen wurden sie aber auch von Umfrage zu Umfrage schlechter. Ich war mir sicher, dass Justus genau über diese Bereiche mit mir reden wollte.

»Ja, ich habe mir alle Bereiche angeschaut und bin mit einigen nicht zufrieden.«

Justus nahm noch mal einen Schluck aus seinem Kaffeepott und sagte: »Ich finde es gut, dass du dich so selbstkritisch reflektierst. Lass uns bitte einmal darüber reden und schauen, wie du in den Augen deiner Mitarbeitenden besser werden kannst.«

Ich fand Justus einen großartigen Chef. Er war immer bereit Hilfe anzubieten, um besser zu werden. Ebenso spornte er einen an, persönliche Potenziale zu wecken –, auch wenn er manchmal den Finger in die Wunde legte und nicht lockerließ, bis man ein Ziel in seinen Augen erreicht hatte. Meine Bewertungen für ihn als meine Führungskraft waren immer hoch.

»Ich habe mir die Antworten deiner Mitarbeitenden in drei Bereichen, in denen Verbesserungspotenzial liegt, genauer angeschaut. Glücklicherweise haben einige auch einen kurzen Kommentar hinterlassen. Das ist ein viel wertvolleres Feedback als nur anzukreuzen.

Tim, ist es okay für dich, wenn wir die drei Bereiche zusammen anschauen und versuchen, für dich einen Weg zur Verbesserung zu finden?« Justus schaute mich freundlich an. Natürlich war mir das recht.

»Prima. Dann legen wir mal los. Du hast sicher gesehen, dass deine Mitarbeitenden dich vor allem im Bereich Kommunikation nicht so gut bewertet haben. Kannst du dir vielleicht denken, warum?«

Es war mir schleierhaft, warum gerade ich im Bereich Kommunikation keine guten Bewertungen bekommen hatte. Ich sprach viel mit meinen Mitarbeitenden und gab ihnen viel Mitspracherecht bei Entscheidungen. Bevor nicht alle, die eine Entscheidung betraf, einverstanden waren, setzte ich die Entscheidung nicht um. Auch war ich mit meinen Aussagen und Ansprachen immer sehr vorsichtig, um niemanden zu verletzen oder zu überfordern. Ich ließ allen immer viel Zeit, meine Kommunikation in Wort oder Schrift zu verarbeiten. Dass ich jetzt gerade im Bereich Kommunikation so schlecht bewertet wurde, erstaunte mich doch sehr. Denn ich wollte doch immer einen wertschätzenden und empathischen Kommunikationsstil leben.

»Ich habe mir die schriftlichen Kommentare von deinen Mitarbeitenden zum Thema Kommunikation durchgelesen und erkenne da eine Gemeinsamkeit«, meinte Justus. Er hatte die Texte auf ein zusätzliches Slide kopiert und untereinander gestellt. Dort stand zu lesen:

- Tim kommt einfach nicht auf den Punkt, wenn er mit uns spricht.
- Ich höre schon gar nicht mehr zu. Immer wieder die gleichen Fragen. Wir drehen uns ständig im Kreis.
- Endlose Diskussionen. Keine Ansage.

Justus gab mir etwas Zeit, die drei Feedbacks zu lesen und zu verarbeiten.

Und ja, es stimmte, ich nahm mir viel Zeit, um Fragen und Entscheidungen mit meinen Mitarbeitenden zu diskutieren. Vor allem mit Gertrud und Lothar führte ich immer wieder lange Gespräche in unseren Meetings, weil sie immer wieder alles in Frage stellten. Hatten sie einmal eine Entscheidung akzeptiert, dann stellten sie eben diese Entscheidung im nächsten Meeting wieder in Frage. Es fiel mir schon auf, dass alle anderen in unseren Meetings ungeduldig wurden, aber es war mir eben wichtig, dass sich alle abgeholt und verstanden fühlten. Es war mein Ziel, dass alle Mitarbeitenden in meinem Team hinter meinen Entscheidungen standen, sie verstanden und dann auch umsetzten. Ich nahm mir viel Zeit, um mit Empathie auf jeden meiner Mitarbeitenden einzugehen und um einen demokratischen Konsens zu finden. Dass mir das jetzt von einigen meiner Mitarbeitenden vorgeworfen wurde, verstand ich eigentlich nicht.

»Justus, ich gebe mir viel Mühe und nehme mir auch viel Zeit, um jeden ins Boot zu holen und offene Fragen zu beantworten. Ich weiß nicht, was daran falsch sein soll. Wenn einige Diskussionsbedarf haben, dann müssen sich die anderen eben gedulden. Was soll daran falsch sein?«

»Nun, jedem im Team Rede und Antwort zu stehen und offene Fragen zu beantworten, ist bestimmt nicht falsch. Die Frage ist nur, wie man das macht. Man kann es beispielsweise so machen, dass offene Fragen im Team geklärt werden, damit alle das Thema und Ziel schnell verstehen und bestenfalls durch die Aufgabe inspiriert werden. So wäre das Thema dann perfekt kommuniziert worden. Ja, und dann kann man es auch nicht so perfekt machen. In diesem Fall wird das Thema mit viel Umschweif und Ausschmückung erzählt. Mit der Folge, dass den Zuhörern langweilig wird, der Erzähler nicht auf den Punkt kommt, nur wenige das Thema verstehen und viel mehr offene Fragen entstehen. Und Inspiration kommt so natürlich auch nicht auf.«

Justus hatte den Nagel auf den Kopf getroffen. Genauso war es in meinen Meetings. Schon nach kurzer Zeit merkte ich, wie die meisten nicht mehr zuhörten und irgendwas anderes machten. Zum Beispiel holten sie ihre Handys raus oder daddelten auf ihrem Laptop. Manchmal hatte ich den Eindruck, dass mein Team einfach keinen Respekt vor mir hatte. Dabei wollte ich es doch jedem nur recht machen, um von jedem meiner Mitarbeitenden Vertrauen und Respekt zu bekommen.

Justus sah mir meinen Gedankengang an. »Glaubst du, dass dich deine Mitarbeitenden respektieren und Vertrauen zu dir haben?«, fragte er mich ganz direkt.

»Nein«, antwortete ich ihm sehr schnell, weil ich mir das ja schon überlegt hatte.

»Warum meinst du, dass deine Mitarbeitenden kein Vertrauen und Respekt haben?« Justus legte den Finger direkt in meine Wunde.

Ich erzählte ihm, wie die Meetings bei uns im Team so abliefen, beispielsweise, dass mir meine Mitarbeitenden schon nach kurzer Zeit nicht mehr zuhörten und alles endlos diskutiert wurde.

»Okay, Tim, du hast den Eindruck, dass dich deine Mitarbeitenden nicht respektieren und sie dir nicht vertrauen, richtig?« Ich nickte. Justus machte eine kurze Pause und schaute mich ernst an. »Vertraust du ihnen und respektierst du sie denn?« Die Frage irritierte mich. Reflexartig wollte ich »Natürlich!« sagen, tat es aber nicht. Ich überlegte. Justus ließ mir Zeit für die Antwort.

Als ich nach einer gefühlten Ewigkeit immer noch keine Antwort parat hatte, sagte Justus: »Denk einmal darüber nach, ob du mit deiner Art der Kommunikation und deinem Auftreten deinen Mitarbeitenden Vertrauen und Respekt entgegenbringst. Ich bin mir sicher, du wirst die richtige Antwort finden.«

Ich war mir sicher, dass Justus die Antwort kannte. Er wollte mich die Antwort aber selbst finden lassen. Wir beendeten das Gespräch und vereinbarten einen neuen Termin in zwei Wochen.

Am kommenden Wochenende feierte meine Oma Hanna ihren 81. Geburtstag. Ich liebte meine Oma Hanna und war bei ihr zuhause immer willkommen. Sie hatte mir schon in so mancher meiner kleinen Lebens- und Liebeskrisen mit weisen Ratschlägen geholfen. Ihr Mann Dirk war bei einem Flugzeugabsturz ums Leben gekommen und so musste meine Oma im Alter von 42 Jahren die Leitung und Geschäftsführung des familieneigenen Unternehmens übernehmen. Sie hatte damals schnell lernen müssen, wie das Management und Führen eines Unternehmens mit über 1.000 Mitarbeitenden funktionierte. Vor 15 Jahren hatte sie die gut laufende Firma an einen Mitbewerber verkauft und lebte heute auf ihrem Anwesen in den Bayrischen Alpen. Den Verkaufserlös hatte sie zum größten Teil in eine Naturschutzstiftung überführt. Von dem Rest konnte sie gut leben.

Ich fuhr bereits am Mittwoch mit meinem Motorrad auf den Hof meiner Oma in der Nähe von Füssen, um ihr mit den Vorbereitungen für das Fest zu helfen und um sie noch ein wenig Zeit für mich allein zu haben, bevor die ganze Familie und die Gäste eintrafen. »Timmi, schön, dass du schon so früh da bist.« Oma Hanna nahm mich in den Arm und drückte mir einen dicken Kuss auf die Backe. Auch ich drückte ihr einen Kuss auf ihre Wange. Es war schön, wieder bei ihr zuhause zu sein.

Am Nachmittag fuhren wir zusammen mit meinem Motorrad in die Berge. Trotz ihres Alters wollte meine Oma immer noch bei mir auf dem hinteren Sitz mitfahren. Darum bestand sie auch immer darauf, dass ich mit dem Motorrad zu ihr kam. Bis vor fünf Jahren war sie sogar noch selbst Motorrad, eine kleine Harley-Davidson Sportster, gefahren. Für unsere heutige Ausfahrt zog sie sich ihre schicke Lederjeans und alte speckige Lederjacke an. Sie konnte es kaum erwarten, dass wir endlich losfuhren. Wenn wir an Motorradtreffpunkten anhielten, schauten immer alle ganz verdutzt, wenn Oma Hanna ihren Helm absetzte und ihre lange blonde Mähne durchschüttelte. Sie trug ihre Haare noch immer lang und weigerte sich strickt, ihre Haare wie viele ältere Frauen kurz mit Dauerwelle zu tragen. »Ist das deine Freundin?«, wurde ich dann oft von anderen Bikern scherzhaft gefragt. Ich war stolz auf meine Oma, dass sie in ihrem Alter noch so cool, agil und unternehmungslustig war.

Abends auf der Rückfahrt kehrten wir in einem Berggasthof ein. Die lange Fahrt hatte uns hungrig und durstig gemacht. Wir bestellten beide Allgäuer Käsespätzle und zum Nachtisch Kaiserschmarren. Außerdem ein großes Bier für meine Oma und ein Spezi für mich.

»Wie geht es dir in deinem Job, Timmi?«, fragte sie mich, nachdem wir unsere Bäuche gefüllt hatten. Also erzählte ich ihr von meiner Arbeit als Teamleiter der Dokumentationsabteilung, was ich so alles machte und welche Technologie wir einsetzten. Meine Oma hörte interessiert zu und nickte hier und da »wissend«. Ich wusste, dass sie technologisch im digitalen Zeitalter angekommen war und mit Computer und Smartphone ganz selbstverständlich umging. An der Volkshochschule in ihrem Ort gab sie für Senioren Unterricht in digitalen Medien und der Benutzung von Smartphones und Computern. Sie liebte es mit anderen Menschen ihr Wissen zu teilen. Und ganz besonders liebte es meine Oma, wenn ihr andere Menschen zuhörten. Ihre Kurse waren immer komplett ausgebucht und die Volkshochschule bot aufgrund der hohen Nachfrage immer noch zwei bis drei weitere Unterrichtstermine an.

Irgendwann war ich mit der Auflistung meiner »Großtaten« als Leiter der Dokumentationsabteilung fertig. Meine Oma schaute mich an und sagte: »Timmi, ich wollte nicht wissen, was du alles großartig machst. Ich hatte dich gefragt, wie es dir in deinem Job geht.« Sie machte eine Pause, damit ich ihren Einwand runterschlucken konnte. Sie hatte recht. Ich war wieder einmal in meine Selbstwertfalle hineingetreten. Ich definierte mich selbst und meinen Selbstwert doch sehr über meine Arbeit. Wenn mich jemand aufforderte, mich vor einer Gruppe vorzustellen, dann erzählte ich nicht, wer ich war, sondern was ich machte. Dank meiner Oma wusste ich heute, dass ich nicht meine Arbeit und auch nicht mein Job war. Aber das war eine andere Geschichte.

»Bei deinem letzten Besuch hast du mir erzählt, dass du seit einiger Zeit Chef deiner Abteilung bist. Wie läuft es denn so als junge Führungskraft?« Tja, was sollte ich ihr da erzählen? Dass das Feedback meiner Mitarbeitenden zu meiner Kommunikation unterirdisch war? Dass mir einige in den Meetings gar nicht mehr zuhörten und mir als Chef keinen Respekt entgegenbrachten? Doch, genau das sollte ich ihr erzählen! Wenn mir jemand einen Rat geben konnte, auf den ich auch bereit war zu hören, dann meine Oma.

Also erzählte ich ihr von meinem niederschmetternden Umfrageergebnis und dem Feedback meiner Mitarbeitenden. Sie zog ihre rechte Augenbraue hoch und sah mich eindringlich und ernst an.

»Das musst du ernst nehmen, Timmi, sehr ernst sogar!«

»Ich weiß aber nicht, wie! Ich möchte es als Führungskraft doch jedem in meinem Team recht machen und verwende darum viel Zeit, um Fragen zu erklären und Einwände zu bearbeiten. Auch wenn es länger dauert. Ist das denn falsch?«

»Also zuerst einmal, junger Mann, musst du dich von deinem Glaubenssatz ›Ich will es allen recht machen‹ verabschieden.« Meine Oma nahm eine strenge Sitzhaltung ein und ihr Gesichtsausdruck wurde noch ernster. »Wenn du es jedem recht machen und jeden in deinem Team glücklich machen möchtest, dann hättest du eine Eisdiele eröffnen sollen. Nur Eisverkäufer machen jeden glücklich.« Ich musste schmunzeln, denn das stimmte. Drück jemandem ein Eis in die Hand und du wirst ein glückliches Lächeln ernten. »Verabschiede dich von dem Gedanken, es jedem recht machen zu müssen. Das wirst du niemals schaffen und damit endlos viel Zeit mit Überzeugungsarbeit verbringen. Als Führungskraft musst du diesen Glaubenssatz ablegen. Führen heißt nicht, es jedem recht zu machen und Dinge endlos zu diskutieren, bis der oder die Letzte im Team nickt.«

»Ich möchte meinen Mitarbeitenden aber viel Empathie und Wertschätzung entgegenbringen. Das ist mir einfach wichtig«, antwortete ich ihr.

»Und genau da liegt das Problem, Tim.« Ich merkte schon, dass sie Tim und nicht mehr Timmi sagte. Oma hatte komplett in den Coaching-Modus umgeschaltet. »Indem du dich auf eine kleine Minderheit in deinem Team immer wieder einlässt, zeigst du der großen Mehrheit in deinem Team keine Empathie, keine Wertschätzung, und, Tim, auch keinen Respekt.«

»Wie bitte? Ich soll auf Gertruds und Lothars Einwände, Fragen und Unverständnis nicht mehr eingehen? Sie brauchen halt länger, bis der Groschen fällt. Dann sollen die, die es schnell verstehen, halt Rücksicht nehmen und damit den beiden Respekt zeigen.« Ich war schon etwas ungehalten, weil Oma an meinen Grundfesten rüttelte.

»Ich sage ja nicht, dass du die beiden links liegen lassen sollst. Du musst es ihnen sogar noch mal und noch mal erklären. Aber eben nicht, wenn alle anderen dabei sind. Hast du mal überlegt, ob die zwei dich vielleicht nur sabotieren wollen und einen auf ›Unverständnis‹ machen, weil sie wissen, dass du da immer wieder drauf einsteigst?«

Ja, das hatte ich mir auch schon einmal überlegt. Da ich aber immer an das Gute im Menschen glaubte, hatte ich diese Vermutung schnell wieder beiseitegelegt.

»Tim, wertschätzende und empathische Führung bedeutet Klarheit und Konsequenz in der Kommunikation. Weißt du eigentlich, was die schwerste Fremdsprache für Führungskräfte ist?«

Blöde Frage. Vielleicht Chinesisch oder Finnisch? »Chinesisch vielleicht?«, mutmaßte ich.

»Nein, Tim, Klartext ist die schwerste Fremdsprache für Führungskräfte. Viele meiner früheren Manager und Führungskräfte mussten das auch erst lernen. Tacheles reden, nicht um den heißen Brei herumreden. Aber auch Klarheit schaffen, Entschiedenheit herstellen, Konsequenzen aufzeigen, alles das gehört zum Klartext sprechen und zu guter Führungsarbeit. Schnörkellos, direkt, ehrlich, inspirierend. Mit dem Angebot, Fragen und Unklarheiten jederzeit im Einzelgespräch zu lösen.« Oma kam richtig in Rage und ich merkte, dass das genau ihr Thema war.

»Aber dann stoße ich doch alle vor den Kopf, die diesen Klartext nicht verstehen oder nicht vertragen«, antwortete ich ihr.

»Das kann sein, Tim, aber du erntest dafür von 80 bis 90 Prozent deines Teams Respekt und Vertrauen. Weißt du, Menschen wollen geführt werden. Die meisten Menschen brauchen jemanden, der ihnen sagt, wo es lang geht und warum oder was gemacht werden muss. Das Wie kann man den erfahrenen Mitarbeitenden und Teams selbst überlassen. Und dafür erntet eine gute Führungskraft den Respekt und das Vertrauen, den sie braucht, um erfolgreiche Führungsarbeit zu leisten. Wenn du mit deinem Team Klartext redest, dann erweist du im Gegenzug deinen Mitarbeitenden Respekt. Denn sie haben eine direkte und konstruktive Ansprache ohne Herumeiern verdient. Hast du das so weit verstanden?«

Das war genau das, was ich an meinen Chef Justus so beeindruckend, ja sogar charismatisch fand. Ohne Herumeiern kam er immer schnell auf den Punkt seines Anliegens. Er fand immer die richtigen und inspirierenden Worte, um seinen Anliegen und Weisungen Nachdruck zu verleihen. Er sprach die Fremdsprache »Klartext« perfekt in Wort und Schrift.

»Ja, das habe ich verstanden. Klartext generiert Respekt und Vertrauen. Und ich glaube sogar, dass es eine Führungskraft auch charismatischer erscheinen lässt, solange das immer wertschätzend und konstruktiv vonstattengeht. Richtig?«

Oma Hannah nahm einen kräftigen Schluck aus ihrem Bierglas und nickte zufrieden. »Genau, Tim. Wenn Charisma eine Taschenlampe wäre, dann ist deine Fähigkeit, Klartext zu sprechen, die Batterie für diese Taschenlampe.« Sie stellte ihr Bierglas sorgfältig auf ihren Bierdeckel und setzte zum Dozieren an. »Meinen Führungskräften hatte ich damals immer die KLAR-Formel für glasklare Klartext-Kommunikation ans Herz gelegt. Das ›K‹ steht für **K**urz. Komm schnell auf den Punkt und rede nicht um den heißen Brei herum. Das ›L‹ steht für **L**eicht. Verwende einfache und leicht zu verstehende Worte. Das ›A‹ steht für **A**ktiv. Langweile nicht! Aktiviere die Inspiration bei deinem Gesprächspartner, indem du dein Anliegen in eine kurze aktive Geschichte als Storytelling verpackst. Und dann das ›R‹. Das steht für **R**ichtung. Verliere nie die Richtung und das Ziel deines Anliegens aus dem Auge. Du gibst die Richtung im Gespräch vor. Nach dem Gespräch muss deinem Gesprächspartner dein Anliegen klar sein. Und frage immer noch einmal nach, ob alles verstanden wurde.« So langsam verstand ich, wie die Fremdsprache Klartext gesprochen wurde, und warum Oma Hanna jahrelang so erfolgreich ihr Unternehmen geführt hatte.

»Und was mache ich mit denen, die alles immer wieder hinterfragen und einfach nicht mitziehen wollen?« Ich erzählte Oma kurz von Gertrud und Lothar. »Wie würdest du auf die beiden reagieren?«, fragte ich sie.

»Du sagst, dass die beiden es fachlich draufhaben. Richtig? Dann glaube ich, dass die beiden einfach nur keinen Respekt und kein Vertrauen in dich als ihre Führungskraft haben. Eben weil du kein Klartext sprichst und darum kein Vertrauen, kein Respekt und kein Charisma aufbaust. Denn sie wissen, dass du dich aus missverstandener Empathie und Wertschätzung immer wieder mit ihnen beschäftigst.

Die zwei sind richtige Energiefresser. Stimmt's?« Ich schaute in mein fast leeres Glas und musste mir eingestehen, dass es genau so war.

»Tim, ich mache dir einen Vorschlag. Gesi ist meine beste Freundin und sie ist Theaterregisseurin und Trainerin für Schauspieler und Schauspielerinnen in München. Sie trainiert auch Führungskräfte für Auftritt, Wirkung und Körpersprache in deren täglichen Kommunikation. Es ist nämlich nicht nur wichtig, was man sagt, sondern eben auch wie man es sagt. Sie wohnt hier um die Ecke im nächsten Ort. Ich frag sie gleich mal, ob du morgen früh mal vorbeikommen kannst und sie mit dir ein paar Situationen trainiert, in denen man durch einen besseren Auftritt deutlich mehr Wirkung erzeugen kannst.« Bevor ich etwas sagen konnte, hatte Oma schon ihr Smartphone aus der Lederjacke gezogen. Ihre Freundin meldete sich innerhalb weniger Sekunden und Oma erklärte ihr kurz »mein« Problem.

Am nächsten Morgen um neun Uhr stand ich bei Gesi auf der Matte. Sie wollte sich eigentlich die nächsten zwei Tage um ihren Garten kümmern, hatte dazu aber keine Lust. Darum hatte sie jetzt zwei ganze Tage Zeit für mich. Wie es bei Regisseuren so üblich war, nahm sie mich hart ran. Zwei Tage lang übten wir meinen Auftritt, verbesserten meine Wirkung beim Sprechen und ich lernte, mehr auf meine Körpersprache zu achten, um das Gesagte mit Gesten zu unterstützen. Ich verstand, wo der »Machtpunkt« beim Reden vor einer Gruppe von Menschen war. Außerdem lernte ich, dass man die PowerPoint-Präsentation am besten ganz wegließ und stattdessen seine Idee oder Message lieber am Flipchart als Story entwickelte. Nach den zwei Tagen war ich völlig fertig, aber glücklich, viele wertvolle Werkzeuge für meine Führungsarbeit gelernt zu haben. Zum Dank mähte ich Gesi am Samstagnachmittag den Rasen. Am Sonntag feierten wir zusammen mit vielen weiteren Gästen und Freunden Oma Hannas 81. Geburtstag.

In der nächsten Woche hatte ich die Chance, meinen neuen Werkzeugkasten für meine tägliche Führungsarbeit auszupacken und in unserem Teammeeting auszuprobieren. Es standen im Dokumentationsbereich einige Prozessänderungen aufgrund von neuen Compliance-Anforderungen an, die für uns Mehrarbeit bedeuteten. Ein Thema, das normalerweise endlos diskutiert worden wäre. Für das Meeting hatte ich ursprünglich zweieinhalb Stunden angesetzt, um den ausschweifenden Diskussionen wieder Raum zu geben. Nun nahm ich mir aber vor, es dieses Mal in 45 Minuten zu schaffen. Dieses Mal wollte ich es anders machen und die Tipps von Gesi und Oma Hanna in die Tat umsetzen. Auf das Ergebnis war ich sehr gespannt.

Ich schilderte meinen Mitarbeitenden als Erstes die Situation und zeigte dann auf, wie wir unseren Prozess verändern mussten, damit das Problem gelöst werden konnte. Einige einfache Grafiken dazu zeigte ich nicht als PowerPoint, sondern malte sie parallel zu meinen gesprochenen Worten ans Whiteboard. So konnten alle den neuen Prozess und die Anforderungen schnell verstehen. Den Mehraufwand für unsere Abteilung bezifferte ich klipp und klar, ohne lange um den heißen Brei herumzureden.

»Ja, das bedeutet einiges mehr an Aufwand für uns. Es lässt sich aber nicht ändern. Der neue Prozess muss, wie skizziert, ab dem nächsten Quartal eingeführt werden und fehlerfrei laufen. Bis dahin habt ihr Zeit, euch die Schulungsunterlagen anzuschauen und auf dem Testsystem die neuen Prozessschritte und Systemmasken auszuprobieren. Ich glaube, dass alle von euch wissen, was zu tun ist. Wenn es irgendwo klemmt, dann meldet ihr euch bitte gleich bei mir, damit wir gemeinsam eine Lösung finden.«

So klar hatte ich in meinen Meetings noch nie gesprochen. Ich war richtig stolz auf mich. Und es hatten alle auf Anhieb verstanden, warum wir den neuen Prozess brauchten und wie wir das angehen und umsetzen konnten. Okay, alle außer Gertrud und Lothar, die sofort den Sinn der Änderung und den Mehraufwand diskutieren wollten.

»Wir diskutieren das jetzt nicht, weil der neue Prozess obligatorisch ist. Gerne erkläre ich euch die Details noch mal nach unserem gemeinsamen Meeting. Jetzt aber nicht.« Das hätte ich früher so nie gesagt. Ich hätte mich im Meeting den Fragen und Bedenken der beiden vollkommen gewidmet und damit alle anderen wieder vor den Kopf gestoßen.

Nach 35 Minuten war das Meeting beendet. Niemand hatte sich im Meeting mit anderen Dingen beschäftigt. Alle wussten, was zu tun war und dass wir einen unangenehmen Mehraufwand haben würden. Sogar Gertrud und Lothar hatte es verstanden. Nach dem Meeting hatte sich beide nicht mehr bei mir gemeldet, um das wie angeboten nochmals zu diskutieren. Später in der Cafeteria setzen sich Jessica und Alexander zu mir an den Tisch. Beide fragten, ob es okay sein, mir Feedback zu unserem Meeting zu geben. Klar war das okay. Ich brannte sogar drauf.

»Also Chef«, meinte Jessica, »das war das beste aller Teammeetings, seit ich in der Abteilung bin. Und super, dass du Gertrud und Lothar nicht wieder ihre Bühne gegeben hast.«

Alexander meinte noch: »Bestimmt warst du letztes Wochenende irgendwo in einem Führungs- und Rhetorikseminar, oder?«

Nein, in einem Seminar war ich nicht gewesen. Nur auf dem Geburtstag meiner Oma Hanna. Und für meinen Chef Justus hatte ich jetzt auch die richtigen Antworten parat.

> *» Der Glaube an die eigene Kraft muss immer größer sein als Deine Zweifel.«*
> *Unbekannt*

**Kernbotschaften:**

- Die schwierigste Fremdsprache, die Führungskräfte beherrschen müssen, ist nicht Chinesisch oder Finnisch, sondern **Klartext**, in Wort und Schrift. Wenn Du als Führungskraft respektiert werden willst, dann musst Du mit Deinen Mitarbeitenden respektvoll umgehen. Dabei ist es wichtig, **wertschätzend und konstruktiv** Klartext zu sprechen und nicht um den heißen Brei herumzureden oder sprachlich rumzueiern, um niemandem weh zu tun. Denn wer Klartext spricht, fördert immer auch die Beziehung.
- Um Klartext zu reden, braucht man **Mut**. Mut, die Dinge beim Namen zu nennen. Nur so wirst Du als Führungskraft auch ernst genommen. Wer Klartext spricht, bringt seinem Gesprächspart-

ner Achtung entgegen. Weil man damit signalisiert, dass es einem wichtig ist, vom Gegenüber einwandfrei verstanden zu werden.

- Führungskräfte, die sich leichttun, wertschätzend und besonnen Klartext zu sprechen, werden von ihren Mitarbeitenden geachtet, verstanden und ernst genommen. Sie strahlen **Authentizität, Charisma und positive Werte** aus.
- Nutze die **KLAR**-Formel für Deinen Klartext:
  - **K**urz: Komme schnell auf den Punkt und rede nicht um den heißen Brei herum.
  - **L**eicht: Verwende einfache und leicht zu verstehende Worte. Frage nach, ob Fremdworte oder Fachbegriffe Deinen Mitarbeitenden bekannt sind.
  - **A**ktiv: Langweile nicht! Aktiviere die Inspiration bei Deinem Gesprächspartner, indem Du Dein Anliegen in eine kurze Geschichte verpackst. Lerne dafür Storytelling.
  - **R**ichtung: Verliere nie die Richtung und das Ziel Deines Anliegens aus dem Auge. Du gibst die Richtung im Gespräch vor. Nach dem Gespräch muss Deinem Gesprächspartner Dein Anliegen klar sein. Frage noch einmal nach, ob alles verstanden wurde.
- Es ist nicht nur wichtig, **was** Du sagst, sondern auch **wie** Du es sagst. Ein guter Auftritt und eine gute Körpersprache verstärken Deine Klartext-Message. Lass Dich darum in »Auftritt – Wirku– g – Körpersprache« bei einem Kommunikationstrainer/in oder einem Schauspieltrainer/in schulen.
- **Verabschiede Dich von dem Glauben, es allen recht machen zu müssen!**

# Kapitel 9
# Ich weiß, wie Du tickst

## Menschenkenntnis ist eine der wichtigsten Kompetenzen für Führungskräfte.

60 Grad Nord und 9 Grad West, mitten auf dem Atlantik zwischen Schottland und Island. Genau hier sollten die Weichen für meine neue berufliche Zukunft gestellt werden.

Meine Frau Leyla und ich erfüllten uns einen lang gehegten Traum. Mit dem Schiff von Deutschland nach New York. Nicht mit einem Auswandererdampfer wie vor 100 Jahren, sondern deutlich komfortabler auf einem Kreuzfahrtschiff. Mit Stopps in Norwegen, Schottland, Island, Grönland, Neufundland und dann eine spektakuläre frühmorgendliche Einfahrt in den New Yorker Hafen mit Blick auf die Skyline von Manhattan. Unsere Freunde Annette und Jörg hatten die Reise ebenfalls gebucht und die Balkonkabine direkt neben unserer Kabine reserviert.

Schon die Abfahrt in Hamburg war atemberaubend. Mit leckeren Cocktails in der Hand standen wir vier an der Reling vor der *Anytime Bar* auf Deck 12. Wir alle bekamen eine richtige Gänsehaut, als die Leinen losgeworfen wurden und das Schiff den Hafen verließ. Langsam fuhr das Schiff auf der Elbe an den Hamburger Landungsbrücken vorbei. Menschen an Land winkten dem Schiff zu und wir winkten zurück. Nach etwa einer Stunde passierten wir die Kugelbake bei Cuxhaven und fuhren damit in die Nordsee sein. Für einen zweiten Cocktail verließen wir das offene Deck und setzten uns in die Bar, weil es draußen allmählich dunkel und kühler wurde. Wir freuten uns auf unsere Reise in den nächsten 18 Tagen.

Mit dem Wetter hatten wir großes Glück. Das Meer war in den nächsten Tagen sehr ruhig und so zerschlugen sich die Befürchtungen meiner Frau, seekrank zu werden. Bei dem Stopp in Kirkwall nahe Scapa Flow auf den schottischen Orkney Islands nahmen wir uns ein Taxi und fuhren zu einer Whiskey Destillerie. Ein Whiskey Tasting war bei einem Besuch in Schottland ein absolutes Muss. Und so probierten wir uns durch verschiedene Single Malt Whiskeys und lernten auch, was es mit dem »Angel Share« auf sich hatte: Durch die lange Lagerung in den Holzfässern verdunsteten circa zwei bis drei Prozent der alkoholischen Flüssigkeit aus dem Fass, was dann als »Anteil für die Engel« abgeschrieben wurde.

Für die lange Überfahrt von Kirkwall nach Akureyri im Norden von Island waren zwei Seetage angesetzt. An einem Seetag fuhr das Schiff den ganzen Tag, ohne anzulegen. Nach dem Frühstück wollten meine Frau und unsere Freunde auf dem Sonnendeck den Tag genießen. Nach Sonne und Faulenzen war mir nicht zumute, darum schlenderte ich durch die verschiedenen Decks des Schiffs und kam irgendwann auch am Theatrium vorbei. Dort bereitete sich gerade der Edutainer Gereon auf seinen Einsatz auf der Bühne vor. Ein Edutainer war, wie ich beim Studieren des Bühnenprogramms gelernt hatte, ein Experte, der hier auf dem Schiff in kurzen Showeinlagen sein Expertenwissen auf unterhaltsame Weise an die Gäste weitergab.

Ich hatte keine Lust, weiter auf dem Schiff herumzulaufen, darum setzte ich mich an die Bar im Theatrium und bestellte mir einen Latte Macchiato. Auf der großen Leinwand hinter der Bühne erschien bereits das Thema, über das Gereon gleich sprechen wollte. »Menschenkenntnis und Charakterkunde«, stand dort zu lesen. Interessant! Ich entschied mich, zu bleiben und es anzuhören, vielleicht konnte ich etwas lernen. Auf Sonne und Schwitzen auf einer Promenadendeck-Liege hatte ich ja sowieso keine Lust.

Langsam füllte sich das Theatrium mit Gästen. Ich verließ meinen Platz an der Bar und setzte mich auf einen der vorderen Plätze im Theatrium.

Der Edutainer Gereon betrat die Bühne und lockerte die Stimmung erstmal mit ein paar Beispielen, wie unser Gehirn sich manipulieren lässt oder es Dinge wahrnimmt, auf. Ein Beispiel fand ich besonders interessant. Dafür zeigte er auf der Leinwand drei Wörter: Morgenstern – Abendstern – Zwergelstern. Gereon bat einige Zuschauer diese drei Wörter hintereinander laut vorzulesen. Alle lasen die Worte so vor, wie sie dastanden. Dass es einen »Zwergel-Stern« gar nicht gab, merkte niemand. Eine Dame kam dann aber doch darauf.

»Das heißt doch ›Zwerg-Elstern‹«, rief sie ins Publikum. Das stimmte, da hatte mich auch mein Gehirn voll verschaukelt.

»Morgenstern, Abendstern, … dann meint das Gehirn beim dritten Wort: Hey, das muss auch ein Stern sein«, erklärte Gereon. »Das Gehirn ist der größte Energieverbraucher in eurem Körper und will es sich darum einfach machen, weil es auf Energieeffizienz getrimmt ist. Darum versucht euer Denkmuskel zwischen den Ohren immer, Muster zu erkennen.« Viele mussten lachen. Ich war begeistert, wie es Gereon schaffte, das Publikum schnell für sich zu gewinnen.

Das war aber erst das Vorspiel zu Gereons eigentlichem Thema »Menschenkenntnis« gewesen, denn jetzt wurde es erst richtig unterhaltsam und interessant. Und es sollte mein Leben verändern.

»Wer kennt den Satz ›Behandle andere Menschen so, wie du behandelt werden willst‹?«, rief Gereon ins Publikum. »Wer von euch sagt: Hey, das haben mir meine Eltern, Tanten oder Freunde als Lebensweisheit ins Poesiealbum geschrieben, das ist einer meiner Werte und Glaubenssätze, weil man dann im Umgang mit anderen Menschen immer alles richtig macht?« Er schaute auffordernd in die Runde. Viele im Publikum nickten oder hoben die Hände. Ich auch, denn ich kannte diese Lebensweisheit, die ich von meiner Mutter in meiner Jugend immer wieder eingebläut bekommen hatte: »Mein Sohn, behandle die anderen Menschen immer so, wie du selbst behandelt werden möchtest.« Als Erwachsener hatte ich mir diese Lebensweisheit dann hinter die Ohren geschrieben und handelte auch als Führungskraft im Umgang mit meinen Mitarbeitenden danach. Ich behandelte meine Mitarbeitenden immer so, wie auch ich behandelt werden wollte.

Gereon schaute mit gespielt sorgenvollem Blick ins Publikum und meinte: »Ein Glück, dass ich heute da bin. Wir müssen da mal drüber reden.« Er machte eine lange theatralische Pause. Wie bitte? Was sollte an dieser Lebensweisheit falsch sein? Warum sollte ich andere

Menschen nicht so behandeln, wie ich behandelt werden wollte? Das war doch bisher immer richtig. Ich war gespannt, was daran nicht richtig sein sollte.

Gereon trat ganz vorne an den Bühnenrand und sagte: »Wenn du jeden Menschen so behandelst, wie du behandelt werden willst … wie behandelst du dann alle Menschen?« Er schaute ins Publikum und bei einigen fiel sofort der Groschen.

»Dann behandelt man ja alle Menschen gleich. Sie sind aber nicht gleich«, rief eine ältere Dame aus dem Publikum.

»Genau, meine Dame. Mir gefällt die Art, wie Sie denken. Das ist genau richtig. Wenn man jeden so behandelt, wie man selbst gerne behandelt werden will, dann behandelt man alle Menschen gleich.«

Auch das stimmte! Alle Menschen gleichzubehandeln, konnte nicht zielführend sein.

»Und welche Menschen zieht man dann hauptsächlich in sein Leben, wenn man alle gleich behandelt?«, fragte Gereon und schaute auffordernd ins Publikum. »Sind Führungskräfte unter uns?« Ich hob meine Hand und er fragte mich direkt: »Wenn du alle Menschen so behandelst, wie du behandelt werden willst, dann behandelst du alle so, wie du gerne behandelt werden willst, richtig?« Ich nickte. »Und was für Menschen ziehst du dann hauptsächlich in dein Leben?«

Ich dachte kurz nach und antwortete: »Na, solche Menschen, die so ticken, wie ich ticke.« Viele im Publikum nickten zustimmend.

»Und was für Mitarbeitende stellst du als Führungskraft dann hauptsächlich ein?« Gereons Stimme wurde eindringlich.

»Solche Menschen, die so sind wie ich?«, fragte ich ihn vorsichtig zurück, auch wenn ich die Antwort eigentlich schon kannte.

»Richtig! Wenn du alle Menschen so behandelst, wie du behandelt werden willst, dann holst du hauptsächlich solche Menschen in dein Leben, die so sind wie du. Und genau die stellst du als Führungskraft dann auch ein. Und, ist das gut?«, bohrte er weiter.

Ich schüttelte den Kopf. Nein, das war wirklich nicht gut. Ich hatte bereits nach zehn Minuten des Vortrags eine erste Erkenntnis. Denn es stimmte. Die Mitarbeitenden, die ich einstellte, ähnelten mir vom Typ her sehr oft, und das alles, weil ich diesen Glaubenssatz verfolgte.

»Was wäre denn besser?«, fragte ich Gereon recht forsch. Gereon drehte sich zu mir um und lächelte mich an. Ich war mir sicher, dass er gewusst hatte, dass jemand diese Frage stellen würde.

Er wiederholte meine Frage für das Publikum und sagte: »Wer kann dem jungen Mann hier die Frage beantworten?« Gereon machte eine Pause und kramte seinen Pointer aus seiner Hosentasche. Das gab allen im Publikum Zeit, über seine Frage nachzudenken. Eine Antwort hatte niemand. Ich auch nicht.

»Wenn es nicht zielführend ist, alle so zu behandeln, wie du behandelt werden willst, was wäre dann viel besser?«, wiederholte er die Frage. Es war weiterhin totenstill im Publikum, denn jeder erwartete jetzt die Antwort, wie man besser mit anderen Menschen umgehen sollte. Gereon genoss diesen Zeitpunkt sichtlich und positionierte sich wieder ganz vorne am Bühnenrand. Er wusste, dass seine Wirkung dort am besten war.

»Behandle andere Menschen so, wie ›sie‹ behandelt werden wollen.«

Nachdem er den Satz ausgesprochen hatte, drückte er seinen Pointer und der Satz erschien in großen Buchstaben auf der Leinwand. Das war wohl richtig. Andere Menschen so zu behandeln, wie sie behandelt werden wollten, war viel besser und zielführender. Allgemeines Nicken im Publikum. Ich war immer mehr davon überzeugt, hier und heute richtig viel lernen zu können.

»Behandle andere Menschen so, wie sie behandelt werden wollen«, wiederholte Gereon. »Die Kardinalfrage ist nun aber: Woher weiß ich denn, wie die anderen behandelt werden wollen?« Genau, woher sollte ich das denn wissen? Ich konnte doch nicht jeden erstmal fragen: »Hey, wie willst du denn behandelt werden?« Ich war mir sicher, dass Gereon genau dieses Geheimnis heute beantworten und lüften würde.

Er ging von der Bühne ins Publikum. »Hallo, darf ich deinen Namen erfahren?«, frage er dann die junge Dame ein paar Plätze links neben mir. Sie saß dort mit ihrem Mann und ihren zwei Kindern.

»Jenny«, sagte sie.

»Hallo Jenny«, sagte Gereon und gab ihr die Hand zur Begrüßung. »Jenny, kennen wir uns? Sind wir uns schon mal hier an Bord oder sonst irgendwo begegnet?«

Jenny musste lachen und meinte nur: »Nö, nicht, dass ich wüsste.«

»Okay, prima. Ich habe dich in den letzten paar Minuten ein wenig beobachtet und glaube jetzt ziemlich genau zu wissen, wie du tickst. Darf ich einmal ein paar Dinge über dich erzählen und du sagst uns einfach nur, ob das stimmt oder nicht? Magst du dafür zu mir auf die Bühne kommen?« Etwas zögerlich und verschüchtert folgte Jenny Gereon auf die Bühne.

»Einen Applaus für Jenny«, rief dagegen Gereon, worauf alle klatschten. Jenny war es sichtlich peinlich hier auf der Bühne zu stehen und beklatscht zu werden. Sie fühlte sich etwas unwohl, das sah man genau. Mit ein bisschen Smalltalk über die bisherige Seereise nahm Gereon ihr einen Großteil ihrer Nervosität.

»Antworte einfach nur mit Ja oder Nein, mehr musst du gar nicht tun. Wollen wir anfangen?« Jenny nickte wortlos.

Gereon schaute Jenny ein paar Sekunden lang an und sagte: »Jenny, Harmonie ist dir sehr wichtig, also wichtiger als Erfolg oder Profit.«

Jenny nickte und sagte leise: »Ja.«

»Jenny, du bist jemand, dem sind Freunde und gute Beziehungen sehr wichtig.«

Auch jetzt nickte Jenny. »Ja.« Sie musste lachen.

»Wenn du neue Menschen in deinem Leben kennenlernst, dann bist du erstmal zurückhaltend. Wenn du dann aber Vertrauen gefasst hast, dann wird es schnell sehr eng. Stimmt das?«

Jenny schaute zu ihrem Mann und bewegte ihre Lippen. Ich glaubte, sie leise sagen zu hören: »Woher weiß der das?«

Genau die gleiche Frage stellte ich mir auch. Woher wusste Gereon das alles? Aber es kam aber noch besser.

»Dir sind Werte sehr wichtig. Wenn jemand deine Werte verletzt, dann wirst du sehr ruhig, gehst in dich und bist ziemlich lange demjenigen gegenüber beleidigt und abweisend. Stimmt das?«

»Ja, das kommt vor. Woher weißt du das alles?« Sie lachte nervös. »Zuhause habe ich sogar eine Postkarte am Kühlschrank hängen und auf der steht ›Lieber Gott, mach, dass ich nicht immer gleich beleidigt bin‹.« Viele im Publikum lachten. Am lautesten lachte Jennys Mann.

»Stimmt absolut«, hörte ich ihn sagen.

»Was weißt du denn noch alles von mir?«, wollte Jenny von Gereon wissen. »Na jaaaa«, meinte Gereon, »alles wollen wir hier ja nicht verraten, aber zwei Sachen will ich über dich noch erzählen.« Jenny schien sichtlich erleichtert. »Du kannst mit Lob vor anderen Menschen nicht umgehen. Wenn dich jemand vor anderen lobt, dann ist es dir peinlich und du willst das eigentlich nicht hören. Stimmt das?«

Auch das bejahte Jenny. Gleich darauf erzählte sie, dass ihr Chef das immer gerne im Teammeeting mache und sie sich dann immer super unwohl fühle. Wenn sie dann aber allein sei, dann freue sie sich über das Lob.

Gereon nickte wissend. »Jenny, zum Schluss müssen wir noch über deinen Sprachfehler reden.« Jenny schaute ihn völlig verdutzt an.

»Ich soll einen Sprachfehler haben? Warum das denn?« Jenny schüttelte ungläubig den Kopf.

»Du kannst nicht Nein sagen.« Mehr sagte Gereon nicht.

Jenny schaute ihn an, ging kurz in sich und sagte dann nur: »Stimmt. Das ist mein großes Problem. Ich kann wirklich nur schwer Nein sagen, weil ich immer jedem helfen will und die Beziehung zu dieser Person nicht gefährden möchte.« »

»Habe ich dich so richtig beschrieben? Trifft das alles auf deine Person zu?«, fragte Gereon eine sichtlich angetane Jenny.

»Ja, stimmt alles! Wie kannst du das alles über mich wissen?« Das fragte ich mich auch. Wie konnte er Jenny so genau charakterisieren? Er kannte sie nicht, hatte nie mit ihr gesprochen und sie hier nur kurz von der Bühne herab beobachtet und ihr mit der Hand Guten Tag gesagt.

»Wollt ihr das auch können?«, fragte Gereon ins Publikum. Allgemeine Zustimmung und Nicken. Er bedankte sich bei Jenny, überreichte ihr als Dankeschön sein neustes Buch über Menschenkenntnis. Unter großem Applaus ging Jenny zurück an ihren Platz. Und man sah, dass ihr der Applaus unangenehm war.

Gereon war jetzt voll in seinem Element und erzählte auf eine sehr unterhaltsame Weise, wie schon der griechische Arzt und Gelehrte Hippokrates vor über 2.400 Jahren festgestellt hatten, dass sich Krankheitsbilder sehr oft bestimmten Charaktereigenschaften und Persönlichkeitstypen zuordnen ließen. Gereon erzählte von den vier verschiedenen Temperamenten und Charakteren der Menschen: Es gab den Choleriker als Machertyp, den Melancholiker als Verstandestyp, den Phlegmatiker als Beziehungstyp und den Sanguiniker als Erlebnistyp. Alle haben völlig unterschiedliche Präferenzen und Eigenschaften. Er ordnete diesen vier Temperamenten und Persönlichkeitstypen die Farbenergien rot, blau, grün und gelb zu. Zu den vier Persönlichkeitstypen erzählte Gereon kurze lustige Geschichten, um uns den Charakter und das Verhalten dieser unterschiedlichen Typen näherzubringen.

»Ihr fragt euch jetzt sicher, wie man ganz schnell und mit hoher Trefferquote den Persönlichkeitstyp und damit die Farbenergie einer Person bestimmen kann, oder?« Gereon schaute lächelnd in die Runde. »Das ist eigentlich ganz einfach.« Er drückte erneut auf seinen Pointer und auf der Leinwand erschien ein horizontaler Strich in der Mitte des Bildes. »Frag dich als Erstes, ob die Person eher extrovertiert oder eher introvertiert ist. Extrovertiert bedeutet, dass jemand spricht, um zu denken, und introvertiert bedeutet, dass jemand denkt, um zu sprechen.« Er drückte noch mal auf den Pointer und rechts am Strich stand »Extrovertiert« und links »Introvertiert«. Mit ein paar kurzen Geschichten und Beispielen zu introvertierten und extrovertierten Menschen erklärte er uns die Unterscheidung.

»Was meint ihr«, fragte er in die Runde, »ist Jenny intro oder extro?« Fast alle votierten für introvertiert.

»Genau«, meinte Gereon, »und ich? Intro oder extro?« Bei ihm war die Sache besonders einfach. Extrovertiert!

»Die weitere Unterscheidung ist auch nicht schwierig«, erläuterte Gereon. Auf der Leinwand erschien in der Mitte vom Bild ein senkrechter Strich, sodass sich jetzt vier Segmente bildeten. Aha, das waren bestimmt die vier Persönlichkeitstypen. Ich war gespannt auf seine weiteren Erklärungen.

»Wir unterscheiden jetzt die Menschen in emotionale, personenorientierte Typen und in rationale, aufgabenorientierte Typen.« Gereon drückte wieder seinen Pointer und oben an der senkrechten Linie erschien das Wort »Rational« und unten das Wort »Emotional«.

»Stell dir einfach die Frage, wie dein Gegenüber argumentiert, wenn du mit ihr oder ihm sprichst. Wird viel mit sachlichen Argumenten und mit ZDF, also Zahlen, Daten und Fakten, gesprochen und wird die Aufgabe immer wieder betont, dann ist dein Gegenüber vermutlich rational orientiert. Argumentiert dein Gegenüber aber viel mit seinen Gefühlen und Werten, dann ist dieser Mensch ziemlich sicher ein emotional veranlagter Mensch. Gleich mal ein Test. Ist Jenny emotional oder rational eingestellt?« In diesem Fall war das einfach, denn wir hatten ja schon einiges von ihr gehört und erlebt. Also emotional.

Somit ergab sich folgende Konstellation auf Gereons Leinwandbild mit den vier Segmenten:

- Rational – Extrovertiert = Choleriker = Rot
- Rational – Introvertiert = Melancholiker = Blau
- Emotional – Introvertiert = Phlegmatiker = Grün
- Emotional – Extrovertiert = Sanguiniker = Gelb

Von ihrer Energie her war Jenny also primär grün präferiert. Ihr Charaktertyp war also Phlegmatiker. In den vier Segmenten tauchten nach einem weiteren Knopfdruck kleine Figuren in der entsprechenden Farbe auf, die durch ihr Aussehen ihren Charakter unterstrichen. So war der ungeduldige, wetteifernde und fordernde Choleriker rot gekleidet und hatte eine große Uhr am Handgelenk. Die umsichtige, genaue und hinterfragende Melancholikerin trug eine große Brille, hatte eine Aktenmappe unter dem Arm und war blau gekleidet. Mit Peace-T-Shirt, Kaffeebecher und grüner Kleidung erschien der entspannte, empathische, immer hilfsbereite und soziale Phlegmatiker. Und als vierte im Bunde die gelbe, kontaktfreudige, immer optimistische und dynamische Sanguinikerin.

Abbildung 9.1: Comicfiguren der Charaktere und Präferenzen

So beschreiben sich die vier Temperamente und Charaktere. Aber Achtung: Jeder von uns hat alle vier Farbenergien in sich, denn wir sind ein Mix aus allen. Das macht uns alle so einzigartig. »Trotzdem dominieren ein oder zwei Farben sowie Temperamente, mit denen wir von anderen hauptsächlich wahrgenommen werden«, erklärte Gereon.

Ich war begeistert. Wir hatten soeben eine einfache Anleitung bekommen, wie man die vier primären und hauptsächlich wahrgenommenen Charaktere und Temperamente von Menschen erkennen konnte. Dass die Menschen verschieden waren, wusste ich ja. Jetzt konnte ich aber die Verschiedenheit auch benennen und qualifizieren. Und das war sofort umsetzbar. Ich überlegte bereits, welches primäre Temperament meine Frau und unsere Freunde hatten. Rot, blau, grün oder gelb?

Anschließend erklärte uns Gereon die Grundeinstellungen der vier Temperamente und Charaktere, wie man sie richtig überzeugte und was ihre Entscheidungsmotive waren. Wie man durch eine typgerechte Kommunikation Stress erkannte und vermied, wie ein guter und ein schlechter Tag aussah und wie man bereits bei einer Begrüßung mit einem Handschlag erkennen konnte, welcher Typus Mensch mir sehr wahrscheinlich gerade gegenüberstand.

Nach etwa 45 Minuten beendete er seinen Vortrag mit einem Satz, den ich nie vergessen würde: »Dein privater und beruflicher Erfolg war, ist und wird immer davon abhängig sein, wie gut du mit anderen Menschen zurechtkommst.« Die Zuschauer im Theatrium waren begeistert und spendeten viel Applaus, den Gereon sichtlich genoss. Ja, er war eine richtige »gelbe« Rampensau, denn man merkte, dass er gerne auf dieser Bühne stand. Ich war nicht nur vom Inhalt seines Vortrags begeistert, sondern auch von der Art und Weise, wie er die Zuhörer begeistern konnte und wie er es schaffte, das Wissen in den Köpfen der Zuhörer zu verankern.

Nach dem Vortrag saß ich da und war total geflasht. **Das war es!** Das war das, was mir und meinen über 30 Führungskräften in meiner Organisation fehlte. Fundierte Menschenkenntnis! Keiner der Führungskräfte in meinem Unternehmen hatte das jemals trainiert bekommen. Wie tickte ich als Mensch und wie tickten meine Mitarbeitenden? Wenn ich als Führungskraft all das wusste, dann konnte ich doch stressfrei und viel erfolgreicher mit meinen Mitarbeitenden kommunizieren, oder? So konnte ich auch feststellen, wann sie einen schlechten oder einen guten Tag hatten, und folglich deutlich empathischer reagieren und kommunizieren. Auch jemanden zu überzeugen, wäre einfacher, weil ich die typgerechten Entscheidungsemotionen dieser Person vorliegen hatte. Ich könnte so sogar meinen Mitarbeitenden genau die Aufgaben übergeben, mit denen sie sich aufgrund ihres Temperaments und ihrer Farbenergie besonders leichttun und wohlfühlen würden. Und noch ein weiterer Gedanke kam mir in den Sinn: Wenn ein ganzes Team all das wüsste, dann wäre die Teamarbeit und das Verständnis untereinander viel besser, was wiederum automatisch die Leistungsfähigkeit und die Veränderungsbereitschaft zum Vorteil der Firma erhöhen würde.

Menschen verstehen und darum besser führen, das war meine Erkenntnis, mein »Missing Link« der Führungsarbeit, aus Gereons Vortrag. Wer tagtäglich als Führungskraft mit Menschen umging und sie führte, der musste obligatorisch Menschenkenntnis trainiert bekommen. Warum ließ man Führungskräfte auf ihre Mitarbeitenden los, ohne dieses wichtige Wissen zu vermitteln? Wie viel besser könnten Unternehmen laufen, wenn alle Führungskräfte und Mitarbeitenden dieses fundamentale Wissen hätten und tagtäglich anwenden könnten? Alle diese Gedanken gingen mir durch den Kopf.

Nach der Vorstellung fragte ich Gereon, ob er das alles auch Führungskräften und Teams noch detaillierter trainiere und man ihn buchen könne. »Klar kannst du mich buchen!« Seine Frau Aileen gab mir seine Visitenkarte und ein paar weitere Informationen zum Trainingsangebot. Der Vormittag, nein, die ganze Kreuzfahrt hatte sich für mich bereits gelohnt.

Als ich nach der Kreuzfahrt wieder zuhause war, kontaktierte ich Aileen und Gereon. Zwei Monate später gab er ein zweitägiges Training für meine Führungskräfte. Die ganze Personalabteilung und die Führungskräfte einer weiteren Abteilung waren auch dabei. In diesen zwei Tagen bekamen alle ein fundiertes und detailliertes Wissen über Menschenkenntnis und Charakterkunde vermittelt. Zusätzlich trainierte uns Gereon, wie ein effektiver Zielplanungsprozess funktionierte, wie wir als Führungskräfte Stress abbauen und zu mehr Selbstwert und Selbstvertrauen kommen konnten. Alle waren begeistert. Viele kamen zu mir und bedankten sich für dieses einmalige Training. Sie hätten in den letzten zwei Tagen das beste Training überhaupt bekommen. In den Abteilungen war schnell eine positive Veränderung zu spüren. Viele der Mitarbeitenden berichteten mir, dass sich der Kommunikationsstil in den Meetings positiv verändert habe und ihr Chef jetzt ganz anders mit ihnen sprechen und umgehen würde. Das Feedback freute mich ungemein, weil es mir zeigte, dass ich ein Training gewählt hatte, dass nachhaltig sofort in die Umsetzung gekommen war und von allen Mitarbeitenden positiv gespürt wurde. Nur einem gefiel das Training nicht: meinem Chef.

Einige aus meinem Team hatten ihm begeistert von dem Training erzählt. Daraufhin lud er mich zu einem Meeting ein. Sichtlich erregt betrat er den Meetingraum.

Er gab mir zu verstehen, dass er von dem Thema Menschenkenntnis und vor allem von solchen Trainern nichts halte. Er meinte, dass das alles Scharlatane und Scientologen seien. Ich solle mich gefälligst um den Umsatz und die Marge kümmern und nicht um so einen Humbug.

Warum er diese negative Meinung hatte, wollte er mir nicht sagen. Irgendwie musste das Thema Menschenkenntnis etwas Bedrohliches für ihn gehabt haben.

Nach einem Jahr verließ ich das Unternehmen, weil sich nach diesem Vorfall die Zusammenarbeit mit meinem Chef immer schwieriger gestaltet hatte und ich sowieso zu neuen Ufern aufbrechen wollte. So hatte die Kreuzfahrt mein Leben verändert.

Ich machte mich als Trainer für Führungskräfte selbständig und gab seither meine langjährigen Erfahrungen und Erkenntnisse an junge Führungskräfte weiter. Jedes Führungskräftetraining eröffnete ich immer und grundsätzlich mit dem Thema, das für alle Führungskräfte das wichtigste Wissen überhaupt ist: Menschenkenntnis!

## Kernbotschaften:

- Als Führungskraft arbeitest Du tagtäglich mit Menschen. Darum ist **Menschenkenntnis** das wichtigste Grundlagenwissen für Deine Führungsarbeit.
- Behandle Deine Mitarbeitenden und andere Menschen immer so, **wie sie behandelt werden wollen**.
- **Gute Beziehungen zu anderen Menschen** sind die Grundlage für Deine Leadership- und Führungskarriere. Denn Dein privater und beruflicher Erfolg war, ist und wird immer davon abhängig sein, wie gut Du mit anderen Menschen zurechtkommst.
- Es ist für Dich als Führungskraft wichtig zu erlernen, wie Du die Präferenzen und Temperamente Deiner Mitarbeitenden erkennen, ihre Bedürfnisse verstehen und daraus **empathische Handlungsoptionen** für Deine tägliche Führungsarbeit entwickeln kannst.
- Mit Menschenkenntnis kannst Du Dich als Führungskraft im Bereich **Führungsverhalten**, **Führungsstil** und in Deiner **per-**

**sönlichen Kommunikation und Interaktion** mit anderen Menschen sehr gut selbst reflektieren und verbessern.

Mit einem webbasierten Persönlichkeits- und Leadership-Profil wird der Einfluss Deiner individuellen Präferenzen auf die Erfüllung unterschiedlicher Führungsanforderungen verdeutlicht. In dem schriftlichen Feedback zum Profil werden Möglichkeiten zur Verbesserung Deiner Führungsarbeit aufgezeigt.

Hinweis: Ein Persönlichkeitsprofil kannst Du auch gerne bei mir anfordern. Folge hierzu einfach meinen Kontaktdaten am Ende des Buches und schick mir eine Nachricht.

# Kapitel 10
# Träumer oder Macher

## Setze Dir selbst Ziele, wenn Du privat und als Führungskraft erfolgreich sein willst.

Warum setzten sich so viele Menschen immer wieder großartige Ziele, aber bekamen dann nichts gebacken? Meine Bekannte Melanie hatte mir zum Beispiel an Silvester vor einigen Jahren erzählt, dass sie sich in zwei Wochen für den Berlin-Marathon im September im nächsten Jahr anmelden und fleißig trainieren werde. Ende September, als ich sie dann zufällig in einem Baumarkt getroffen hatte, war dann nichts passiert. 40.000 Marathonis hatten sich in Berlin ohne Melanie auf den Weg gemacht.

Auf der nächsten Silvesterparty im nächsten Jahr hatte sie mir wieder erzählt: »Dieses Jahr werde ich den Berlin-Marathon ganz bestimmt laufen. Nächste Woche melde ich mich an.« Und auch in diesem Jahr war es für Melanie dann doch wieder nur der *Netflix*-Serienmarathon auf dem heimischen Sofa geworden. Wie schade!

Melanie war eine Träumerin. Sie setzte sich immer wieder ein großes Ziel und kam dann aber einfach nicht in die Puschen und in die Umsetzung. Ein Problem vieler Menschen mit großen Zielen!

Im Rahmen einer Führungskräftefortbildung traf ich Melanie zwei Jahre später zufällig wieder. Sie war Personalleiterin in einem mittelständischen Unternehmen. In einer Pause unterhielten wir uns. Ich fragte sie auch, ob sie denn den Berlin-Marathon inzwischen gelaufen sei.

»Nein«, war ihre enttäuschte Antwort. »Ich trainiere zwar immer, aber nach kurzer Zeit verliere ich die Lust daran, weil es so hart ist. Ich habe auch immer Probleme mit den Schuhen und der Ernährung. Und die Zeit zum Training finde ich auch nicht immer. Ich habe dann nur einen Fünf- und Zehn-Kilometer-Lauf mit meinen

Kollegen beim Firmenlauf gemacht. Aber irgendwann werde ich in Berlin starten, ganz bestimmt.«

Sie nannte mir noch weitere Gründe, warum ihr Training immer wieder gescheitert war und warum sie ihr Ziel immer kleiner gemacht hatte. Ich fragte mich, warum sie ihr großes Ziel nicht schon lange aufgegeben hatte. Schließlich träumte sie nun schon seit vielen Jahren davon. Aus irgendeinem Grund war ihr der Berlin-Marathon aber sehr wichtig.

Da es mich schon immer reizte, Menschen in ihre Potenziale zu bringen und sie auf den Weg zu ihren großen Zielen zu schicken, beschloss ich, Melanie ein exklusives Coaching anzubieten.

»Melanie, ich spüre, dass dir der Berlin-Marathon sehr wichtig ist. Schade darum, dass es bisher noch nicht geklappt hat. Was hältst du davon, wenn wir uns heute Abend nach dem offiziellen Training nochmal für eine Stunde treffen und ich dir zeige, wie du an deinem Ziel, den Berlin-Marathon zu laufen, dranbleibst?« Sie schaute mich überrascht an und stimmte zu.

Nach dem offiziellen Training zogen wir uns in einen ruhigen Raum zurück. Ich stellte zwei Stühle gegeneinander und holte das Flipchart aus dem benachbarten Raum. Danach schloss ich die Tür und hängte noch ein Schild mit »Bitte nicht stören« von außen an die Tür. Als Melanie reinkam, setzte sie sich mir gegenüber auf den Stuhl.

»Ich möchte dir helfen, dein Ziel endlich zu erreichen, Melanie«, eröffnete ich unsere kleine Coaching-Runde. »Du hast dir jetzt schon seit Jahren immer wieder das Ziel gesetzt, den Berlin-Marathon zu laufen, richtig?« Melanie nickte. »Und aus allen möglichen Gründen bist du bisher immer wieder gescheitert und nicht angetreten.«

Melanie nickte wieder und sagte: »Einmal habe ich mich sogar angemeldet, bin dann aber nicht hingefahren, weil ich doch keine Lust hatte … und weil ich mit dem Training nicht weiterkam und mit meinen Trainingsläufen immer wieder scheiterte.«

»Okay, Melanie, ich führe dich jetzt durch einen Prozess, mit dem du dein Ziel auf einem Zielzettel formulieren und manifestieren kannst. Diesen Prozess kannst du übrigens nicht nur im privaten, sondern auch im beruflichen Umfeld einsetzen.« Ich stand auf und ging an das Flipchart. »Melanie, formuliere als Erstes dein großes Ziel und beschreibe es so genau wie möglich.« Ich nahm einen dicken Filzstift und war bereit zum Mitschreiben.

Melanie überlegte kurz und sagte: »Ich will den Berlin-Marathon laufen.« Mit dem Filzstift schrieb ich »Ziel: Ich laufe den Berlin-Marathon« ganz oben auf das Flipchart.

»Es ist wichtig, dass du dein Ziel immer in der Ich-Form und im Präsens, also in der Gegenwart, formulierst. Also nicht: ›Ich werde den Marathon in Berlin laufen.‹ Denn dann sagt dein Unterbewusstsein: Okay, weck mich, wenn es so weit ist.«

Melanie wusste bereits aus einem früheren Training mit mir, dass das Unterbewusstsein ein Ausführungsorgan und das Bewusstsein ein Entscheidungsorgan ist.

»Versuch mal, dein Ziel noch genauer zu definieren. In welcher Zeit willst du es schaffen?«, fragte ich sie.

»In unter fünf Stunden«, antwortete sie mir spontan. Ich schrieb zusätzlich »Finish in unter fünf Stunden« als definiertes Ergebnis unter die Ziel-Zeile.

In der ersten Zeile auf dem Flipchart Zielzettel stand also:
**ZIEL: Ich lauf den Berlin-Marathon.**
**DEFINIERTES ERGEBNIS: Finish in unter fünf Stunden**

»Okay, genauer kann man das nicht beschreiben. Sehr schön. Und jetzt überleg einmal dein Motiv. Was ist dein Motiv, diese riesige Anstrengung auf dich zu nehmen? Was ist **dein Warum**, den Berlin-Marathon in unter fünf Stunden zu laufen? Du musst wissen, dass das Motiv immer stärker ist als das Ziel. Also, was ist dein Warum?«

Melanie schaute mich einige Sekunden an und überlegte. »Na, weil ich das schon immer einmal machen wollte!«

»Und warum wolltest du das schon immer einmal machen?«, bohrte ich weiter nach. Melanie schaute nachdenklich ins Leere. Ihre Augen wurden etwas feucht. Es dauerte etwas, bis sie antwortete.

»Weil ich es versprochen habe«, sagte sie dann leise. Ich merkte, dass ihr wahres Motiv für ihr Ziel ziemlich emotional sein musste. Also kramte ich eine Packung Papiertaschentücher aus meinem Trainingskoffer, die für solche Momente immer bereitlagen und gab ihr ein Taschentuch. Sie wischte sich beide Augen ab.

»Melanie, komm, geh noch tiefer. Warum und wem hast du das versprochen?« Ich sah, wie ihr noch mehr Tränen aus den Augen rannen.

Sie holte tief Luft. »Ich habe es meinem Mann Leon versprochen. Vor fünf Jahren, als er wegen eines sehr aggressiven und plötzlichen Darmkrebses gestorben ist. Von der Diagnose bis zu seinem Tod waren es nur fünf Monate. Er war Hobbyläufer und sein Ziel war es immer gewesen, irgendwann den Berlin-Marathon zu laufen. Ich habe ihn auf vielen seiner Läufe begleitet. Im Jahr der Krebsdiagnose hatte er sich in Berlin bereits angemeldet. Er konnte dann ja leider nicht mehr antreten. Kurz vor seinem Tod versprach ich ihm, für ihn im nächsten Jahr den Marathon in Berlin zu laufen. Mit seinem Namen auf der Startnummer.« Dicke Kullertränen liefen ihr über die Wangen. Ich holte noch zwei weitere Taschentücher aus meiner Tasche und reichte sie ihr. »Ich schäme mich jetzt so, dass ich Leon seinen letzten Wunsch bis jetzt, also nach fünf Jahren, immer noch nicht erfüllt habe. Und immer wieder Ausreden finde.« Sie wischte sich ihre Tränen ab und hielt die Taschentücher fest in ihrer Hand. Ich wusste, dass sie sie nochmal brauchen würde.

»Melanie, es ist schön, dass du das ehrliche Motiv für dein Ziel gefunden hast. Ist es okay, wenn wir für dein Motiv ›Weil ich es meinem Mann versprochen habe‹ aufschreiben?« Sie nickte stumm.

Ich schrieb also auf das Flipchart in die nächste Zeile:
**MOTIV: Weil ich es Leon versprochen habe**

Ich ließ Melanie etwas Zeit, sich wieder zu beruhigen. Die wahren Motive für die eigenen Ziele zu finden, war natürlich nicht immer so emotional. In diesem Fall war es das aber. Sehr sogar.

»Als Nächstes sollst du dir bitte überlegen, bis wann du dein Ziel erreicht haben willst.«

»In zehn Monaten, zum nächsten Termin in Berlin. Zehn Monate reichen für das Training«, war ihre spontane Antwort.

Ich schrieb auf das Flipchart in die nächste Zeile:

**ZEITPUNKT: Ab jetzt in zehn Monaten bereit für den Berlin Marathon**

»Jetzt kommen wir zu einer ganz wichtigen Eintragung, Melanie. Überleg dir bitte, was dein Einsatz an Zeit, Geld oder sonstigen Ressourcen ist, um dein Ziel im angepeilten Zeitraum zu erreichen. In deinem Fall wirst du vor allem Zeit investieren müssen. Zeit ins Training. Was meinst du? Wie viel Zeit wirst du jede Woche in den zehn Monaten Vorbereitung ohne irgendwelche Ausreden, wie schlechtes Wetter, keine Lust oder Wehwehchen, investieren?«

Melanie holte ihr Smartphone heraus und begann etwas zu suchen. »Ich habe mir hier einen Marathon-Trainingsplan für Anfänger mit der Zielzeit unter fünf Stunden abgespeichert. Vielleicht finde ich den noch … Ah, hier ist er. Der Plan ist für acht Monate angelegt und heißt ganz treffend ›Von null auf 42,2 Kilometer‹. Den werde ich haarklein einhalten. Und wenn doch mal was sehr Wichtiges dazwischenkommt, dann werde ich es umgehend nachholen. Und die ersten zwei Monate werde ich jede Woche vier Stunden in die Vorbereitung zum Trainingsplan stecken.« Melanie schaute mich sehr entschlossen an.

Ich schrieb auf:

**DEFINIERTER EINSATZ: Die ersten zwei Monate mindestens vier Stunden pro Woche Lauftraining, danach acht Monate Trainingsplan »Von null auf 42,2 Kilometer«. Ausgefallene Einheiten werden nachgeholt.**

»Lass uns jetzt einmal über die Visualisierung deines Ziels reden. Ein Bild sagt bekanntlich mehr als 1.000 Worte. Kannst du dir ein Bild vorstellen, dass dich emotional berührt? Eins, bei dem dein Unterbewusstsein bei jedem Anschauen sagt: ›Streng dich an, dafür lohnt es sich‹?« Melanie lächelte und ich glaubte, sie wusste sofort, welches Bild sie nehmen würde.

»Leon und ich waren vor einigen Jahren einmal in Berlin auf Stadtbesuch und abends immer eine Runde Joggen gewesen. Einmal hatten wir eine Passantin am Brandenburger Tor gebeten, mit Leons Smartphone ein Foto von uns Hand in Hand beim Durchlaufen des Tors zu machen. Das Bild nehme ich, weil auch der Marathon etwa 400 Meter vor dem Ziel durch das Brandenburger Tor führt. Und weil Leon sich danach das Ziel, einmal beim Marathon durch das Brandenburger Tor zu laufen, gesetzt hatte.«

Ich schrieb »Visualisierung« auf das Flipchart und malte so gut ich konnte ebenfalls mit wenigen Strichen das Brandenburger Tor und zwei kleine Strichmännchen Hand in Hand. Später sollte Melanie das richtige Foto für ihren Zielzettel verwenden.

Wir schauten uns gemeinsam Melanies Zielzettel an. »Mach dir bitte ein Foto davon und übertrage dann alles auf den Zielzettel, den ich dir als Vorlage gleich nachher per E-Mail schicken werde. Und jetzt kommen zwei ganz wichtige Sachen.« Melanie spitzte ihre Ohren. »Erstens hängst du diesen Zielzettel in deiner Wohnung gut sichtbar auf. Und zwar dort, wo du ihn jeden Tag mindestens einmal siehst. Auch deine Besucher in deinem Zuhause sollen den Zettel ruhig sehen und lesen. Denn als zweiter Punkt ist es wichtig, dass du allen und jedem von deinem Ziel erzählst, so wie mir vor ein paar Jahren auf der Silvesterparty. Denn wenn du es vielen erzählst, dann werden viele immer wieder nachfragen, wie es mit deinem Training denn so steht und dir so mehrmals einen kleinen Tritt in den Hintern geben.« Melanie musste lachen. »Also: Aufschreiben, aufhängen und jedem erzählen! Menschen, die ihre Ziele aufschreiben, erreichen sie viele häufiger als Menschen, die das nicht tun. Das ist sogar einmal wissenschaftlich untermauert worden.«[4]

»Ich glaube, ich weiß auch schon, wo ich den Zettel eingerahmt hinhängen werde«, sagte Melanie. »In mein Esszimmer neben das Bild von Leon.«

»Melanie, bist du bereit, jetzt noch den Booster beziehungsweise den Nachbrenner für deine Zielerreichung zu zünden?« Melanie schaute mich fragend an.

»Den Booster, wie geht das denn?«, wollte sie wissen.

»Ich würde dich gerne in eine kurze Trance versetzen und dich durch eine Meditation führen, um dein Ziel zu emotionalisieren. Lass dann einfach alles geschehen. Wärst du damit einverstanden?« Melanie nickte.

Ich dimmte das Licht im Raum und startete leise eine binaurale Meditationsmusik auf meinem Smartphone. »Setz dich bitte ganz bequem auf deinen Stuhl, leg deine Hände auf deine Oberschenkel und lass deinen Kopf leicht nach vorne sinken. Schließe dann deine Augen.« Ich führte sie in ihre Trance und merkte, dass es Melanie leichtfiel, in die geistige und körperliche Entspannung zu kommen. Nach etwa fünf Minuten saß sie völlig entspannt auf ihrem Stuhl.

»Melanie, stell dir vor, du bist in Berlin. Am Tag des Berlin-Marathons. Du läufst zusammen mit Leon auf der abgesperrten Strecke über den Pariser Platz auf das Brandenburger Tor zu. Die Sonne scheint und viele Menschen am Rande der Strecke jubeln euch zu.« Ich machte eine Pause, damit Melanie in dieses Bild und diese Situation eintauchen konnte. Ihre Augen zuckten leicht, was mir zeigte, dass ihr Unterbewusstsein intensiv arbeitete. »Stell dir jetzt vor, wie Leon deine Hand nimmt und ihr gemeinsam durch das Brandenburger Tor lauft.« Dicke Tränen liefen an ihren Wangen herunter. Sie war emotional voll in die Szene eingetaucht. »Was sagt Leon zu dir? Und was willst du ihm jetzt sagen?« Ich machte wieder eine Pause, damit Melanie in ihrer Trance mit Leon sprechen konnte. »Du siehst das Ziel in etwa 400 Meter Entfernung. Leon hält weiter deine Hand und ihr lauft zusammen mit vielen anderen auf das Ziel zu. Ihr freut euch, es gemeinsam geschafft zu haben. Stell dir vor, wie du zusammen mit Leon die letzten 400 Meter dieses Marathons läufst.« Ihre Beinmuskeln zuckten etwas. Es flossen immer noch Tränen über ihre Wangen. »Stell dir jetzt vor, wie du zusammen mit Leon Hand in Hand das Ziel erreichst. Ihr seid völlig ausgepowert. Jemand hängt euch die Finisher-Medaille um den Hals. Ihr liegt euch in den Armen und freut euch, diese riesige Herausforderung gemeinsam bestanden zu haben.« Ich gab ihr wieder etwas Zeit, das Bild und die Szene vor ihrem geistigen Auge zu genießen. »Stell dir vor, wie du Leon an beiden Händen hältst. Sag ihm jetzt, dass du es schön fandst, den Marathon zusammen mit ihm gelaufen zu sein. Und dass du ihn liebst.« Nach einer kurzen Pause bat ich sie: »Und verspreche ihm jetzt, dass du in zehn Monaten den Marathon hier wieder laufen wirst. Ohne ihn. Aber für ihn.« Melanie nickte leicht. Tränen rannen ihr wieder über die Wangen. Mit ihrem Taschentuch, dass sie immer noch in den Händen hielt, wischte sie sich die Tränen weg. Sie hielt die Augen geschlossen und blieb in ihrer Trance. »Verabschiede dich jetzt von Leon. Sag ihm, dass du in zehn Monaten wiederkommen wirst und ihr euch genau an dieser Stelle wieder treffen werdet. Nimm ihn noch einmal in den Arm und lass ihn dann gehen.«

Melanie weinte nun lauter. Ich wusste, dass sie mit diesem emotionalen Booster ihr Ziel unumstößlich angehen und erreichen würde. Als ich Melanie aus ihrer Trance herausgeholt hatte, gab ich ihr etwas Zeit, um sich zu sammeln. Zwei volle Packungen an Papiertaschentüchern waren vollständig aufgebraucht.

»Und, Melanie, wie war das?«, fragte ich sie.

»Das fühlte sich vor meinem geistigen Auge unglaublich real an. Irgendwie hatte ich auch das Gefühl, als ob Leon wirklich mit mir sprach. Und Entschuldigung, dass ich so viel weinen musste und deine ganzen Taschentücher vollgeheult habe.« Melanie waren ihre Tränen peinlich.

»Das muss dir nicht peinlich sein. Viele Menschen müssen weinen, wenn ich mit ihnen in die Emotionalisierung ihrer Ziele gehe. Das zeigt doch, wie stark das wirkliche Motiv für das Ziel ist.«

Melanie schickte mir zehn Monate später per E-Mail ihre Urkunde und ihr Finisher-Bild beim Überqueren der Ziellinie vom Berlin-Marathon. Auf dem Startnummernschild und auf der Urkunde stand nicht ihr Name, sondern der Name von Leon. Denn sie war unter seinem Namen gestartet. Ihre Zielzeit waren sensationelle 4:16 Stunden. Sie war es endlich angegangen und hatte ihr großes Ziel erreicht. Und ich war mir sicher, dass Leon richtig stolz auf sie war.

> *»Deine Träume können wahr werden, wenn Du den Mut hast, ihnen ohne Ausreden zu folgen.«*
> *Abgeleitet aus einem Zitat von Walt Disney*

**Kernbotschaften:**

- **Wer willst Du sein: Träumer oder Macher?**
- **Träumer** setzen sich immer wieder große Ziele und kommen einfach nicht in die Umsetzung. Und wenn sie einmal etwas für ihr Ziel tun und es schwer wird oder sie auf dem Weg zum Ziel scheitern, dann machen sie lieber ihr Ziel kleiner oder lassen es ganz, anstatt sich reflektiert einen neuen Weg zu suchen und es auf eine andere Art und Weise zu probieren. So wird dann aus einem Marathon ein Halbmarathon und zum Schluss der Fünf-Kilometer-Lauf oder eben der *Netflix*-Serienmarathon auf dem heimischen Sofa, weil das Training schwer und anstrengend ist. Träumer werden nie erfolgreich sein, weil sie ein flexibles Ziel haben und es immer mit einem festen Weg dorthin versuchen.
- Im Gegensatz zu den Träumern gibt es die **Macher**. Macher setzen sich große Ziele und kommen schnell in die Umsetzung. Sie haben ein festes Ziel und einen flexiblen Weg, weil sie keine Angst vor dem Scheitern haben. Und sollten sie auf dem Weg zu ihrem Ziel scheitern oder sollte es schwer werden, dann versuchen sie es auf eine andere Weise erneut. Denn eins ist immer sicher: Ihr Ziel behalten Sie unumstößlich immer fest im Auge, weil sie ihr wahres Motiv kennen.
- Die Studie von Dr. Gail Matthews von der Dominikanischen Universität im Jahr 2015 zeigte auf, dass Menschen, die ihre Ziele schriftlich fixieren und diese auch anderen mitteilen, erfolgreicher ihre Ziele erreichen.[4] Was lernt man also aus dieser Studie?
  1. Wer sich Ziele setzt, ist erfolgreicher.
  2. Wer sich Ziele setzt und sie zusätzlich schriftlich fixiert und weitererzählt, ist nochmals deutlich erfolgreicher.
- Schreibe Deine Ziele darum auf, im Privaten wie auch im Businessbereich. Denn Du kannst nur erreichen, was Du willst, wenn

Du weißt, was Du willst. Nutze dazu einen Zielzettel mit folgenden Punkten:

1. **Beschreibe Dein Ziel so genau wie möglich.** Schreibe dabei im Präsens und nicht im Futur. Also nicht »Ich werde die ausgeschriebene Position als Abteilungsleiter bekommen«, sondern: »Ich bin Abteilungsleiter.« Dein Unterbewusstsein kann mit Zielen in der Zukunft nichts anfangen und wird sich dann sagen: »Okay, weck mich, wenn es so weit ist.« Darum also: Schreibe im Präsens! Und vor allem immer in der »Ich-Form« und positiv formuliert. Also nicht »Ich will nicht mehr rauchen«, sondern: »Ich bin Nichtraucher.« Beschreibe Dein Ziel auch so genau wie möglich. Wenn Dein Ziel ein eigenes Haus ist, dann beschreibe das Haus so genau es geht. Also zum Beispiel: 150 Quadratmeter Wohnfläche, sechs Zimmer, 300 Quadratmeter Garten, Doppelgarage, PV-Solaranlage etc.
2. **Beschreibe Dein Motiv, das Warum.** Warum willst Du das Ziel erreichen? Merke: Das Motiv ist immer stärker als das Ziel. Mach Dir dazu intensiv Gedanken und sei ehrlich. Und belasse es nicht beim ersten Warum, sondern frage Dich mindestens drei bis vier Mal immer wieder »Warum?«. Erst dann kommst Du auf Dein wirkliches, ehrliches und vermutlich auch emotionales Motiv.
   - **Warum** willst Du Abteilungsleiter sein? Antwort: Weil man da mehr verdient.
   - **Warum** willst Du mehr verdienen? Antwort: Weil ich ein Haus bauen will.
   - **Warum** willst Du ein Haus bauen? Antwort: Weil unsere Wohnung keinen Garten hat.
   - **Warum** ist Dir ein Garten am eigenen Haus wichtig? Antwort: Weil ich unseren Kindern ein kindgerechtes und sicheres Umfeld in unserem Zuhause schaffen will, damit sie mit Freude und glücklich aufwachsen können.

   Aha, das ist also Dein wirkliches Motiv, Dein wahres Warum! Du willst die Position des Abteilungsleiters bekommen, weil Du Deinen Kindern ein kindgerechtes Umfeld in Deinem Zuhause schaffen willst, damit sie glücklich aufwachsen können. Ist das nicht viel inspirierender und motivierender als einfach nur »Weil man da mehr verdient«?

3. **Beschreibe, bis wann Du das Ziel erreicht haben willst.** Schätze den Zeitrahmen ehrlich und realistisch ab.
4. **Beschreibe Deinen Einsatz**. Um ein Ziel zu erreichen, egal wie groß das Ziel ist, muss Du einen Einsatz bringen. Das gibt es nicht umsonst. Was willst Du also an Zeit, Geld, Verzicht oder sonstigen Ressourcen für Dein Ziel einsetzen? Sei ehrlich in der Abschätzung. Wenn Dein Ziel ein Haus mit Garten ist, dann wirst Du als Eigenkapital vermutlich erstmal 100.000 Euro sparen müssen. Sparen bedeutet Verzicht. Beschreibe ehrlich und aufrichtig, auf was Du verzichten wirst, damit Du 100 Monate lang jeden Monat 1.000 Euro sparen kannst.
5. **Visualisiere Dein Ziel.** Hänge diesen Zielzettel an einen Ort, an dem du ihn jeden Tag mindestens ein Mal siehst. Vielleicht rahmst Du Deinen Zielzettel auch ein. Oder hänge Dir ein »Vision-Board« in Deine Wohnung und schreibe dort alle Deine Ziele auf. Und wenn Du von Deinem Ziel oder Deinem Motiv ein Foto hast, dann drucke es aus und hänge es dazu. Wenn Dein großes Ziel ein roter Porsche 911 Cabriolet ist, dann suche Dir ein schönes Bild davon aus und hänge es auf. Nichts erinnert Dich stärker daran, an Deinem Ziel zu arbeiten, als jeden Tag ein Bild davon vor Augen zu haben.
6. **Emotionalisiere Dein Ziel.** Du hast Dir als großes Ziel gesetzt, Deiner Familie ein kindgerechtes Haus zu bauen. Dann stell Dir vor, wie Deine Kinder im Garten Eures neuen Hauses glücklich spielen und wie Du und Deine Partnerin oder Dein Partner glückliche Zeit in diesem Haus verbringen werdet. Hier ein Tipp, wie Du Dein Ziel für so ein tolles Haus nie wieder aus Deinem Kopf bekommst: Miete Du Dir und Deiner Familie so ein Haus für eine Urlaubswoche zum Beispiel bei *Airbnb*. Oder miete Dir das rote Porsche 911 Cabriolet für ein Wochenende. Du wirst das Auto und Dein Ziel nicht mehr aus dem Kopf bekommen! Garantiert.

Noch tiefer emotionalisieren kannst Du Deine Ziele mit einer Meditation. Stell Dir dabei in einer Trance vor, wie es ist, wenn Du das Ziel erreicht hast. Wie Du mit Deinem Elfer mit offenem Verdeck auf Alpenpässen fährst und der Wind Dir um die Nase weht. Wie sich der Motorensound anhört, wie sich die Beschleunigung anfühlt, wie das Leder riecht und wie sich die Form des Blechs unter Deinen Händen anfühlt. Und stell Dir vor, wie Du das neue Auto zusammen mit Deiner Partnerin oder Deinem Partner in Zuffenhausen im Porsche-Werk abholst. Mit der Meditation schaffst Du es, Dein Unterbewusstsein auf Dein Ziel zu programmieren. Je emotionaler, desto tiefer wird Dein Ziel in Deinem Unterbewusstsein verankert. Denn Dein Unterbewusstsein ist ein Umsetzungsorgan und das Bewusstsein ein Entscheidungsorgan.

- Ein kleiner Tipp noch zum Schluss: **Erzähle vielen Menschen in Deinem Umfeld von Deinem Ziel.** Verheimliche es nicht. Jedes Mal, wenn Du diese Personen triffst, dann werden Sie nach dem Status auf Deinem Weg zum Ziel fragen, und Dir so immer wieder einen Tritt in Deinen Hintern geben, um dranzubleiben und weiterzumachen.
- **Führungskräfte** sind generell immer Macher und keine Träumer. Setze Dir darum auch für Dich selbst Ziele im privaten Bereich oder für Deine Karriere.
- Fixiere Deine Ziele schriftlich auf einem **Zielzettel** oder auf einem **Vision-Board**.

Hinweis: Einen Zielzettel zum Selbstausfüllen kannst Du beim Autor anfordern. Folge hierzu einfach meinen Kontaktdaten am Ende des Buches und schick mir eine Nachricht oder benutze den dort angegebenen Link zum Download.

# Kapitel 11
# Neuroleadership

## Führungskräfte, die die Grundbedürfnisse des menschlichen Gehirns kennen und für ihre Führungsarbeit nutzen, werden ihre Mitarbeitenden erfolgreicher führen.

Am Sonntagnachmittag klingelte bei uns zuhause das Telefon. Meine Frau Susanne nahm den Hörer ab und meldete sich. Sie hörte wortlos zu, sagte dann kurz »Okay« und reichte mir nach wenigen Sekunden den Hörer.

»Dein Chef ist dran«, sagte sie und schaute mich ernst an. Ich schaute sie fragend an, als ob sie mir den Grund für diesen Anruf sagen könnte. Wenn mein Chef Jim mich sonntagnachmittags aus den USA anrief, dann musste es sehr dringend und wichtig sein.

»Hallo Jim, was gibt es denn?«, fragte ich in den Hörer hinein.

»Andreas, entschuldige bitte, dass ich dich sonntags anrufe, aber es ist sehr dringend!« Ich schaute Susanne mit ernster Miene an und setzte mich hin. »Was gibt es denn Wichtiges, Jim?«

»Der Aufsichtsrat hat entschieden, dass wir die Unternehmenssparte für elektronische Bauelemente an *UnytCo* verkaufen. Du kannst dir denken, was das bedeutet?«

Und ob ich das konnte. Das Damoklesschwert einer größeren Umstrukturierung und eines Verkaufs hing schon lange über meinem Produktionswerk. Unser Produktionsstandort war zu teuer und die Maschinen waren veraltet. Wenn *UnytCo* den Bereich der elektronischen Bauelemente samt Produktionsanlagen kaufen sollte, dann würden sie sicher nicht viele Millionen in die Modernisierung meines Werks stecken, sondern alles in ihre Megafactory in Malaysia verlagern. Dort waren die Arbeitskosten deutlich niedriger und die Investitionen in neue Maschinen rechneten sich.

»Ja, Jim, ich kann mir vorstellen, was das bedeutet. Unser Werk hier wird geschlossen werden und viele werden dann auf der Straße stehen.«

»Ganz so schwarz würde ich das jetzt noch nicht sehen. Aber ja, es werden einige Bereiche in deinem Werk innerhalb der nächsten sechs Monate geschlossen und nach Malaysia verlagert. Der Bereich der Kabelbaummontage soll aber ausgebaut und modernisiert werden. Du wirst morgen eine E-Mail von mir bekommen. In der E-Mail werden die betroffenen Bereiche und der Zeitplan stehen. Alles Weitere werden wir dann besprechen. Tut mir leid, Andreas, dass ich keine besseren Nachrichten für dich habe und ich dir vermutlich den Sonntag verdorben habe. Wir reden dann nächste Woche. Grüß deine Frau von mir.« Er legte auf und ich stand mit dem Hörer in der Hand wie versteinert da.

»Schlimme Nachrichten?«, fragte mich Susanne.

»Ja, sehr schlimm«, war meine kurze Antwort.

Denn mir wurde klar, dass ab sofort große Veränderungen auf mich und meine Belegschaft zukommen würden. Vermutlich würde ich viele langjährige Mitarbeitende entlassen müssen. Einige von ihnen könnten vielleicht in der erweiterten Kabelbaummontage unterkommen, aber bestimmt nicht alle.

Ich hatte in der Vergangenheit schon einmal eine große Umstrukturierung geleitet und damals vor allem dem Faktor »Mensch« nicht genügend Beachtung geschenkt. Ich hatte nicht beachtet, wie Menschen auf große Veränderungen reagierten. Auch wenn sie vielleicht gar nicht direkt betroffen waren. Die Folge: Die Produktivität und Performance des gesamten Werks waren in den Keller gegangen. Ich hatte damals fast zwei Jahre gebraucht, um die verbliebenen Bereiche wieder in den gewohnten Performance-Bereich zu bringen.

Dieses Mal wollte ich es besser machen. Ich rief noch an diesem Sonntag meine Bekannte Marie per Videocall an. Marie war Expertin und Dozentin für Neurowissenschaft an ihrer heimischen Universität. Bei unserem letzten Treffen hatte sie mir von den neurobiologischen Grundbedürfnissen der Menschen und deren Bedeutung im Unternehmenskontext erzählt. Ich hörte damals gespannt zu und meinte, dass ich das neue Verständnis dafür sicher irgendwann einmal brauchen könnte. Und dieser Zeitpunkt war genau jetzt gekommen.

»Hallo Marie, hier ist Andreas. Du, ich brauche deine Hilfe.« Ich erzählte ihr über die anstehende Umstrukturierung im Werk und die Folgen für die Mitarbeitenden. Und dass ich ihre Expertise als Neurowissenschaftlerin benötigen würde.

»Toll, dass du dich an unser Gespräch vor einiger Zeit erinnerst, Andreas. Gerade in Krisen machen viele Führungskräfte immer wieder viel falsch. Mit etwas neurobiologischen Grundwissen kann das vermieden werden«, sagte Marie.

Und sie kam gleich zur Sache. »Generell ist es immer wichtig, dass man als Führungskraft Unstimmigkeiten in den Grundbedürfnissen seiner Mitarbeitenden auf jeden Fall vermeidet und Kohärenz, also Stimmigkeit und Erwartbarkeit, herstellt. Menschen, die sich bedroht fühlen, werden nicht mehr rational, sondern emotional handeln. Erinnerst du dich noch an die Grundbedürfnisse, über die wir neulich gesprochen haben?«, fragte sie mich.

Marie hatte mir in unserem letzten Gespräch intensiv die neurobiologischen Grundbedürfnisse des menschlichen Gehirns erklärt. Wer diese Grundbedürfnisse beachtete, erreichte als Führungskraft, dass sich die Mitarbeitenden wohl und nicht bedroht fühlten, um dauerhaft motiviert und leistungsfähig zu bleiben. Gerade in Zeiten der Krise oder bei großen Herausforderungen und Veränderungen, in denen das Gehirn automatisch auf Überlebensmodus schaltete, war das besonders wichtig.

»Ja, ich erinnere mich«, sagte ich und fuhr fort: »Das Gehirn strebt immer danach, Schmerz zu vermeiden und mit möglichst wenig Energie zu arbeiten. Und das andere fundamentale Grundbedürfnis ist Wohlbefinden durch die Erregung des Belohnungszentrums. In zwei Worten: Die neurobiologischen Grundbedürfnisse unseres Gehirns sind Wohlbefinden und Schmerzvermeidung.« Ich war erstaunt, wie ich die fundamentale Funktion des Gehirns in wenigen Worten zusammenfassen konnte.

»Richtig, Andreas. Die Grundbedürfnisse des Gehirns sind immer Wohlbefinden und Schmerzvermeidung. Damit das erreicht werden kann, versucht das Gehirn Stimmigkeit und Erwartbarkeit, also Kohärenz zwischen internen Verarbeitungsprozessen im bewussten und unbewussten Bereich zu erreichen. Gelingt das nicht, dann sendet das Gehirn Stresssignale durch Botenstoffe aus und setzt deine Mitarbeitenden in ihrer Leistungsfähigkeit deutlich herab.« Marie machte eine kurze Pause, um mir Zeit zu geben, über das Gesagte nachzudenken.

»Und wie hilft mir das jetzt bei meinen kommenden Umstrukturierungsmaßnahmen?« So richtig erkannte ich noch nicht, wie mir das Wissen um die Grundbedürfnisse und die Kohärenz im Gehirn helfen sollte.

»Es ist eigentlich ganz einfach«, sagte Marie. »Um Schmerz und Unstimmigkeiten zu vermeiden, möchten Menschen kommende und bevorstehende Ereignisse gut und sicher einschätzen können, damit sie sich nicht bedroht fühlen. Und genau das ist jetzt wichtig für eure kommende Umstrukturierung, bei der viel Unsicherheit bei deinen Mitarbeitenden entstehen wird. Gib denen, die bleiben werden, schnell Sicherheit. Und sag jenen, die durch die Umstrukturierung dein Werk verlassen müssen, offen, ehrlich und wertschätzend, was auf sie zukommt und mit was sie wann rechnen können. Je besser und schneller du die Unsicherheit managst, desto schneller wirst du bei allen Mitarbeitenden Vertrauen aufbauen – und du wirst keinen wesentlichen Leistungseinbruch in deinem Werk erleben.«

Vertrauen. Das war sogar einer unserer Unternehmenswerte. Ich nahm mir fest vor, dass dieser wichtige Wert in der Umstrukturierungsphase und den kommenden harten Entscheidungen und Gesprächen nicht unter die Räder kam.

»Marie, lass mich noch einmal zusammenfassen, um zu sehen, ob ich das richtig verstanden habe. Es ist jetzt also wichtig, die Unsicherheit gut zu managen und allen Mitarbeitenden schnell Perspektiven zu geben, damit ihre Grundbedürfnisse nach Orientierung, Zugehörigkeit und Gerechtigkeit erfüllt werden.«

»Besser hätte ich es nicht zusammenfassen können«, meinte Marie. »Es werden harte Zeiten auf jeden deiner Mitarbeitenden zukommen.

Und natürlich auch auf dich und dein Management-Team. Wenn ihr aber die grundlegenden Funktionen des Gehirns nach Wohlbefinden und Schmerzvermeidung beachtet, dann werden die negativen Folgen deiner Umstrukturierung nicht so dramatisch ausfallen. Wenn du noch Fragen hast, dann kannst du mich jederzeit wieder anrufen.«

Ich war Marie für ihre kurze Lehrstunde an diesem Sonntag dankbar. Und ich nahm mir fest vor, es genau so anzugehen.

Am Montagmorgen fand ich die angekündigte E-Mail von meinem Chef Jim im Postfach. Die Umstrukturierung für mein Werk und meine Organisation wurde darin genau beschrieben. 245 Mitarbeitende sollten in die modernisierten Bereiche der Kabelbaummontage übernommen und 41 Mitarbeitende sollten entlassen werden. Der Zeitplan für die Umsetzung war engagiert, aber machbar. Das wichtigste Ziel war, dass die verbleibenden und die zum Transfer nach Malaysia vorgesehenen Bereiche ihre Leistung und Ausbringung unvermindert aufrechterhielten. Für die anstehenden personellen Maßnahmen wurde ein Budget zur Verfügung gestellt.

Mit meinem Team erstellte ich schnellstens einen Projektplan. Der Betriebsrat wurde am gleichen Tag noch informiert. Bereits am Donnerstag der laufenden Woche informierte ich die Belegschaft über den Verkauf an *UnytCo*, die Umstrukturierung und den Umsetzungsplan. In der Betriebsversammlung erzählte ich über den Verkauf, die geplante Modernisierung und das große Investment in die Kabelbaummontage.

Mit den 41 Mitarbeitenden, die das Werk innerhalb der nächsten sechs Monate verlassen sollten, traf ich mich nochmals am gleichen Tag in einem separaten Meeting. Natürlich war in diesem Meeting die Stimmung nicht die allerbeste. Von Wohlbefinden konnte keine Rede sein. Es war mir klar, dass das einige Zeit brauchen und das Schmerzempfinden länger andauern würde.

Ich machte in dem Meeting klar, dass die Entscheidung zum Transfer nach Malaysia unumstößlich war und alle hier Anwesenden mit der Kündigung zu rechnen hätten. Dass diese Ankündigung voll das Schmerzareal im Gehirn adressierte, war nicht zu vermeiden.

Aber für das Wohlbefinden konnte ich Perspektive und Orientierung anbieten.

Ich bot allen 41 Mitarbeitenden einen »Retention Bonus« in Höhe von drei Monatsgehältern an, wenn sie bis zum Kündigungstermin Mitarbeitende blieben und nicht vorzeitig selbst kündigten. Nur so war der Transfer zu schaffen. Ferner bot ich 15 der erfahrensten Mitarbeitenden an, den Transfer nach Malaysia für zusätzliche drei bis sechs Monate zu begleiten und die Produktion dort wieder aufzubauen und hochzufahren, inklusive allen Zahlungen und Entgegenkommen bei so einem langen Auslandsaufenthalt. Ich traf mich ab jetzt jede Woche mit diesen 41 Mitarbeitenden, hielt sie auf dem Laufenden und beantwortete Fragen. Natürlich hätten das auch die direkten Vorgesetzten machen können. Mir als Werksleiter war es aber wichtig, das selbst zu tun und auch auszuhalten.

Vertrauen in dieser schwierigen Phase aufgebaut und nicht enttäuscht zu haben, die Unsicherheit gut gemanagt und schnell neue Perspektiven aufgezeigt zu haben, damit sich schnell möglichst großes Wohlbefinden wieder einstellte, war der Erfolgsfaktor für diese Umstrukturierung und Produktionsverlagerung. Alle Zeit- und Performancepläne wurden eingehalten und zum Teil sogar noch übertroffen.

Ein Jahr später traf ich auf unserem Stadtfest zufällig Paul wieder. Er war einer meiner früheren Mitarbeitenden, der nach seiner Rückkehr aus Malaysia entlassen wurde. Wir sprachen über seine Erfahrungen und Erkenntnisse in den Wochen und Monaten des Transfers sowie über seinen neuen Arbeitgeber.

»Andreas, eins wollte ich dir immer mal noch sagen. Auch wenn die Ankündigung der Produktionsverlagerung und meine Entlassung wehgetan haben, in der Zeit dazwischen habe ich mich durchaus wohl und aufgehoben gefühlt, weil du und dein Team uns Orientierung, Information und Perspektive gegeben habt und immer ehrlich wart. Die Zeit in Malaysia war wirklich aufregend und spannend. Ich habe dort sogar neue Freunde gefunden.«

Abends rief ich Marie an und erzählte ihr von dem Gespräch mit meinem früheren Mitarbeitenden Paul.

»Du hast alles richtig gemacht, Andreas«, meinte sie. »Dank deines neuen Wissens um die neurobiologischen Grundbedürfnisse deiner Mitarbeitenden wirst du in Zukunft mit deinem Produktionswerk und deinen Mitarbeitenden sicher noch erfolgreicher sein.«

> *» Wenn so viel unsicher ist, dann ist alles möglich.«*
> *Francis Paul Wilson*

**Kernbotschaften:**

- Das Gehirn hat grundsätzlich immer **Schmerzvermeidung** und **Wohlbefinden** zum Ziel. Die menschlichen Grundbedürfnisse Wohlbefinden, Harmonie, Liebe und Zugehörigkeit aktivieren das Belohnungszentrum im Nucleus accumbens. Das gilt für körperliches als auch für **emotionales Wohlbefinden**. Dabei werden die Glückshormone Oxytocin und Endorphin vom Gehirn in den Körper ausgeschüttet. Zusätzlich wird als Botenstoff der Neurotransmitter Dopamin im Gehirn gebildet. Für unseren Körper sind die durch emotionales Wohlbefinden ausgeschütteten Hormone Oxytocin und Endorphin wie ein Rauschmittel. Er möchte immer viel davon haben. Die **Schmerzareale** werden durch Stress und körperlichen, seelischen und sozialen Schmerz und Ausgrenzung aktiviert. Dabei wird das Stress- und Schmerzhormon Cortisol ausgeschüttet. Cortisol aktiviert Stoffwechselvorgänge und stellt dem Körper energiereiche Verbindungen zur Verfügung. Das Stresshormon Cortisol baut sich im Gehirn und Körper langsamer ab als die Glücks- und Wohlfühlhormone Oxytocin und Endorphin. Vermutlich wirken darum Tadel, Sanktionen und bedrohliche Situationen länger nach als Lob, Anerkennung und Belohnung.[5, 6]
- Es ist wichtig, den Mitarbeitenden in unsicheren Zeiten **offen und ehrlich** die wirtschaftlichen Rahmenbedingungen, Zu-

kunftsszenarien, geänderten Spielregeln und neuen Erwartungen ehrlich und nachvollziehbar transparent zu machen. Nur so lassen sich Unsicherheiten minimieren, die sonst das Schmerzzentrum ansprechen.

- Wenn harte Entscheidungen, wie zum Beispiel Entlassungen, anstehen, dann ist es immer richtig, den **Sachverhalt** schnell, ehrlich und wertschätzend zu kommunizieren und die Dinge ohne Herumeiern schnell zum Abschluss zu bringen.
- Gute Führung und gutes Leadership erreicht, dass sich Mitarbeitende wohl fühlen. Denn nur wer sich wohl fühlt und nicht dauernd überfordert wird, wird sich **produktiv, kreativ und motiviert** zeigen.

## Kapitel 12
## Schnaps oder Käse?

### Als Führungskraft musst Du auch mal eine »Spaßbremse« sein, um Deiner Fürsorgepflicht nachzukommen.

Im Herbst diesen Jahres stand wieder ein Führungskräfteseminar für meine Abteilungen an. Mit meinem Chef hatte ich vereinbart, dass wir dieses Mal zusammen mit einem Trainer für drei Tage in ein Seminarhotel im Schwarzwald einbuchen. Meine Assistentin Eva hatte ein passendes Hotel ausgesucht und für 25 Personen die Zimmer gebucht. Damit wir vor Ort keine Überraschung zu den Räumlichkeiten erleben würden, fuhr ich mit Eva an einem Nachmittag zu diesem Hotel und nahm alles in Augenschein. Perfekt! Prima Zimmer, großer und heller Seminarraum, traumhaft gelegen in einem netten Schwarzwälder Ort und ein erstklassiges Angebot an Speisen.

Die Hotelmanagerin, Frau Faller, fragte uns, ob wir uns an zwei Tagen ein Abendprogramm wünschten. Als Ausklang zu einem anstrengenden Seminartag. Eigentlich keine schlechte Idee, sagten wir uns und fragten nach ihrem Angebot für mögliche Abendveranstaltungen.

»Im Winter bei Schnee bieten wir gerne eine Schlittenfahrt oder eine Schneeschuhnachtwanderung mit anschließendem Grillen an«, meinte Frau Faller. »Aber Ende Oktober liegt leider noch kein Schnee. Was bei Seminarteilnehmern auch immer gut ankommt, ist nach dem Abendessen im Hotel eine Schnapsverkostung in der örtlichen Schnapsbrennerei und am anderen Abend ein zünftiges Vesper auf dem Hof der Käserei *Hansel*. Der Hof der Käserei liegt drei Kilometer das Tal hoch. Verlaufen kann man sich nicht. Da kann man sich nach dem vielen Sitzen am Tag auch mal bewegen. Nach dem

Essen geht es dann den Berg wieder runter ins Hotel.« Frau Faller überreichte uns jeweils ein Prospekt der Schnapsbrennerei und der Käserei.

Eva und ich schauten uns an und hatten den gleichen Gedanken. »Frau Faller, eine Schnapsprobe geht gar nicht«, meinte Eva. »Das läuft doch garantiert aus dem Ruder und hinterher sind alle betrunken.« Ich war auch sehr skeptisch und meinte, dass mir eine Schnapsprobe für mein Führungskräfteteam zu gefährlich sei.

»Da können Sie ganz beruhigt sein«, sagte Frau Faller. »Bei der Schnapsprobe werden nur kleinste Mengen verkostet und das auch nur jeweils ein Mal. Da ist uns noch niemand von den Füßen gekippt. Da lege ich meine Hand für Sie ins Feuer.«

Ich hielt kurz Rücksprache mit Eva. »Einen Vorteil hätte das ja. Die Brennerei liegt im gleichen Ort wie das Hotel und danach würden wahrscheinlich alle ins Bett fallen. Ferner würden vorher alle im Hotel zu Abend essen und damit eine gute Unterlage für den Schnaps schaffen.« Eva nickte mir zu und Frau Faller bestätigte nochmals, dass bisher nie etwas passiert sei.

»Also gut«, sagte ich, »Schnapsprobe am ersten Abend. Und wie sieht das mit dem Bauernvesper aus?«

Frau Faller nahm das Prospekt von der Käserei zur Hand und erklärte: »Der Hof der Familie Hansel liegt drei Kilometer entfernt am Ende vom Tal. Es geht zu Fuß leicht bergauf und ist sicher für alle zu schaffen. Wir fahren Sie aber auch gerne mit dem Bus hoch.« Eva und ich meinten, dass ein Bus nicht nötig sei und uns etwas Auslauf nach dem zweiten Seminartag ganz guttun würde. Frau Faller schrieb sich das auf und erzählte weiter: »In der alten, urigen Bauernstube wird Ihnen dann ein ordentliches Vesper mit selbstgemachtem Käse, Speck und Schinken aus der hofeigenen Räucherei angeboten. Dazu frisches Bauernbrot aus dem Holzofen der Bäuerin. Ihre Mitarbeitenden werden begeistert sein. Nach dem Essen geht es dann zu Fuß bergab zurück ins Hotel.«

Eva und ich waren jetzt schon begeistert und uns lief ein wenig das Wasser im Mund zusammen. Frisches Bauernbrot, dick mit frischer Butter darauf. Zusammen mit Käse und geräuchertem

Schwarzwälder Schinken. Lecker! Und vor allem liefen wir mit dem Bauernvesper keine Gefahr, dass jemand zu viel trank. Wir buchten also beide Abendveranstaltungen. Die Schnapsprobe für den ersten und das Bauern-Vesper in der Käserei *Hansel* für den zweiten Abend.

In den nächsten Wochen besprach ich mit unserem Führungskräfte-Trainer Marco die Zielsetzung, den Inhalt und das Programm für die drei Tage Seminar im Schwarzwald. Marco fragte noch, ob die abendliche Schnapsprobe wirklich eine gute Idee sei. Er hätte da in seiner Trainerzeit schon so einiges mit Seminargruppen erlebt. Eine Gruppe hätte einmal so tief ins Glas geschaut, dass fast alle am nächsten Tag nicht zum Seminar erscheinen konnten. Das gab dann richtig Ärger für die einladende Führungskraft. Ich erzählte ihm, dass die Hotelmanagerin Frau Faller ihre Hand dafür ins Feuer gelegt habe, dass die Schnapsprobe eine sichere Sache sei.

Frau Faller sollte recht behalten. Nachdem wir am Ende des ersten Seminartags im Hotel sehr gut zu Abend gegessen hatten, sammelten wir uns vor dem Hotel zum Abmarsch Richtung Schnapsbrennerei. Vorbei an alten Bauernhöfen und wunderschönen Fachwerkhäusern. Am anderen Ende vom Dorf lag die Brennerei, die in Süddeutschland Berühmtheit erlangt hatte. Einige meiner Mitarbeitenden kannten den Markennamen dieser Schnapsmanufaktur.

Wir wurden bereits erwartet und von Rita, der Brennerei-Chefin, in die Gaststube geführt. »Die war schon im Fernsehen«, sagte meine Assistentin Eva ganz begeistert zu mir. »Sie moderiert im Regionalprogramm eine Kochsendung.« Aha, die Chefin konnte nicht nur guten Schnaps brennen. Sie kochte auch noch gut.

Wir wurden auf sehr unterhaltsame Weise in die Kunst des Brennens von hochprozentigen Wässern, Schnäpsen und Likören eingewiesen. Rita erklärte, dass bei einem Wasser oder Brand zuckerreiche Früchte zu Maische verarbeitet und nach der vollendeten Gärung zweifach im Brennkessel destilliert wurden. Zuerst als Roh- und dann im zweiten Durchlauf als Feinbrand. Waren das Kernobstfrüchte wie Birnen oder Quitten, dann sprach man beim fertigen Destillat von einem Brand, während man bei Steinobstfrüchten wie Kirschen den

Begriff Wasser verwendete. Natürlich konnten wir alles probieren. Rita hatte dazu eine Unmenge an sehr kleinen Probiergläsern auf den Tischen gestellt. Zusätzlich hatte sie kleine Canapés mit Speck, Schinken und Käse bereitgestellt. Nacheinander kosteten wir sechs verschiedene Brennereispezialitäten. Alles war sehr lecker. Rita achtete sehr darauf, dass wirklich nur kleine Mengen zum Verkosten eingeschenkt wurden und sich niemand selbst bediente. Vermutlich war sie auch noch mal von der Hotelmanagerin Frau Faller gebrieft worden.

Nach zwei Stunden brachen wir wieder auf. Einige hatten sich die eine oder andere Flasche aus dem Shop der Brennerei als Mitbringsel einpacken lassen. Kurz nach 22 Uhr waren alle wieder im Hotel. Zum Absacker in der Hotelbar hatte niemand mehr Lust, und so nahm der erste Seminartag einen guten Abschluss. Der Vorschlag mit der Schnapsprobe in der lokalen Brennerei war doch eine gute Idee gewesen. Ich war froh, dass das gut gegangen war. Für das Bauernvesper in der Käserei morgen Abend brauchte ich mir keine Gedanken zu machen. Mein Plan für den morgigen Abend war: Bauernvesper, vielleicht noch einen Absacker an der Bar und dann ab ins Bett. Es sollte anders kommen. Ganz anders.

Am nächsten Morgen nach dem Frühstück starteten wir um neun Uhr in den zweiten Seminartag. Unser Trainer Marco hielt uns ganz schön auf Trab. Sein Leadership-Seminar dauerte bis 16 Uhr. Danach wollten wir uns zum Abmarsch zur Käserei um 17 Uhr vor dem Hotel treffen. So hatten alle noch Zeit, E-Mails zu lesen oder zu telefonieren und sich frisch zu machen.

Der Weg vom Hotel zum Bauernhof der Käserei *Hansel* war einfach zu finden. Es ging immer leicht bergauf durch einen kleinen Wald und auf einem Weg am Hang eines kleinen Tals entlang. Ein paar Meter unterhalb des Weges floss ein Bach bergab. Nach 45 Minuten gemütlichem Fußweg erreichten wir am Ende des Tals den Hof der Familie Hansel. Die Bäuerin des Hofs bat uns in die alte und sehr kleine Gaststube des Hofs, die gut geheizt war. Wir setzten uns an die Tische und die Bäuerin begann sofort, ihre kulinarischen Leckereien auf die Tische zu stellen: duftender geräucherter Schinken und Speck, verschiedene Käsesorten, frisches Bauernbrot und selbstgemachte Butter. Wir waren nach dem langen Seminartag und dem Fußmarsch hungrig und ließen es uns schmecken. Weil wir in der kleinen Stube eng aufeinander saßen, kam auch gleich eine gewisse Gemütlichkeit auf und es wurden viele Gespräche geführt. Zum Essen wurden Wein und alkoholfreie Getränke gereicht. Ich beobachtete mein Team, wie sie diese einmalige Atmosphäre und das erstklassige Essen genossen. Ich war froh, dass Eva und ich das Richtige für den Tagesabschluss ausgewählt hatten.

Nachdem so gut wie alles auf den Tischen aufgegessen war, ging plötzlich die Tür zur Stube auf und der Bauer des Hansel Hofs kam mit einem Korb voll mit Schnapsflaschen herein. »So, Herrschaften, nach einem guten Essen gibt es bei uns auf dem Hof immer einen unserer Spezialbrände.« Er stellte den Korb auf den Tisch und seine Frau verteilte Schnapsgläser. Nicht die winzig kleinen wie gestern bei der Schnapsprobe, sondern die großen. Beide gossen die Gläser randvoll. Na ja, einer würde schon gehen, und so ließ ich unsere Gastgeber gewähren. Mit einem zünftigen Trinkspruch und einem nicht ganz stubenreinen Witz wurde das erste Glas geleert. Unser Gastgeber-Ehepaar verstand es perfekt, die Stimmung richtig anzuheizen und so wurde auch immer wieder tüchtig eingeschenkt. Widerstand war zwecklos. Die Stimmung wurde immer ausgelassener. Lieder wurden gesungen und Witze erzählt. Jeder war gut drauf, was ja eigentlich auch in Ordnung war. Um etwa 22 Uhr rief ich dann zum Abmarsch zurück zum Hotel auf. Eva, Marco und unsere Abteilungssekretärin Nina waren schon eine Stunde früher aufgebrochen. Wir Zurückgebliebenen leerten noch die letzten Gläser und machten uns dann auch auf den Weg. Natürlich nicht ohne, dass sich einige ein paar Flaschen vom leckeren »Käserei-Schnaps« in Plastiktüten einpacken ließen.

Die frische Luft draußen vor der Tür traf einige wie Thors Hammer. Sie fielen nach ein paar Schritten einfach in sich zusammen. Der viele Alkohol, das fette Essen und die warme sowie sauberstoffarme Luft in der Stube zog einigen hier draußen den Boden unter den Füssen weg. Jetzt erst merkte ich, wie betrunken einige, nein, eigentlich alle waren. Ich selbst hatte zwar auch einiges getrunken, war aber noch einigermaßen fit.

Michael, Noel und Alwin mussten sich gegenseitig unterhaken, damit sie überhaupt noch laufen konnten. Zum Glück war der Mond aufgegangen und so konnte man den Weg runter zum Hotel gut erkennen. Ich lief als Letzter und versuchte, auf dem Weg nach unten niemanden aus den Augen zu verlieren. Noel stolperte irgendwann, fiel hin und zertrümmerte seine zwei gekauften Schnapsflaschen in seiner Plastiktüte. Langsam liefen zwei Liter erstklassiger »Hansel Williams Christ« die Straße runter. Michael musste irgendwann pinkeln und stellte sich dazu genau an die Stelle, an der die Wiese neben dem Weg ziemlich steil 20 Meter zum Bach runter abfiel. Er verlor sein Gleichgewicht, fiel hin und rollte den ganzen Abhang hinunter. Fast wäre er auch noch im Bach gelandet. Die, die noch einigermaßen gut zu Fuß waren, liefen die Wiese runter und holten Michael wieder hoch. Allein kam er nicht hoch. Leider hatte er auch noch bei seinem »Abgang« seine Brille verloren. Suchen war zwecklos, denn es war zu dunkel und das Gras zu hoch.

Alwin traf es aber am heftigsten. Seine zwei Kollegen, die ihn rechts und links untergehakt hatten, verloren irgendwann selbst das Gleichgewicht und stürzten zusammen mit Alwin auf den Weg. Dabei fiel er genau auf sein Gesicht. Eine Wunde auf seiner Stirn fing an zu bluten. Sein Kollege Norman sah das Blut und wählte aufgeregt die Notrufnummer 112. Da ich ganzen hinten in der Gruppe lief, bekam ich von seinem Notruf erstmal nichts mit. Als wir endlich am Hotel ankamen, stand da schon ein Rettungswagen und ein Sanitäter verarztete Alwin. Helle Aufregung am Hotel. Sogar Frau Faller kam raus und wollte wissen, was passiert war. Ich musste gar nicht viel erzählen, sie sah es auch so. Die Besatzung vom Rettungswagen nahm Alwin wegen Verdacht auf Gehirnerschütterung lieber mit. Nachdem der Rettungswagen abgefahren war, gingen alle auf ihre Zimmer. Vorher betonte ich aber noch, dass ich jeden am nächsten Tag pünktlich um neun Uhr im Seminarraum erwarten würde.

Schlafen konnte ich jedoch nicht. Viele Gedanken schossen mir durch den Kopf. Ich war mir sicher, dass das Ärger geben würde. Waren eigentlich alle gut im Hotel angekommen? Hinter mir war keiner zurückgeblieben. Da war ich mir sicher. Aber vielleicht war jemand vor mir in den Bach gefallen und niemand hatte es mitbekommen. Und was passierte mit Alwin im Krankenhaus? Nachdem ich eine Stunde wachgelegen hatte, beschloss ich durchzuzählen. Ich ging in die Rezeption und ließ mir von jedem die Zimmernummer und die Telefonnummer geben. Ich rief alle an, die ich vor dem Hotel beim Abtransport von Alwin nicht gesehen hatte. Ich erreichte zum Glück alle. Also waren alle im Hotel angekommen, bis auf Alwin, der jetzt im Krankenhaus lag.

Um fünf Uhr morgens lag ich immer noch wach im Bett. Auf meinem Handy sah ich, dass Nina auf *WhatsApp* aktiv war und rief sie an. »Nina, tu mir bitte einen Gefallen. Nimm mein Auto, fahr ins Krankenhaus und hol Alwin da raus. Stell ihn im Hotel dann unter die Dusche und mach ihn fit, damit er gleich um neun Uhr im Seminar sitzt.« Nina musste lachen und meinte, dass Alwin wohl nicht in den Genuss einer Dusche mit ihr kommen würde. Denn er sei bereits im Hotel. Sie habe gerade mit ihm telefoniert. Ich rief Alwin auf seinem Handy an und er meldete sich nach wenigen Sekunden. »Alwin, warum bist du schon im Hotel?«, fragte ich ihn verwirrt. »Ich habe mich im Krankenhaus selbst entlassen und bin mit einem Taxi zurück zum Hotel gefahren. Die Wunde wurde nur gereinigt und gepflastert. Sonst war nichts.« Guter Mann, der Alwin, dachte ich mir. Ich war erleichtert und dankbar. Jetzt waren alle wieder im Hotel.

Das Frühstück am nächsten Morgen war nicht gut besucht. Das wunderte mich nicht. Aber zum Seminarbeginn um Punkt neun Uhr saßen alle im Raum. Mir fiel ein Stein vom Herzen. Mit Marco hatte ich beim Frühstück vereinbart, dass ich als Erster im Seminar sprechen und erstmal Feedback zum gestrigen Abend geben würde.

Ich stellte mich vorne in den Raum vor meine Mitarbeitenden und schaute jeden nacheinander streng an. »Also, es freut mich sehr, dass es gestern alle zum Hotel zurückgeschafft haben. Und dass heute Morgen alle hier im Seminar sitzen und nicht wegen Hangover im Bett liegen geblieben sind. Das ist vorbildlich.« Einige mussten verschmitzt lächeln. »Gestern Abend lief es bei einigen von euch ja ziemlich aus dem Ruder.« Wieder verschmitzte Lächeln von allen. »Dass eine Käseverkostung dramatischer enden kann als eine Schnapsverkostung, hätte ich nicht gedacht.« Nicken in der Runde. »Wir sind aber Führungskräfte und haben darum eine Verantwortung. Für andere und auch für uns. Gestern haben wir keine Verantwortung gezeigt. Ich auch nicht. Nicht für mich und auch nicht für euch. Ich bitte euch dafür um Entschuldigung. Nur Eva, Nina und Marco haben Verantwortung für sich gezeigt, weil sie die Veranstaltung rechtzeitig verlassen haben. Alle anderen haben sich gehen lassen. Privat kann man so handeln und einen Absturz provozieren, wir sind aber geschäftlich hier und dies war eine geschäftlich veranlasste Veranstaltung. Sich dann so zu betrinken, auch wenn es richtig lustig war und hoch herging, geht dann einfach nicht. Nicht auszudenken, wenn außer Alwins Kratzer auf der Stirn mehr passiert wäre.«

Ich machte eine Pause, um das bei meinen Mitarbeitenden sacken zu lassen. Betreten schauten einige auf den Boden oder nickten mir zu. »Nun, zum Glück ist ja nicht mehr passiert. Ich erwarte, dass wir solche Dinge in Zukunft unter Kontrolle haben und rechtzeitig aufhören. So wie Eva, Nina und Marco. Ich hoffe, dass das für jeden von uns eine Lehre ist.« Ich schaute jeden meiner Mitarbeitenden nach der Reihe an und holte mir von jedem ein Nicken als Zustimmung ab.

»Okay, Kollegen, damit ist die Sachen dann auch erledigt. In der Mittagspause fahr ich mit Michael den Weg noch mal hoch, um seine Brille zu suchen, die er irgendwo auf der Wiese zum Bach runter verloren hat. Noel, bitte komm auch mit, damit du deinen Scherbenhaufen auf dem Weg wegräumen kannst.«

Zehn Minuten später begann Marco dann mit dem Training am dritten Tag. Ein wenig war ich sogar stolz auf mein Team. Denn niemand ließ sich den gestrigen Abend anmerken und alle machten mit. Die Käseverkostung auf dem Hansel Hof wurde zur immer wieder gerne erzählten Anekdote in meinem Führungsteam.

Für mich war die Geschichte vom Hansel Hof eine Erfahrung. Denn ich war auf dieser geschäftlichen Veranstaltung meiner Führungsverantwortung für das gesamte Team nicht nachgekommen.

Ich hätte rechtzeitig abbrechen müssen, nachdem ich gemerkt hatte, dass alles aus dem Ruder gelaufen war. Stattdessen hatte ich mitgemacht und das ausgiebige Trinken von Alkohol an diesem Abend damit teamintern legitimiert. Natürlich hatte auch jeder meiner Mitarbeitenden für sich selbst die Verantwortung. Da wir uns aber auf einer geschäftlich angeordneten Veranstaltung befanden, war ich als Führungskraft für alle verantwortlich und hatte die Fürsorgepflicht.

Ungefähr zwei Jahre später konnte ich meine Fürsorgepflicht für einen meiner Mitarbeitenden besser unter Beweis stellen. Für eine Projektbesprechung hatten wir in der Abteilung Besuch von zwei Kollegen aus Australien. Zwei meiner Mitarbeitenden gingen abends mit ihnen zum Essen. Das Abendessen musste dabei in einer heftigen Afterwork-Party bis in die Morgenstunden ausgeartet sein, denn einer meiner Mitarbeitenden, Lenny, kam sichtlich angeheitert zur Arbeit. Ich bemerkte es sofort und bat ihn, mir seinen Autoschlüssel auszuhändigen, was er nach einer kurzen Diskussion auch tat. Dann schickte ich ihn nach Hause, aber nicht ohne ihm ein Feedback-Gespräch zu seinem Verhalten anzukündigen. Er konnte nach Hause laufen, denn er wohnte nicht weit vom Unternehmen entfernt und in direkter Nachbarschaft zu mir. Abends um 20 Uhr klingelte es bei mir zuhause und Lenny stand vor der Tür. Er sei jetzt wieder nüchtern und würde sein Auto gerne wieder abholen. Es stehe auf dem Firmenparkplatz.

Als wir bei seinem Auto ankamen, sah ich, dass die gesamte rechte Seite von vorne bis hinten verschrammt und zerkratzt war. »Lenny, wie sieht denn dein Auto aus? Ist das heute Nacht passiert?«

Lenny saß neben mir im Auto und schloss die Augen. »Ja, ich bin an einer Mauer entlanggefahren. Ich weiß auch nicht, warum.« Er zuckte mit den Schultern.

»Warum, kann ich dir schon sagen«, meinte ich und klopfte ihm aufmunternd auf die Schulter.

»Das ist aber nicht das Schlimmste«, sagte er leise. »Ich hätte vor drei Stunden meine Frau Mila vom Flugplatz in Frankfurt abholen sollen. Das habe ich total vergessen. Und dann auch noch das kaputte

Auto.« Er tat mir richtig leid. Ich kannte Mila. Die würde ihm richtig Zunder geben. Und von mir würde es die nächsten Tage dann auch noch entsprechendes Feedback geben.

»Wie kommt Mila jetzt nach Hause?«, fragte ich ihn.

»Sie hat den Zug genommen und ich soll sie in einer Stunde vom Bahnhof abholen.« In seiner Haut wollte ich jetzt wirklich nicht stecken.

»Na dann wünsch ich dir mal viel Glück beim Gespräch mit deiner Frau. Und für heute trägst du morgen bitte einen Tag Urlaub ins Zeitdatensystem ein.« Ich gab ihm seinen Autoschlüssel und ich musste innerlich schmunzeln im Gedanken an die jetzt kommende Diskussion und Auseinandersetzung zwischen den beiden.

Mein protokolliertes Feedbackgespräch an Lenny ließ ich gnädig ausfallen, auch wenn ich ihm zuerst eine Abmahnung aussprechen wollte. Er entschuldigte sich für sein unangemessenes Verhalten und versprach in Zukunft auf diese Art von Afterwork-Partys zu verzichten. Vermutlich hatte seine Frau Mila ihm dieses Versprechen bereits abgerungen.

**Kernbotschaften:**

- Solange eine betriebliche Gemeinschaftsveranstaltung im üblichen Rahmen abläuft und der Alkoholkonsum im sozialadäquaten Rahmen bleibt, sind alle Teilnehmer und Teilnehmerinnen über die **gesetzliche und betriebliche Unfallversicherung** versichert. Gleichzeitig besteht dann ein Haftungsausschluss des Arbeitgebers.[7, 8]
- Führungskräfte müssen ihre Mitarbeitenden auf Feiern oder bei Essen nicht davon abhalten, »einen über den Durst zu trinken«. Trotzdem sollte man als Führungskraft ein Auge darauf haben, besonders wenn man weiß, dass zum Beispiel suchtgefährdete Personen in der Gruppe sind, jemand noch fahren muss oder die Feier aus dem Ruder läuft. Das gehört zur **Fürsorgepflicht der Führungskraft**.

- Gut ist es, wenn man als Führungskraft ein **klar kommuniziertes Ende der Veranstaltung** bekannt gibt. Ab diesem Zeitpunkt enden dann die Haftung und Fürsorgepflicht der Führungskraft und des Unternehmens.
- Wenn Dinge doch einmal aus dem Ruder laufen, dann übernimm die Verantwortung und interveniere, indem Du zur **Mäßigung** aufrufst oder die Veranstaltung sogar abbrichst. Auch auf die Gefahr hin, sich unbeliebt zu machen oder als »Spaßbremse« betitelt zu werden.
- Kommt jemand auf einer betrieblichen Feier durch einen **Unfall** zu Schaden, so kommt die betriebliche Unfallversicherung für Behandlungen, Rehas etc. auf. Sollte dieser Unfall aufgrund von übermäßigem Alkoholkonsum passiert sein, dann können auf die Führungskraft unangenehme Fragen und entsprechende Konsequenzen der Versicherung und der Unternehmensleitung zukommen.
- Wenn Einzelne deutlich und unangemessen über die Stränge schlagen, dann führe ein **protokolliertes Feedback-Gespräch** und weise auf die Verfehlung und Deine Erwartung hin. Eventuell solltest Du Dir sogar eine **Abmahnung** überlegen. In krassen Fällen oder bei Wiederholung kann sogar eine Entlassung zur Debatte stehen. Hol Dir in solchen Fällen auf jeden Fall Rat in der Personalabteilung.

# Kapitel 13
# Schwarzwälder Kirsch

## Seine Mitarbeitenden zu vernachlässigen, kann schlimme Folgen haben.

An einem sonnigen Tag holte ich Julia für eine Motorradtour durch den Schwarzwald ab. Wir trafen uns an einer Tankstelle, tankten und besprachen noch mal die Tour. Es sollte in den Schwarzwald auf der B500 Richtung Hornisgrinde und Mummelsee gehen und dann zurück über Freudenstadt. Unterwegs wollten wir dann irgendwo in einem Café ein Stück Schwarzwälder Kirschtorte essen.

Julia ließ es auf ihrer 750er Suzuki ziemlich krachen, sodass ich meiner schweren 1100er Honda Africa Twin ganz schön die Sporen geben musste, um dranzubleiben. Nach ungefähr einer Stunde Fahrzeit meldete sich Julia über unsere Helmsprechanlage und sagte mir, dass sie so langsam Kaffeedurst hätte.

»Hey, ich kenne da ein prima Café in der nächsten Ortschaft. Ich überhole dich und fahre vor.« Ich schaltete an meiner Africa zwei Gänge runter, ließ den Motor fast in den roten Bereich drehen und zog an Julia vorbei. Sie blieb mir dicht auf den Fersen. Im nächsten Ort parkten wir unsere Motorräder vor dem Café. Wir setzten uns in den Garten und bestellten jeweils eine Schwarzwälder Kirschtorte und einen Cappuccino.

Julia war vor vielen Jahren eine meiner Mitarbeiterinnen gewesen. Wenn wir uns zum Joggen oder Motorradfahren trafen, dann redeten wir oftmals über ihren Job. Ich gab ihr gerne immer wieder Tipps, wie sie ihre Karriere planen und im Unternehmen weiterkommen könnte. Sie hatte vor vielen Jahren als Azubi bei uns angefangen und sich mit viel Energie und Einsatz Schritt für Schritt hochgearbeitet. Vor ungefähr einem Jahr hatte sie ins Engineering-Team gewechselt und arbeitete seither in großen Projekten mit.

»An was für einem Projekt arbeitest du denn momentan?«, wollte ich neugierig wissen. Julia nahm noch mal einen Schluck aus ihrer Cappuccino-Tasse, wischte sich den Milchschaum an ihrer Oberlippe ab und erzählte mir von ihrem aktuellen Projekt.

»Eine der Lackierstraßen ist in ein neues Gebäude umgezogen. Ein Megaprojekt, weil wir im laufenden Betrieb mit möglichst wenig Einfluss die Produktion umziehen mussten. Zusätzlich wurde ein hochautomatisiertes Lackierprüfsystem installiert. Ich war für die Anbindung der Lackierroboter an das ERP- und MES-System zuständig.«

Ich nickte anerkennend. »Wow, Julia, ich bin beeindruckt. Chapeau!« Mir fiel auf, dass sie etwas gequält lächelte. »Das neue automatische Lackiersystem musst du mir unbedingt einmal zeigen. Das interessiert mich brennend«, ergänzte ich.

Julia lächelte gezwungen und meinte: »Dann müssen wir uns aber beeilen.«

»Wie bitte? Warum müssen wir uns denn beeilen? Wechselst du die Abteilung?« Erstaunt stellte ich meine Kaffeetasse auf die Untertasse. »Oder gabs Ärger?« Ich merkte, dass Julia noch überlegte, ob sie mir ihr Herz ausschütten sollte oder nicht. Ich ließ ihr Zeit.

»Mein Chef ist ein richtiger Stoffel«, stürmte es plötzlich aus ihr heraus. »Ich habe einfach keine Lust mehr in diesem Laden zu arbeiten. Vielleicht werde ich mich endlich einmal in einem anderen Unternehmen bewerben. Ein Unternehmen, das seinen Mitarbeitenden mehr Wertschätzung entgegenbringt und seine Werte auch wirklich lebt.« Oha, das hatte ich nicht erwartet! Da schien ja einiges schiefzulaufen.

»Willst du darüber reden? Vielleicht kann ich dir ja wieder einen Tipp geben. Das Unternehmen zu verlassen, ist bestimmt nur eine Option.«

In diesem Moment kam die Bedienung an unseren Tisch und fragte, ob wir noch etwas bestellen wollten. Da wir meiner Einschätzung nach jetzt bestimmt noch einige Zeit hier sitzen und quatschen würden, bestellte ich mir eine große Apfelschorle und Julia ein Spezi.

»Also komm, erzähl mal, was ist passiert? Das interessiert mich jetzt«, bohrte ich nach.

Julias Gesichtsausdruck wurde ernster und ihre Augen verengten sich etwas. Man sah, dass sie das Thema aufwühlte.

»Die Lackierstraße wurde im Zeitplan und ohne größere Probleme umgezogen. Alle beteiligten Projektteams haben großartige Arbeit geleistet. Kleinere Probleme wurden schnell gelöst. Die Lackierroboter liefen tipptopp und die MES- und ERP-Anbindung funktionierte auf Anhieb einwandfrei. Ich bin richtig stolz auf mich, dass mir das gelungen ist.« Julias Gesichtsausdruck änderte sich und sie lächelte zufrieden.

»Und wo ist dann das Problem, wenn alles reibungslos funktioniert hat?«, wollte ich wissen.

»Weißt du, was mein Chef Darius gemacht hat?« Das Lächeln in ihrem Gesicht verschwand wieder.

»Nö, weiß ich nicht. Jetzt bin ich aber wirklich gespannt!« Ich merkte, wie Julia im Geiste einen Gang runterschaltete, um dann richtig Vollgas zu geben.

»Alle Projektleiter und Projektingenieure wurden von ihm zu einem Dinner eingeladen, um den Projektabschluss zu feiern. Alle. Außer mir. Mich hat er vergessen und nicht eingeladen.« Julia schaute mich an und verzog ihre Mundwinkel.

»Er hat was?« Ich war durchaus entsetzt. »Er hat dich tatsächlich nicht zum Projektabschlussdinner eingeladen?« Wie konnte ihrem Chef das passieren? Jetzt verstand ich auch, warum Julia so sauer und bitter enttäuscht war. Ein Abschlussdinner war immer ein Zeichen der Wertschätzung seitens der Abteilungsleitung und des Unternehmens für erstklassige und erfolgreiche Arbeit. Da durfte man niemanden vergessen. Das war einer der schlimmsten Fehler, den eine Führungskraft machen konnte: kein Dank, keine Anerkennung und keine Wertschätzung.

»Hat sich denn eure Sekretärin nicht darum gekümmert, dass alle eingeladen werden und niemand vergessen wird?«, fragte ich Julia, die sogleich lachen musste.

»Die? Die kümmert sich doch nur um ihre Fingernägel und um den Kaffee für unseren Chef. Ich glaube sogar, dass sie überhaupt nicht wusste, wer alles in den Projekten mitgearbeitet hat. Die interessiert auch sonst nicht, was so in der Abteilung läuft. Aber mein Chef wusste es.« Traurig. So schnell und einfach konnte man eine Mitarbeiterin verlieren, die vorher hochmotiviert und loyal war.

»Haben denn deine anderen Kolleginnen und Kollegen nicht gemerkt, dass du nicht auf der Einladungsliste standest? Die hätten doch etwas sagen können«, meinte ich.

»Die haben das auch erst gemerkt, als ich abends dann nicht mit am Tisch saß. Am nächsten Tag kamen einige zu mir und fragten, warum ich denn nicht zum Dinner gekommen sei. Es ist aber auch nicht ihre Aufgabe, die Einladungsliste zu kontrollieren. Das ist Chefsache«, sagte Julia. Recht hatte sie. Es war Chefsache, dafür zu sorgen, dass niemand vergessen wurde.

»Hast du deinen Chef darauf angesprochen, warum er dich nicht eingeladen hat?«, fragte ich vorsichtig.

»Nein, das habe ich nicht«, antwortet sie mir kurz mit einem stolzen Unterton. Ich wusste, dass Julia aufgrund ihres Temperaments nachtragend und stur sein konnte – und ihren Stolz hatte.

Ich überlegte kurz, was ich Julia raten könnte. »Willst du gleich hinwerfen und kündigen oder willst du deinem Chef noch eine Chance geben?«, fragte ich Julia, die an ihrem Spezi nippte.

Sie stellte das Glas auf den dazugehörigen Bierdeckel und meinte: »Wie soll ich diesem Stoffel denn noch eine Chance geben? Soll ich etwa bis zum nächsten Projekt warten und schauen, ob er mich dieses Mal einlädt und nicht wieder vergisst?« Ich musste lächeln.

»Nein, so natürlich nicht. Du sollst ihn aber herausfordern und schauen, wie der reagiert.« Julia schaute mich ungläubig an.

»Ich soll was? Ihn herausfordern? Zum Duell auf der Rennstrecke, oder was?« Nun, ich wäre kein guter Coach, wenn ich keinen guten Tipp für sie hätte.

»Also, dein Chef hat sich bei dir weder entschuldigt noch hat er sonst irgendwie das Gespräch mit dir gesucht, richtig?« Julia nickte. »Sehr schade, aber okay. Dann überleg dir bitte mal, ob du Folgendes machen willst: Du gehst in dasselbe Restaurant, in dem das Abschlussdinner stattgefunden hat und bestellst dir ein Essen mit Vorspeise, Hauptgang, Dessert und Getränken. Damit es dir nicht langweilig wird, kannst du zum Beispiel deinen Freund auf separater Rechnung mitnehmen. Dein eigenes Essen bezahlst du und lässt dir zusätzlich dafür einen Bewirtungsbeleg geben. Diesen Beleg legst du deinem Chef dann auf den Tisch und bittest ihn um Abrechnung. Er wird vermutlich konsterniert gucken. Du wirst ihm dann sagen, dass du das Essen nachgeholt hast, zu dem er vergessen hat, dich einzuladen. Dann betonst du, dass er zur Entschädigung nun die Rechnung genehmigt.«

Innerlich stellte ich mir Julias Chef vor, wie er auf Julias Rechnung vom nachgeholten Dinner reagieren könnte. Er hatte zwei Möglichkeiten:

1. Er fand eine Ausrede, warum er Julias Einladung zum Abschlussdinner vergessen hatte, und lehnte das Bezahlen der Rechnung ab. Schließlich war er der Chef und musste sich seiner Meinung nach nicht entschuldigen, geschweige denn nachträglich erkenntlich zeigen.
2. Er entschuldigte sich für die vergesse Einladung und akzeptierte die Bezahlung anstandslos.

»Das erfordert etwas Mut von dir, Julia. Aber so kannst du ihn auf eine etwas unkonventionelle Weise auf sein Versagen als Führungskraft aufmerksam machen. Gleichzeitig testest du ihn, ob er sich entschuldigen kann. Dein Risiko wäre dann nur die Rechnung, auf der du sitzenbleibst, falls er sie nicht bezahlen will. Und nur dann würde ich an deiner Stelle das Unternehmen verlassen.« Ich war mir nicht sicher, ob sich Julia das trauen würde.

»Das bekomme ich hin«, meinte sie kämpferisch. »Schlimmer kann es ja nicht werden. Und je nachdem, wie er reagiert, werde ich mich für oder gegen ihn und das Unternehmen entscheiden.«

Wir bezahlten unsere Rechnungen, schwangen uns wieder auf unsere Motorräder und fuhren recht zügig über Freudenstadt nach Hause. Kurz bevor Julia Richtung Autobahn abbog, durchfuhren wir eine langgezogene Kurve. Julia legte ihre Maschine so tief in die Kurve, dass die kurveninnere Fußraste Funken schlug. Wenn sie ihrem Chef jetzt genauso viel Feuer unter dem Hintern machen wollte, dann sollte es spannend bleiben. Sie meldete sie sich noch mal über die Helmsprechanlage und versprach mir, ihren Chef gleich nächste Woche zu testen. Ich war gespannt, wie die Geschichte ausgehen würde.

Etwa zwei Wochen später traf ich Julia zufällig beim Motorradhändler in unserer Stadt.

»Hey Julia, und wie ist es mit deinem Chef gelaufen? Hast du gemacht, was ich dir geraten habe?«, wollte ich sofort wissen.

»Klar habe ich das gemacht. Ich hätte dich nächste Woche auch angerufen«, meinte Julia. »Also, ich bin in dasselbe Restaurant wie beim Abschlussdinner gegangen und habe mir für das leckere Essen einen Bewirtungsbeleg geben lassen.« Julia machte eine Pause, weil sie mich bewusst zappeln lassen wollte. Sie wusste ganz genau, dass ich das Ergebnis und die Reaktion ihres Chefs wissen wollte.

»Hey, lass mich nicht zappeln. Erzähl weiter!«

»Also, am nächsten Tag bin ich dann ins Büro und habe ihm den Bewirtungsbeleg auf den Tisch gelegt. Bei ›Bewirtungsgrund‹ habe ich selbstverständlich ›Projektabschlussdinner‹ angegeben. Er hat mich dann direkt in seinen Besprechungsraum gerufen und gefragt, wie ich auf die Idee gekommen sei, allein zum Dinner zu gehen und ihm die Rechnung zur Genehmigung hinzulegen. Geschnallt hatte er es zu diesem Zeitpunkt wohl immer noch nicht.« Na ja, mit Julias Einschätzung bei unserem Gespräch vor zwei Wochen, dass ihr Chef ein Stoffel war, hatte sie wohl tatsächlich recht.

»Du hast ihm dann gesagt, warum du allein zum Dinner gegangen bist, oder?«, fragte ich sie.

»Oh ja, das habe ich. Ich habe auch betont, dass ich tief enttäuscht von ihm bin, weil ich von ihm nicht zum Abschlussdinner eingeladen wurde. Er meinte dann nur, dass er die Einladung an seine Sekretärin delegiert habe. Ich solle ich mich an sie wenden. Und überhaupt solle ich die Sache nicht so wichtig nehmen. Damit war die Sache für ihn erledigt.«

Schade, Julias Chef hatte eine große Chance vertan, einen gemachten Fehler geradezubiegen und Größe zu zeigen. Er hatte auch die Chance vertan, Julia im Unternehmen zu halten. Von einer guten Führungskraft musste man erwarten, dass sie gemachte Fehler oder Versäumnisse zugeben konnte und mit allen Mitteln geradezubiegen versuchte. Ihr Chef hatte diese Chance gehabt. Er hätte sich einfach bei Julia nur entschuldigen und den Fehler auf seine Kappe nehmen müssen. Stattdessen hatte er seine Sekretärin als Sündenbock vorgeschickt. Die Verantwortung für die vollständige Einladungsliste hatte aber er und nicht seine Sekretärin. Verantwortung und Leadership hatte er damit nicht gezeigt.

»Und wie ging es dann weiter«, wollte ich wissen.

»Ich habe ihm daraufhin den Bewirtungsbeleg aus der Hand genommen und gesagt, dass ich das selbst bezahlen werde. Ich hatte den Eindruck, dass er das sogar irgendwie gut fand. Ich bin dann einfach rausgegangen und habe ihn sitzen lassen. Ach ja, heute habe ich meine Kündigung geschrieben. Morgen hat er sie auf dem Tisch. In zwei Monaten kann ich bei meinem früheren Ausbildungsbetrieb als Teamleiterin für ein Projektteam anfangen. Da hatte ich letzte Woche noch ein spontanes Vorstellungsgespräch und habe heute bereits eine Zusage bekommen.« Julia grinste über das ganze Gesicht. Ich war stolz auf sie. Denn sie hatte ihr Vorhaben durchgezogen. Ich hoffte, dass sie in ihrem neuen Unternehmen auf eine bessere, empathischere Führungskraft treffen würde, die wusste, was gutes Leadership bedeutete und sich für gemachte Fehler entschuldigen konnte.

»Wärst du denn geblieben, wenn er sich entschuldigt hätte?«, wollte ich noch wissen.

»Ja«, sagte sie, ohne lange nachzudenken. »Auch wenn er mich in der Vergangenheit schon öfter durch seinen schlechten Führungsstil enttäuscht hat, so fühle ich mich im Team sehr wohl und auch das Unternehmen ist mit seiner Vision und seinen Produkten Spitzenklasse. Aber mein Chef hat mich bitter enttäuscht, leider nicht zum ersten Mal. Darum gehe ich.«

Ein paar Monate später trafen wir uns wieder zum Motorradfahren. Julia hatte inzwischen aufgerüstet und ihre 750er Suzuki gegen eine Ducati Streetfighter V2 getauscht. 153 PS pure Leistung. Auf freier Strecke hatte ich keine Chance, mit meiner schweren Africa Twin mitzuhalten. Julia ließ es ordentlich krachen und gab ihrer Duc nach jeder Kurve die Sporen. Ich ließ es gemächlicher angehen. Nach ungefähr einer Stunde funkte sie mich über die Helmsprechanlage an und meldete ihren berühmten Kaffeedurst an. An einer Imbissbude an einem Motorradfahrertreffpunkt hielten wir an.

»Mensch, Julia, du lässt es aber ganz schön krachen mit deinem neuen Motorrad«, meinte ich zu ihr, nachdem ich meinen Helm abgesetzt hatte. Julia zog sofort die Blicke der anderen Motorradfahrer auf sich, als auch sie ihren Helm absetzte. Denn eine Frau auf so einer Maschine war selten.

»Ja, die Duc ist genau das, was ich immer gesucht habe. Leicht und viel Power bis zum Abwinken«, sagte sie. Die Blicke der anderen Motorradfahrer taten ihr sichtbar gut.

Wir bestellten uns beide einen großen Kaffee und eine Currywurst-Spezial mit Pommes. »Und, wie läuft es im neuen Job? War deine Entscheidung zu kündigen, richtig?«, wollte ich wissen. Julia zog sich noch ihre Lederjacke aus und hängte sie über ihren Stuhl.

»Es war die richtige Entscheidung. Vor allem habe ich jetzt einen klasse Chef, der Interesse an meiner Arbeit zeigt. Sogar sein Chef kommt ab und zu vorbei und fragt mich, wie es läuft. Wertschätzung und eine positive Fehlerkultur werden dort tagtäglich von jedem im Unternehmen fühlbar gelebt.« Julia kaute genüsslich auf ihrer Currywurst. »Danke noch mal für den Tipp damals, meinen Chef herauszufordern und ihm die Rechnung für das von mir allein nachgeholte Abschlussdinner zu präsentieren. Das hat mir seine wahre Persönlichkeit gezeigt. Und es hat mir die Augen geöffnet, dass ich mit so jemandem nicht mehr zusammenarbeiten möchte.« Julia wollte sich von ihrem Chef nicht mehr schlecht behandeln lassen. Also verließ sie ihn und das Unternehmen. »Change it, leave it or accept it«, eine alte Coaching-Weisheit. Julia hatte sich nicht nur für das »Leave it«, sondern auch für das »Leave him« entschieden.

»Hat er dich denn wenigstens an deinem letzten Arbeitstag ordentlich verabschiedet? Immerhin warst du einige Jahre im Unternehmen?« Kaum hatte ich die Frage gestellt, musste Julia herzhaft lachen. »Ordentlich verabschiedet? Der? Nee, verabschiedet wurde ich nur von meinen Kolleginnen und Kollegen. Das hat mich sehr gefreut. Aber von meinem Chef keine Spur. Das hat mich auch nicht überrascht. Ich habe ihm dann meinen Laptop und den Firmenausweis auf den Tisch gelegt und bin gegangen. Ich bin wirklich froh, da weg zu sein. Und weißt du was? Zwei meiner früheren Kolleginnen kommen jetzt auch in mein Team in meinem neuen Unternehmen. Die haben auch keine Lust mehr, mit meinem Ex-Chef zusammenzuarbeiten.«

Tja, hier bewahrheitet sich mal wieder eine alte Leadership-Erkenntnis: Mitarbeitende verlassen nicht das Unternehmen, sondern sie verlassen ihre Führungskraft wegen schlechter Führungsarbeit. Mit teilweise dramatischen Auswirkungen für das Unternehmen durch die Abwanderung weiterer Mitarbeiter. Und die Besten gehen bekanntlich immer zuerst.

**Kernbotschaften:**
**Mitarbeitende verlassen oftmals nicht das Unternehmen, sondern ihren Chef oder ihre Chefin – weil sie schlechte Führungsarbeit leisten und ihre Mitarbeitenden schlecht behandeln.** Die Geschichte von Julia ist ein perfektes Beispiel dafür.

Was hätte Julias Chef besser machen sollen? Zuallererst hätte ihm das nicht passieren dürfen, Julia als wichtiges Mitglied des Projektteams nicht zum Projektabschlussdinner einzuladen. Dass er die Einladungsliste an seine Sekretärin delegierte, war okay. Aber er hatte die Verantwortung, diese noch mal auf Vollständigkeit zu kontrollieren. Denn man kann nur die Arbeit delegieren, aber nicht die Verantwortung!

Nachdem Julia ihren Chef auf den Fehler aufmerksam gemacht hatte, hätte er wie folgt reagieren sollen:

- Er hätte das Versäumnis als eigenen Fehler eingestehen und sich ehrlich entschuldigen müssen. Außerdem hätte er auch Julia den Hinweis geben können, dass er aus dem Fehler gelernt habe und so ein wichtiges Versäumnis in Zukunft verhindern wolle.
- Zusätzlich hätte er Julias Bewirtungsrechnung bezahlen müssen, und zwar aus der eigenen Tasche. Denn ihr Chef ganz persönlich hatte es ja verbockt.

Eine empathische Führungskraft hätte im Gespräch gemerkt, dass Julia sehr enttäuscht war. Um das Vertrauen wieder aufzubauen, hätte ihr Chef Zeit in die Zusammenarbeit mit Julia investieren müssen. Er hätte als Führungskraft wissen müssen, dass ihr aufgrund ihres Temperaments und Persönlichkeitstyps Wertschätzung, Vertrauen und Ehrlichkeit sehr wichtig sind. Vielleicht hätte er sie zusätzlich zum Lunch in ein Restaurant um die Ecke einladen sollen. Natürlich auch auf eigene Tasche. Ich bin mir sicher, dass Julia ihren Chef und das Unternehmen dann nicht verlassen hätte. Leider kam es ganz anders – wegen schlechter Führungsarbeit und mangelnder Empathie von Julias Chef.

<u>Exkurs</u>

**Das Gallup Markt- und Meinungsforschungsinstitut hat herausgefunden, dass der Einfluss der direkten Führungskraft auf die emotionale Bindung der Mitarbeiter an das Unternehmen bis zu 70 Prozent ausmacht.** In der neusten Studie von 2022 wurde herausgefunden, dass nur noch 13 Prozent der Befragten ein durch Führung geprägtes Arbeitsumfeld erleben, das in einer hohen emotionalen Bindung zum Unternehmen resultiert. Mit anderen Worten: Versagt die Führungskraft durch schlechte Führungsarbeit, Empathielosigkeit oder mangelnde Fehlerkultur, dann fühlen sich diese Mitarbeitenden auch nicht mit dem Unternehmen verbunden. Das Risiko, dass diese Mitarbeitenden das Unternehmen verlassen, ist hoch. Und es gehen meistens die guten und besten Mitarbeitenden zuerst. Und ziehen schlimmstenfalls sogar noch andere mit.[9] Merke also: Als Führungskraft wirst Du von Deinen Mitarbeitenden nicht nach Deinen Business-Ergebnissen oder Leistungen bewertet. So bewertet Dich Dein Unternehmen. Deine Mitarbeitenden bewerten Dich ausschließlich danach, wie Du sie behandelst und wie Du mit ihnen umgehst. Kluge Unternehmen befragen die Mitarbeitenden über die **Qualität der Führungsarbeit** ihrer direkten Führungskraft und geben diesem Feedback einen hohen Stellenwert in der Bewertung der Führungskräfte.

# Kapitel 14
# Business Knigge

## Die richtigen gesellschaftlichen Umgangsformen müssen jede Führungskraft und alle Mitarbeitenden beherrschen.

Für ein Frästeil von unserem Lieferanten für Maschinenteile, *Bergmann & Töchter GmbH*, stand eine komplexe Änderung an. Ich bat meinen Mitarbeiter Bernd, mich zu dem Gespräch beim Lieferanten zu begleiten. Bernd war seit fünf Monaten in meiner Abteilung und technischer Einkäufer für Maschinenteile. Er kam direkt nach seinem Maschinenbau-Studium zu uns. Für mich war es das erste Mal, dass ich Bernd zu einem Lieferanten mitnahm. Es war eine gute Gelegenheit, Bernd mit unserem Lieferanten bekannt zu machen und ihn selbst besser kennenzulernen.

Bernd erschien zur Abfahrt morgens in Bermudas und T-Shirt mit großem Totenkopfaufdruck. Dazu trug er Tennissocken und Trekkingsandalen. Wenn ich so ins Büro gehen würde, dann würde mir meine Frau sicher die Ohren langziehen und die rote Karte geben.

Nach der technischen Besprechung lud uns der Technische Leiter unseres Lieferanten, Herr Schnitzer, in das örtliche Restaurant *Silberschmiede* ein. Er hatte dort drei Plätze reserviert. Die Silberschmiede war ein Restaurant der etwas gehoben Klasse. Bernd saß als Erster am Tisch und wartete nicht ab, bis unser Gastgeber uns bat, Platz zu nehmen. Das war nicht ganz die feine Art.

Der nette Kellner brachte die Speisekarten. Bernd griff sich sofort eine und begann darin herumzublättern. Herr Schnitzer sagte uns, dass er öfter in diesem Restaurant zum Mittagessen gehe und uns das eine oder andere gerne empfehlen möge. Bernd wartete trotzdem die Ausführungen von Herrn Schnitzer nicht ab, rief den Kellner und bestellte das Mailänder Schnitzel mit Spaghetti und einen italienischen Primitivo Rotwein. Herr Schnitzer schaute etwas konsterniert wegen Bernds Verhalten. Mir war es peinlich.

Aber es sollte noch schlimmer kommen. Nachdem der Kellner den Rotwein in einem schönen Bleikristallglas vor Bernd hingestellt hatte, nahm er das Glas wie ein Bierglas in die Hand und nahm zwei kräftige und große Schlucke, nachdem er Herrn Schnitzer und mir zugeprostet hatte. Herr Schnitzer schüttelte ungläubig den Kopf. Mir wurde es immer peinlicher.

Nach etwa 20 Minuten kam unser Essen. Bernd nahm Messer und Gabel und schnitt die Spaghetti in winzig kleine Stücke. Auch das Schnitzel wurde von Bernd mit Messer und Gabel in kleine Stücke zerteilt. Dann legte er das Besteck beiseite, sagte laut »Mahlzeit« und begann sein kleingeschnittenes Essen nur mit dem Löffel aufzuessen. Die Blicke von Herrn Schnitzer und mir trafen sich. Es war mir unendlich peinlich, dass mein Mitarbeiter nicht die leisesten Tischsitten beachtete und mit Messer und Gabel auch nicht umgehen konnte. Ich beschloss, das Thema bei Bernd auf der Rückfahrt anzusprechen. Er gab mit seinen Manieren für unser Unternehmen ein schlechtes Bild ab.

Bei der Verabschiedung im Restaurant hielt Herr Schnitzer mir seine Hand hin, um »Auf Wiedersehen« zu sagen. Bernd ergriff die Chance, nahm sich schnell die Hand von Herrn Schnitzer, schüttelte sie kräftig und meinte, dass das Essen eigentlich ganz gut gewesen sei.

Bernd hatte keinerlei Tischmanieren und auch keine guten Umgangsformen. Ich vermutete, dass seine Eltern ihm das niemals beigebracht hatten. Okay, gesellschaftliche Gepflogenheiten und Tischmanieren wurden bei einer Bewerbung auch nicht geprüft. Aber warum eigentlich nicht? Ich beschloss, zukünftige Bewerber immer auch zum Mittagessen in unsere Cafeteria einzuladen. Da würde krasses Fehlverhalten und mangelnde Manieren bestimmt auffallen. Ein wichtiges Kriterium, gerade wenn neue Mitarbeitende Kunden- oder Lieferantenkontakte hatten.

Ich fragte mich aber auch, ob mich das überhaupt etwas anging. Wenn ein Mitarbeitender keine Tischmanieren hatte und beim Geschäftsessen damit auffiel, dann war das eben so. Ich als Chef hatte dafür keine Verantwortung. Ich überlegte. Hatte ich dafür wirklich keine Verantwortung? Lag das im Persönlichkeitsbereich des Mitarbeitenden, der mich nichts anging und nicht kritisiert werden durfte? Oh, doch! Das durfte es. Das musste es sogar, weil Bernd mit seinem unangemessenen Verhalten das Unternehmen und auch mich als seine Führungskraft in Misskredit brachte. Ferner wollte ich nicht, dass man sich über meine Mitarbeitenden lustig machte und vor lauter Peinlichkeiten den Kopf schüttelte. Ich musste die Sache mit Bernd besprechen. Das war meine Aufgabe als seine Führungskraft.

Ich war für Klartext bekannt. Und dafür, nicht um den heißen Brei herumzureden. Also sprach ich Bernd auf der Rückfahrt direkt auf seine Tischmanieren an.

»Hat dir das Essen geschmeckt?«, fragte ich ihn als Erstes.

»Oh ja, war ganz gut«, meinte Bernd.

»Bernd, darf ich dir bitte mal ganz direkt etwas sagen?«

»Gerne«, war seine kurze Antwort.

»Also, an deinen Tischmanieren musst du arbeiten. Es war, ich sag es mal ganz direkt, peinlich, wie du gegessen und getrunken hast. Das ist auch Herrn Schnitzer aufgefallen.«

Bernd schaute vom Beifahrersitz ungläubig zu mir rüber. Ich glaubte, er war platt, dass ihn jemand so direkt auf sein Verhalten ansprach. »Was war denn da nicht okay?«, wollte er direkt wissen.

»Was da nicht okay war? Nun, eigentlich war gar nichts okay. Herr Schnitzer und auch ich waren peinlich berührt über die Art deiner Manieren am Tisch. Isst du eigentlich immer so? Also mit dem Löffel statt mit Messer und Gabel?«

»Was ist daran nicht in Ordnung? Zuhause bei meinen Eltern haben wir das immer so gemacht«, verriet er mir. Oha, da war wohl einiges schiefgelaufen. Klar, über Tischmanieren ließ sich streiten und man erwartete bestimmt kein steifes Benehmen wie am adeligen Hofe, aber einen Mindeststandard musste man beherrschen. Bernd war aber weit davon entfernt.

»Bernd, ich möchte, dass du deine Tischmanieren deutlich verbesserst. Was du da gezeigt hast, war nicht in Ordnung. Hast du nicht gemerkt, dass Herr Schnitzer ziemlich peinlich berührt war?«

»Nö, habe ich nicht. Außerdem kann doch jeder so essen, wie es ihm beliebt!« Langsam wurde er trotzig.

»Bei dir zuhause ist mir das auch egal, aber nicht bei einem Geschäftsessen. Da erwarten deine Geschäftspartner, dein Unternehmen, die anderen Gäste am Tisch und auch ich einen gewissen Standard an Manieren«, antwortete ich ihm. »Und noch etwas: Wenn du das nächste Mal auf Lieferantenbesuch bist, dann bitte ich dich, nicht in kurzer Hose und T-Shirt zu kommen. So wirst du in dieser Firma keine Karriere machen.« Bernd fühlte sich betroffen, weil ich seine Persönlichkeit angriff. Das war mir klar. Ich wollte und durfte sein schlechtes Benehmen aber nicht tolerieren. Den Rest der Fahrt unterhielten wir uns nicht mehr.

Als wir zurück im Unternehmen waren, griff ich gleich zum Telefonhörer und rief Herrn Schnitzer an. »Herr Schnitzer, ich möchte mich für das schlechte Benehmen meines Mitarbeiters beim Mittagessen entschuldigen.« Herr Schnitzer musste lachen.

»Ja, ich habe mich da auch etwas gewundert. Ihr Mitarbeiter hatte wohl keine gute Kinderstube gehabt. Sie sollten das Thema bei Ihrem Mitarbeiter unbedingt ansprechen«, schlug mir Herr Schnitzer vor.

»Das habe ich bereits. Gleich auf der Rückfahrt habe ich ihn darauf angesprochen. Ich bin mir nur nicht sicher, wie ich ihn überzeugen kann, sich bessere Manieren bei Tisch zuzulegen und auch seinen Dresscode zu verbessern.«

»Da habe ich einen Tipp für Sie. Vor ein paar Jahren habe ich einmal meine gesamte Führungsriege zu einem Knigge-Seminar eingeladen. Es ist unglaublich, was wir alle dabei gelernt haben. Das Seminar hat sehr viel Spaß gemacht und war vor allem sehr nachhaltig. Ich kann ihnen gerne die Kontaktdaten zu der damaligen Seminarleiterin schicken. Das war eine echte ›Gräfin von und zu‹. Und abends sind wir alle zusammen mit der Gräfin in ein Restaurant zum Essen gegangen und haben das Gelernte in die Praxis umgesetzt. Auch ich habe da noch einiges gelernt.«

Ich fand den Tipp und die Idee dahinter spontan gut. Auch ich war mir in der einen oder anderen gesellschaftlichen Situation nicht sicher, ob ich es richtig machte oder nicht. Ein Training für alle in meinem Team wäre da genau das Richtige. Und Bernd wäre dann durch ein Einzeltraining nicht bloßgestellt. Würde ich mit ihm das Thema alleine durchsprechen, dann wäre das sicher nicht zielführend. Dem Propheten im eigenen Land glaubte man nicht, hieß es ja sehr treffend. Aber einer fachlich sehr kompetenten Expertin auf diesem Gebiet würde man Glauben schenken und zuhören.

»Das ist eine prima Idee, Herr Schnitzer. Wäre großartig, wenn Sie mir die Kontaktdaten der Gräfin schicken. Ich glaube, das wäre genau das Richtige für mein gesamtes Team und mich.«

Ein paar Sekunden später piepte mein Smartphone und die Kontaktdaten der Seminarleiterin poppten auf: Amelie Sofie Gräfin von und zu Schneeburg. Wow, dass es solche Namen heute noch gab! Echter Adel. Ich erinnerte mich an meinen Geschichtsunterricht vor vielen Jahren. Kurz nach dem Ersten Weltkrieg im August 1919 wurden mit der Weimarer Reichsverfassung alle Standesvorteile des Adels abgeschafft. Die Adelstitel gab es aber heute noch und vererbten sich durch Heirat weiter.

Ich schaute mir die Webseite der Gräfin von und zu Schneeburg an. Sie war Kommunikationstrainerin und bot unter anderem ein Business-Knigge-Training an. Genau sowas hatte ich gesucht. Der Kurs »Business Knigge« umfasste folgende Themen:

- Der erste Eindruck
- Begrüßung und Vorstellung
- Kommunikative Umgangsformen
- Richtiges Verhalten bei besonderen Anlässen (zum Beispiel Firmenfeiern, Geschäftsessen bei Lieferanten oder Kunden)
- Zeitgemäße Umgangsformen bei Tisch

Je mehr ich mir auf ihrer Webseite die Inhalte der einzelnen Themen durchlas, umso mehr war ich mir sicher, dass so ein Training für jeden im Unternehmen obligatorisch sein sollte. Auch ich war mir bei einigen Umgangsformen nicht immer sicher. Ganz sicher war ich mir aber dabei, dass gute und sichere Umgangsformen zum Erfolg in den Beziehungen zu unseren Lieferanten und auch im Team untereinander beitragen würden. Und im Privaten konnte man das auch sehr gut nutzen. Ein Exkurs in die Soft Skills der eigenverantwortlichen Sozialkompetenz.

Kurz vor Dienstschluss rief ich die Gräfin von und zu Schneeburg an, um einen Termin zu vereinbaren. Sie meldete sich nur kurz mit »Schneeburg?«. Zuerst war ich etwas irritiert und meinte, ihre Dienerin oder Gouvernante am Apparat zu haben. Ich fragte, ob ich die Gräfin von und zu Schneeburg bitte sprechen könne. »Mein lieber Herr, ich bin bereits am Apparat. Mit dem Von und Zu nehme ich das nicht so streng. Was ist denn Ihr Anliegen?«, fragte sie mich sehr höflich.

»Ich würde gerne Ihr Business-Knigge-Seminar buchen und hierfür einen Termin mit Ihnen vereinbaren«, sagte ich also darauf.

»Gerne! Was beabsichtigen Sie denn mit dem Seminar zu erreichen?«

Gute Frage. Wollte ich das Seminar nur wegen Bernd veranstalten? Und alle anderen sollten das als Alibi mitmachen? Nein! So war es auch nicht. Bernd war nur der Trigger für das Knigge-Seminar. Ich war mir sicher, dass alle inklusive mir bei dem Seminar ordentlich was lernen konnten, um unseren Business-Auftritt sicher und angenehmer für alle zu machen.

»Nun, ich möchte, dass alle in meinem Team angenehme gesellschaftliche und soziale Umgangsformen lernen. Nicht jeder und jede in meinem Team ist da up to date. Ich auch nicht. Und wir haben viel Kontakt zu Lieferanten, die gewisse Gepflogenheiten im Kontakt mit uns erwarten«

»Ja, dann ist das Business-Knigge-Training genau das Richtige für Sie. Da werden Sie sowie Ihre Mitarbeitenden viel lernen und feststellen, dass man hier und da einiges besser und vor allem richtig machen kann. Ich kann Ihnen auch anbieten, zusammen mit Ihrem Team nach dem Seminar in ein örtliches Restaurant zu gehen, um das

Gelernte gleich in die Tat umzusetzen. Das kam bei jedem Seminar bisher immer sehr gut an und verstärkt immer die Nachhaltigkeit«, bot sie mir an. Ich überlegte kurz. Eigentlich keine schlechte Idee. Wir könnten nach dem Seminar in die *Traube* gehen und das Gelernte in die Tat umsetzen. Außerdem wäre das ein passender Abschluss für den Tag.

»Ja, das machen wir so. Ich werde einen Tisch für uns alle in der *Traube* bei uns im Ort reservieren. Das Restaurant hat sogar einen Michelin-Stern.«

»Haben Sie eine Küche in Ihrem Unternehmen?«, fragte mich die Gräfin weiter.

»Ja, wir haben eine Cafeteria, die von einer Catering-Firma betrieben wird. Warum fragen Sie?«

»Dann sprechen Sie doch bitte mal mit der Küchenleitung, ob es möglich ist, für eine Person einen Tisch im Seminarraum komplett einzudecken. Also mit Platzteller, Vor-, Hauptspeisen- und Brotteller, Suppenlöffel, Vorspeisegabel und -messer, das Tafelbesteck für den Hauptgang sowie das Dessertbesteck. Zusätzlich Wasser-, Weißwein- und Rotweingläser. Ja und dann noch Stoffservietten, die das Ganze vervollständigen«, beauftragte sie mich.

»Da werde ich gerne einmal mit der Küchenchefin reden. Das sollte aber bestimmt machbar sein.« Ich freute mich jetzt schon.

Wir vereinbarten einen Seminartermin in zehn Wochen. Die Gräfin wollte mit dem Restaurant *Traube* kurz vorher Kontakt aufnehmen, damit unser Tisch entsprechend nach ihren Vorgaben mit Tellern, Gläsern und Besteck eingedeckt werden konnte.

Meinem Team kündigte ich das Seminar in der nächsten Teambesprechung als »Business Knigge« mit anschließendem praktischem Teil im Restaurant *Traube* an. Ich war gespannt, wie die Ankündigung dieses Seminars ankommen würde. Das Ziel des Trainings beschrieb ich so: selbstbewusstes Auftreten mit Stil und Etikette im Business-Bereich. Nicht nur die Fachkompetenz sollte einen positiven Eindruck hinterlassen, sondern auch die Sozialkompetenz und angemessene Umgangsformen. Selbstverständlich betonte ich, dass wir alle, inklusive mir selbst, da noch das eine oder andere lernen könnten.

Die Ankündigung des Seminars kam in meinem Team sehr gut an. Doro meinte, dass das endlich mal kein langweiliges Fachseminar sei, sondern ein Soft-Skill-Seminar. Sie hatte recht. Leider kamen diese Art von Trainings in Unternehmen immer wieder zu kurz. Soft Skills waren aber genauso wichtig wie Hard Skills. Nur Bernd schaute nicht ganz so motiviert wie die anderen. Denn er wusste, dass das Training auch einen anderen Grund hatte. Michael fragte dann noch, ob die Gräfin mit einer Kutsche vorfahren würde. Diese Frage musste kommen. Nein, vermutlich nicht. Bestimmt würde sie ganz bürgerlich mit ihrem Auto selbst vorfahren.

Mit unserer Küchenchefin hatte ich im Vorfeld gesprochen. Einen kompletten »Show-Tisch« mit allem einzudecken, war kein Problem, da sämtliches gewöhnliches und auch außergewöhnliches Besteck und Geschirr vorrätig war.

Am Tag des Seminars wartete die Gräfin pünktlich um acht Uhr in der Lobby. Ob sie ihr Auto auf dem Kundenparkplatz abstellen dürfe, fragte sie mich gleich nach der Begrüßung. Okay, damit war die Frage, ob Kutsche oder Auto auch geklärt. Ich musste schmunzeln.

»Klar, kein Problem, den können Sie dort gerne stehen lassen. Darf ich Ihre Tasche nehmen? Zum Seminarraum sind es ein paar Meter zu laufen«.

»Nein, vielen Dank junger Mann, die kann ich sehr gut selbst tragen«, war ihre schneidige Antwort. »Wir Frauen sind heute gleichberechtigt und können unsere Sachen sehr gut selbst tragen.« Oha, da war ich wohl schon ins erste Fettnäpfchen getreten.

Im Seminarraum war alles perfekt vorbereitet. Der »Show-Tisch« war wunderschön eingedeckt, inklusive frischem Blumenstrauß. Ein Lob an unsere Küchenchefin. »Sehr schön«, meinte die Gräfin, nachdem sie den Tisch kurz inspiziert hatte. Sie schloss ihren Laptop an den Beamer an und legte ihre Handouts aus. Wir unterhielten uns noch kurz bis zum Beginn des Seminars um neun Uhr. Dabei merkte ich schon, dass die Gräfin eine ziemlich zackige und bestimmte Person war.

Punkt neun Uhr saß mein gesamtes Team im Seminarraum. Alle schrieben ihren Vornamen auf eine Karte und stellten diese vor sich hin. Die Gräfin stellte sich auch kurz vor und ging nur sehr kurz auf die adelige Vergangenheit ihrer Familie ein. Wir fanden es sehr gut, dass sie mit ihrem Adelstitel nicht kokettierte.

»Da Sie sich in Ihrem Unternehmen alle mit Vornamen anreden, dürfen Sie mich auch gerne mit meinem Vornamen ansprechen.« Sie schrieb »Amelie« auf die Karte vor sich und stellte sie für alle gut lesbar vor sich hin.

Als Erstes sprach sie über den ersten Eindruck, den man hinterließ, wenn man jemanden zum ersten Mal kennenlernte. Wir lernten, dass der Mensch innerhalb von drei bis fünf Sekunden jemanden ganz automatisch in die Kategorien »sympathisch« oder »unsympathisch« einordnete. Sie sprach über die verbale Ausstrahlung, angemessene Kleidung und auch den Duft. Sie erklärte uns, dass Menschen, die sich pflegten, Interesse an sich zeigen. Das käme beim Gegenüber immer gut an. Wer dagegen ungepflegt wirke, zur Situation unangemessen gekleidet sei oder sonst keine Sorgfalt erkennen lasse, zeige fehlenden Selbstwert und wirke unattraktiv. Wichtig, meinte sie, sei aber auch, dass man sich mit seinem Erscheinungsbild wohl fühlen soll.

Natürlich meldete sich Bernd, heute wieder in kurzer Hose und T-Shirt, für eine Frage: »Amelie, du hast gesagt, dass man sich mit seinem Erscheinungsbild wohl fühlen solle. Ich finde kurze Hosen toll und fühle mich wohl darin. Dann kann ich doch mit kurzen Hosen zum Lieferantenbesuch gehen, oder?« Er schaute kurz zu mir rüber. Ich wusste, warum er diese Frage stellte. Schweigen im Raum, denn alle wussten um Bernds modische Ausreißer.

»Nun, Bernd, zuerst einmal habe ich Ihnen nur den Vornamen angeboten, aber nicht das Du. Dabei wollen wir bitte auch bleiben. Achten Sie bitte in der Begrüßungsrunde immer auf diese Feinheiten, um Verlegenheiten und Probleme zu vermeiden.« Sie machte eine kurze Pause, damit Bernd diese kleine Zurechtweisung runterschlucken konnte. Stilles Schmunzeln bei seinen Kolleginnen und Kollegen. »Und zu Ihrer Frage wegen den kurzen Hosen: Kurze Hose und T-Shirt sind im Business-Bereich ein absolutes No-Go. Damit werden Sie sofort bei Ihrem Gegenüber als unsympathisch und fachlich inkompetent eingestuft. Wenn Ihr Business-Partner einen Business-Auftritt erwartet, dann müssen Sie sich entsprechend kleiden. Außer, Sie wollen auf Hawaii vielleicht Surfbretter verkaufen. Ob Sie es akzeptieren oder nicht, Ihre Kleidung spiegelt immer auch Ihre Persönlichkeit und Professionalität wider. Was Sie tragen, kann für Sie oder gegen Sie arbeiten. Überlegen Sie immer, wie Sie die beste Wirkung bei Ihrem Gegenüber erzielen.«

Sie zeigte daraufhin ein Slide mit der Überschrift »Was den Erstkontakt entscheidet«. Ein Kuchendiagramm zeigte, dass 55 Prozent durch den visuellen Eindruck, wie Kleidung und Körpersprache, entschieden wurde, 38 Prozent durch die Stimme und nur 7 Prozent durch den Inhalt, was gesagt wurde.[10]

»Ein guter erster Eindruck und ein sicherer und passender Auftritt sind ein Multiplikator für Ihre Worte und verschaffen Ihnen immer einen Vertrauensvorschuss. Ferner zeigen Sie Wertschätzung für das kommende Gespräch und die Anliegen Ihres Business-Partners«, erklärte sie die Bedeutung der Zahlen auf dem Slide.

»Es kommt doch aber auch auf die inneren Werte an«, verteidigte sich Bernd.

»Aber sicher, da haben Sie recht«, antwortete sie. »Allerdings weiß Ihr Business-Partner davon nichts, denn Ihre inneren Werte, Ihre Persönlichkeit und Ihre Professionalität stehen ja nicht auf Ihrer Stirn geschrieben.«

Bernd wurde sichtbar nachdenklich. »Was wäre denn der passende und heute angebrachte Business-Look für Frauen und Männer?«

»Gut, dass Sie fragen«, meinte die Gräfin. »Für die Herren gibt es zwei Möglichkeiten: Business Casual mit neutralem, einfarbigem Hemd und Jeans oder Chinos und Jackett. Die Hemden bitte niemals kurzärmelig und die Hosen immer mit Gürtel. Oder eben ein modischer, moderner Business-Anzug in Grau oder Dunkelblau. Wenn Anzug, dann bitte einen, der auch gut passt und nicht vom Vater vererbt wurde. Und auf keinen Fall Ihr alter Konfirmationsanzug. Und um Gottes willen nicht schwarz wie auf einer Beerdigung.

Dazu dann farblich passende Strümpfe und Schuhe. Eine neutrale Krawatte kann, muss heute nicht mehr sein.« Sie zeigte dazu ein paar Bildbeispiele in ihrer Präsentation. »Meine Herren, seien Sie ehrlich. Den modischen Chic haben nicht alle von Ihnen in die Wiege gelegt bekommen. Richtig? Lassen Sie sich darum bitte beispielsweise vom Personal in den Boutiquen oder von ihrer Partnerin beraten.« Ja, da hatte sie recht. Modisch hatte auch ich nicht viel auf dem Kasten und war froh, dass meine Frau mir da immer stilsicher mit strengem Blick zur Seite stand.

»Die Damen gerne mit Rock, Jeans, Chino, Kostüm oder Hosenanzug mit den dazu passenden Schuhen. Bei Ihnen mache ich mir keine Sorgen. Die allermeisten Frauen haben einen sehr guten Blick für das typgerechte Business-Outfit.« Die Gräfin zwinkerte und zeigte auch für das Damenoutfit wieder einige Bildbeispiele. »Für offizielle Einladungen wird oftmals auch ein Dresscode ausgegeben. Halten Sie sich bitte daran oder fragen Sie einfach nach, wenn Sie sich nicht sicher sind. Und ein guter Tipp an alle: Übertreiben Sie es nicht mit dem Parfüm oder Aftershave. Nehmen Sie bitte wenig und vor allem dezente Noten. Sie wollen ja nicht durch Ihren Duft unangenehm auffallen. Und essen Sie bitte vor dem Business-Meeting kein Fischbrötchen oder Döner! Merken Sie sich aber vor allem Folgendes: Jeder ist für sein eigenes Handeln verantwortlich und muss die Konsequenzen aus unangebrachtem oder unangenehmem Verhalten oder Auftritt selbst tragen.« Sie machte eine Pause, weil einige noch beim Mitschreiben waren. »Bernd, habe ich Ihre Frage damit beantwortet?« Bernd nickte. Ich musste in mich hineinlächeln und überlegte, ob er das wirklich verstanden hatte und seine Einstellung zu dem Thema ändern würde. Es folgten noch jede Menge guter Fragen aus meinem Team und wertvolle Tipps der Gräfin zu dem Thema »Erster Eindruck«.

»Reden wir einmal über ein anderes wichtiges Thema: die Begrüßung. Wer gibt denn wem zuerst die Hand?«, wollte die Gräfin wissen. Das hatte ich mich auch schon immer gefragt. Es kamen Antworten wie: die Chefs zuerst, die Männer zuerst, die Frauen zuerst, egal, und so weiter.

»Nun, die Anzahl der verschiedenen Antworten zeigt mir, dass wir darüber reden müssen. Zuerst einmal stellt man beim Händeschütteln immer Blickkontakt her. Schauen Sie auf keinen Fall schüchtern weg. Wenn Ihnen die Hand gereicht wird, dann stehen Sie auf, falls Sie sitzen. Außer, jemand sitzt im Rollstuhl. Denn das Händeschütteln sollte immer auf Augenhöhe geschehen. Eine dargebotene Hand sollte man zum Gruß immer annehmen. Das Ausschlagen ist ein Affront, den man sich gut überlegen sollte. Und wer gibt nun wem zuerst die Hand? Ganz einfach: Begegnen sich Menschen auf einer Rangebene, dann kann die Hand von der Person zuerst gegeben werden, die es wünscht. Sind dagegen ranghöhere Frauen oder Männer bei der Begrüßung anwesend, dann geht das Händeschütteln immer von den ranghöheren Personen oder den Hausherren beziehungsweise Hausherrinnen aus. ›Ladys First‹ gibt es im Business-Bereich übrigens nicht mehr, weil Frauen heute gleichberechtigt sind. Das gilt auch, wenn Sie einer Frau die Tür aufhalten. Frauen sind heute gleichberechtigt und dürfen auch gerne den Männern einmal die Tür aufhalten. Einfache Regel dazu: Wer zuerst an der Tür ist, hält sie auf.«

Doro meldete sich und wollte wissen, wie denn ein richtiger Händedruck ausfalle. Sie habe schon alles von »feucht und butterweich bis Schraubstock« erlebt.

»Ja, das erlebe ich auch immer wieder«, meinte unsere Trainerin. »Ein lascher, feuchter und butterweicher Händedruck kommt nicht gut an und wirkt beim Gegenüber unangenehm und damit …«, sie machte eine Pause und Doro sagte: »Unsympathisch!«

Die Gräfin nickte. »Genau. Ein Händedruck ist der einzige körperliche Kontakt zum Gegenüber. Nutzen Sie ihn, um Ihre Stellung, Ihren Rang und Ihre Kompetenz zu demonstrieren. Aber bitte keinen Händedruck, bei dem Ihrem Gegenüber die Tränen in die Augen schießen. Das ist rüpelhaft. Also: leicht fester Händedruck, mit der ganzen Hand, ein paar Sekunden halten, dabei in die Augen schauen und die Begrüßung aussprechen. Und sollten Sie unter feuchten Händen leiden, dann gehen Sie kurz vor dem Begrüßungsritual bitte noch mal in den Waschraum und waschen Sie sich die Hände. Eine feuchte Hand möchte niemand schütteln.«

Einige in der Runde berichteten von ihren Erlebnissen mit feuchten Händen oder Menschen, die einem bei der Begrüßung schier die Hand zerquetschten. »Lassen Sie uns das doch einmal üben. Stehen Sie alle bitte auf und begrüßen sich mit Händeschütteln. Sagen Sie dazu Ihren Namen und dass Sie den Begrüßten herzlich willkommen heißen.«

Bernd kam direkt zu mir, hielt mir seine Hand zum Schütteln hin und sagte: »Ich begrüße Sie auf das Herzlichste in unserem Unternehmen.« Dabei nahm er meine ganze Hand, drückte sie leicht und schaute mir in die Augen.

»Vielen Dank«, sagte ich und löste den Händedruck.

»War das gut so?«, fragte er gleich.

»Das war genau richtig, Bernd! Das nächste Mal bei Herrn Schnitzer wartest du aber bitte ab, bis er dich begrüßt, weil er …«

Bernd fiel mir ins Wort: »… weil er der Ranghöhere und vor allem der Hausherr ist. Ich hab's verstanden, Cheffe.« Ich freute mich innerlich, dass Bernd seine Einstellung zu dem Thema bereits änderte.

Weiter ging es zu den Themen Kommunikation, Umgangsformen und zeitgemäßes Verhalten bei besonderen Anlässen im Business und auch privaten Bereich. Wir schrieben alle sehr viel mit, weil vieles davon wirklich neu für uns war.

Nach einer kurzen Lunchpause, in der sich viele mit unserer Trainerin unterhielten, gings dann weiter. »Reden wir jetzt einmal über das richtige Verhalten im Restaurant und angenehme Tischmanieren. Leider wird heutzutage auf das Thema Tischmanieren in den Elternhäusern, den Kindergärten und in den Kitas nicht mehr so viel Wert gelegt. Unter falsch verstandener Toleranz und Bequemlichkeit wird der unappetitliche Umgang der Kinder mit Geschirr, Besteck und mit dem Essen nicht angesprochen und richtiggestellt. Diese Kinder haben dann keine guten Startbedingungen für das spätere soziale Zusammenleben.« Man merkte sofort, dass das ein Lieblingsthema der Gräfin war. »Wer in der Jugend keine Anleitung für richtige Tischmanieren erhalten hat, wird sich das als Erwachsener nur schwer bewusst machen. Spätestens bei der Firmenfeier, in der Kantine oder beim Essen mit Kunden oder Lieferanten fällt das Fehlen von Tischsitten gnadenlos auf und wird von anderen am Tisch als …«, sie machte wieder ihre berühmte Pause zur Lernkontrolle und Bernd sagte: »… als unsympathisch wahrgenommen.«

Oha, war bei Bernd der Groschen gefallen? Auch seine Kolleginnen und Kollegen schauten sich nach seiner Antwort verwundert an, denn sie kannten Bernds Tischmanieren nur zu gut. Ich war zufrieden und hoffte, dass das Training für ihn sehr nachhaltig sein würde.

Die Gräfin erklärte uns die verschiedenen Teller, Gläser und Besteckteile und deren Einsatz in der Menüfolge. Sie erzählte uns, dass in guten Restaurants immer erstmal komplett eingedeckt wurde und nur der Kellner beziehungsweise die Kellnerin dann je nach Bestellung nicht benötigte Teller, Gläser und Besteckteile abräumten.

»Bitte legen Sie das Geschirr nicht selbständig beiseite und lassen Sie alles an dem Ort, an dem es eingedeckt wurde«, ermahnte sie uns. Dann nahm sie eines der Weingläser vom Tisch und hielt es in die Höhe. »Wie fasst man denn ein Weinglas richtig an?« Einige meinten am Kelch, anderen meinten am Stiel. »Fassen Sie Wein und Sektgläser immer am Stiel an. Vor allem wärmen Sie dann das Getränk nicht mit ihrer Handfläche auf. Und es ist einfach guter Stil, Sekt, Champagner und Weingläser an Stiel zu halten und nicht wie ein Bierglas in der Faust. Merken Sie sich einfach: ›Mit Stil am Stiel‹.«

Noah fragte, wann man denn mit dem Essen beginnen dürfe. »Das ist eine sehr gute Frage, Noah«, meinte die Gräfin dazu. »Zwei Dinge sind hier wichtig. Erstens, wenn alle am Tisch sitzen. Nicht vorher! Und zweitens, wenn der Gastgeber oder die Gastgeberin zum Beginn auffordert. Erst dann wird mit dem Essen begonnen. Fangen Sie bei einer Einladung niemals vor den Gastgebern an, zu essen. Auch wenn Sie als Erster das Essen hingestellt bekommen. Ein aufmerksamer Gastgeber wird sie dann auffordern, mit dem Essen zu beginnen, damit es nicht kalt wird. Einfach wortlos anzufangen, zeugt von schlechtem Stil und lässt einen … na, Sie wissen es ja bereits … unsympathisch wirken.«

Sabine wollte dagegen noch wissen, was man eigentlich mit der Serviette mache. Die liege immer irgendwie auf dem Tisch herum und störe eigentlich nur.

»Ja, die Serviette«, wiederholte die Gräfin. »Irgendwie stört die immer, oder?« Nicken in der Runde. Auch ich hatte mich schon immer beim Thema Serviette ratlos gefühlt. Die Gräfin setzte sich an den eingedeckten Tisch und demonstrierte die Benutzung der Serviette. »In vielen Restaurants, in denen der Tisch bereits eingedeckt ist, ist die Serviette, so wie an diesem Tisch hier, sehr schön gefaltet und vor Ihnen drapiert. Wenn Sie Platz genommen haben, dann legen Sie die Serviette auf die linke Seite neben das Besteck.« Sie nahm ihre Serviette und demonstrierte es. »Wenn das erste Getränk serviert wird, dann legen sie Ihre Serviette bitte auf Ihren Schoß. Und dort bleibt sie während dem ganzen Essen. Müssen sie aufstehen oder das Essen beenden, dann legen Sie sie leicht gefaltet wieder auf die linke Seite. Und natürlich darf die Serviette auch benutzt werden! Wischen Sie sich von Zeit zu Zeit die Lippen damit ab. Vor allem, wenn Sie etwas trinken wollen. Dann kleben keinen Soßen und Essensreste am Rand vom Weinglas.«

Daraufhin bekamen wir die verschiedenen Besteckteile erklärt. »Verwenden Sie das Besteck immer von außen nach innen, wobei das Besteck für die rechte Hand rechts liegt und das für die linke Hand links. Das gilt auch für Linkshänder. Es ist aber durchaus okay, wenn nach dem Aufnehmen die Besteckteile in die andere Hand wechseln. Das Besteck, das zum Schluss für das Dessert benutzt wird, liegt oberhalb des Tellers.« Sie nahm jedes einzelne Besteckteil und erklärte uns dessen Benutzung. Auf den Suppenlöffel ging sie besonders ein. »Der Suppenlöffel wird nur zum Aufnehmen der Suppe oder anderer flüssiger Speisen verwendet. Sonst für nichts. Der Suppenlöffel wird auch Esslöffel genannt. Er wird in einem Restaurant nicht zum Aufnehmen von festen Speisen verwendet. Auch nicht, um leckere Soßenreste vom Teller aufzunehmen. Das machen vielleicht kleine Kinder so, Erwachsene aber nicht. Wollen Sie Soßenreste vom Teller löffeln, dann verlangen Sie einen sogenannten Gourmet- oder Soßenlöffel, falls er nicht am Platz liegt.« Sie zeigte einen mittelgroßen flachen Löffel mit einer kleinen Kerbe an der Seite. »Mit diesem speziellen Soßenlöffel können Sie die Soße problemlos aufnehmen und zeigen nebenbei auch noch Stil im Umgang mit verschiedenen Löffeln.«

Ich erinnerte mich an das Essen mit Bernd und unserem Lieferanten Herrn Schnitzer und hoffte inständig, dass sich Bernd die Ausführungen von der Gräfin zum Umgang mit Messer, Gabel und Löffel zu Herzen nahm. Er hörte gespannt zu, das sah ich deutlich. Ich war gespannt auf das anschließende Essen zusammen mit allen in der *Traube*.

»Wissen Sie eigentlich, wo der Satz ›Jemand hat seinen Löffel abgegeben‹ herkommt?«, fragte die Gräfin.

»Wenn jemand gestorben ist«, sagte Bernd spontan.

»Richtig, und warum gibt jemand den Löffel ab, wenn er oder sie stirbt?« Bernd zuckte mit den Schultern. Sonst wusste es auch niemand. »Die Menschen auf den Bauernhöfen und die armen Leute in den Städten aßen in den früheren Jahrhunderten nur mit einem geschnitzten persönlichen Holzlöffel, weil das Essen oftmals sehr breiig war und aus einer Schüssel gegessen wurde. Dieser Löffel hatte für die Menschen damals einen hohen Wert. Anderes Besteck gab es kaum. Daher heißt dieser Löffel auch heute noch Esslöffel. Starb jemand, dann wurde der Löffel an eine andere Person weitergegeben. Somit hatte der oder die Verstorbene den Löffel abgegeben«, erzählte die Gräfin.

»Der Suppen- oder Esslöffel ist heutzutage nur für die Suppe da. Und vielleicht zum Aufwickeln der Spaghetti mit der Gabel. Wobei Italiener niemals ihre Spaghetti unter Zuhilfenahme eines Löffels essen. Das sind Könner und wickeln die Spaghetti am Tellerrand nur mit der Gabel auf. Versuchen Sie das mal beim nächsten Besuch bei ihrem Lieblingsitaliener.«

Die Gräfin erklärte uns noch einige weitere Dinge, die man für das richtige Benehmen und im Umgang mit anderen Menschen wissen sollte. Zwischendurch erzählte sie auch immer mal eine lustige Anekdote aus ihrem Leben. Wir mussten viel lachen, vor allem, weil sie in diesen Geschichten auch ihren Adelsstand tüchtig auf die Schippe nahm.

Um 17 Uhr war das Seminar beendet und um 19 Uhr wollten wir uns im Restaurant *Traube* zu einem gemeinsamen Abendessen treffen. Einige hatte sich ihre Abendgarderobe mitgebracht und zogen sich um. Ich hoffte inständig, dass sich Bernd auch noch umziehen und nicht wieder in seiner kurzen Hose zum Dinner erscheinen würde.

Mein komplettes Team erschien pünktlich um 19 Uhr in der *Traube*. Alle hatte sich für das Business-Dinner entsprechend eingekleidet. Meine Augen suchten Bernd. Und ich staunte! Er stand im Kreise seiner Kolleginnen und Kollegen, mit Proseccoglas in der Hand, am Stil gehalten. Er hatte eine graue Chinohose, ein weißes tailliertes Hemd mit modischem Jackett und hellbraune Glattleder-Derby-Schuhe an.

»Wow, Bernd, ich bin platt«, prostete ihm zu. »Wo hast du denn so plötzlich diese modische Garderobe her? Steht dir richtig gut!« Bernd lachte und bat mich kurz zum Gespräch unter vier Augen.

»Ich habe mir das Gespräch damals auf der Rückfahrt vom Besuch bei Herrn Schnitzer zu Herzen genommen, auch wenn es etwas gedauert hat. Heute finde ich es gut, dass du mich ganz direkt auf mein Fehlverhalten angesprochen hast. Auch wenn ich in meiner Freizeit gerne kurze Hosen und Shirts trage, so habe ich verstanden, dass das im Business-Umfeld nicht geht. Und ich will ja nicht unsympathisch rüberkommen oder der Firma schaden. Nachdem du das Business-Knigge-Training mit anschließendem Dinner in unserem Team angekündigt hast, habe ich Doro gebeten, mit mir in einer modernen Herrenboutique einkaufen zu gehen. Doro ist immer so fesch angezogen und zeigt einen stilsicheren Geschmack. Darum wollte ich sie als Beraterin dabeihaben. Das hat dann zwar eine schöne Stange Geld gekostet, aber ich sehe das als Investition in meine Zukunft in der Firma … und mit Doro. Seit dem Nachmittag in der Boutique sind wir nämlich zusammen.« Bernd lachte verschmitzt.

Ich war platt. Es war richtig gewesen, ihn direkt und sofort mit seinem mangelhaften Verhaltenskodex nach dem Essen mit Herrn Schnitzer zu konfrontieren. Menschen konnten sich ändern, wenn sie wollten. Und Bernd wollte. Ich prostete ihm nochmals zu und wünschte ihm viel Glück mit Doro.

Wir hatten viel Spaß bei unserem Business-Dinner. Die Gräfin beobachtete alle unauffällig, hatte aber nicht viel zu verbessern. Es war ein richtig runder und angenehmer Abend, weil alle gute Manieren und angenehmen Umgang untereinander vorwiesen. Bernd toppte den Abend, als er den Kellner zu sich rief und einen Gourmetlöffel für die übrig gebliebene leckere Trüffelsoße auf seinem Teller erbat.

»Oh, Sie kennen sich aus. Kommt sofort«, war die überraschte Antwort vom Kellner. Bernd strahlte über das ganze Gesicht.

Nach diesem Seminar war ich mir sicher, dass alle in meinem Team bei Terminen mit ihren Business-Partnern alles richtig machen würden. Als gute Grundlage für eine sympathische und erfolgreiche Zusammenarbeit.

## Kernbotschaften:

- Wenn Dir **unangebrachtes und unangemessenes Verhalten** bei Deinen Mitarbeitenden auffällt, dann sprich das Thema an, da es sonst auf Dich als Führungskraft und auf Dein Unternehmen negative Auswirkungen haben wird. Unangebrachtes und unangemessenes Verhalten kann sein: unangemessener Kleidungsstil, schlechte Manieren bei Tisch, schlechter Körpergeruch, vorlauter Kommunikationsstil, ständiges sowie lautes Niesen und Schnäuzen, unangemessenes Verhalten gegenüber Kolleginnen und Kollegen, gegenüber Minderheiten und Menschen mit anderer sexueller Orientierung etc.
- **Es gehört Mut dazu, ein Fehlverhalten beim Mitarbeitenden anzusprechen.** Diesen Mut musst Du als Führungskraft aufbringen, um Schaden vom Mitarbeitenden, von Dir und vor allem vom Unternehmen abzuwenden. Fehlverhalten aufgrund von Angst, Bequemlichkeit oder missverstandener Toleranz nicht anzusprechen oder einfach wegzulächeln, wird Dir über kurz oder lang gnadenlos auf die Füße fallen und dann nur noch sehr schwer oder gar nicht mehr zu korrigieren sein.
- Viele der Themen lassen sich **mit einem ehrlichen, offenen und empathischen Gespräch** zwischen der Führungskraft und

dem Mitarbeitenden **schnell und befriedigend** lösen. Alternativ kannst Du Dir Hilfe bei einem Trainer und Coach suchen. Experten, wie in dieser Geschichte die Gräfin als Trainerin für Business-Etikette, wird mehr Glauben geschenkt, wodurch solche Trainings und Coachings sehr nachhaltig wirken.

- Wichtig ist auch, dass Du als Führungskraft **mit bestem Beispiel und Vorbild in Deinem Verhalten** vorangehst. Kompromisslos immer und zu jeder Zeit. Du kannst von Deinen Mitarbeitenden nichts verlangen und erwarten, was Du selbst nicht bereit bist zu zeigen und zu geben.

# Kapitel 15
# **Pack den Tiger in den Tank**

## Irgendwann stellst Du fest, dass Du so nicht mehr weitermachen kannst.

Es war wieder so ein Tag, an dem ich völlig fertig zuhause ankam und innerhalb kürzester Zeit auf dem Sofa einschlief. Meine Frau Lina wollte eigentlich noch mit mir zusammen in die Stadt zum Einkaufen fahren. Ich war aber erneut einfach zu ausgepowert, um jetzt noch in den Läden der Stadt mit Begeisterung meiner Frau beim Anprobieren verschiedener Schuhe und Kleider mit Rat und Tat zur Seite zu stehen.

»Lina, ich bin viel zu müde. Ich muss mich erstmal ausruhen. Können wir das nicht auf Samstag verschieben?«, fragte ich sie. Sie reagierte enttäuscht und sauer.

Ich konnte ihre Reaktion verstehen. Seit Monaten war ich abends zu fast nichts mehr zu gebrauchen. Ich konnte mich noch nicht einmal mehr aufraffen, um mit unserem Hund Rudi eine Runde um den Block zu gehen. Auch das musste Lina immer öfter übernehmen. Ihre Laune und ihr Verständnis für meinen harten Arbeitsalltag gingen so langsam den Bach hinunter. Und Streit mit Lina stand daher immer regelmäßiger auf der Tagesordnung.

Seit drei Jahren war ich Chef der Marketingabteilung in einem Unternehmen der Lebensmittelbranche. Der Konkurrenzdruck war immer sehr hoch. Stress und viel Arbeit waren an der Tagesordnung. Von einer 40-Stunden-Woche konnte ich oftmals nur träumen. Gleichzeitig machte ich mir selbst auch sehr viel Druck, weil ich als Führungskraft mit gutem Beispiel vorangehen wollte und mich auch für eine höhere Position auf der Karriereleiter empfehlen wollte. Von morgens um acht bis abends um 18 Uhr und teilweise noch später war Vollgas angesagt.

Das etwas mit mir nicht stimmte, merkte ich selbst seit einiger Zeit. Ich schlief schlecht, war oftmals schnell energielos und hatte keinen Antrieb mehr. Je mehr sich der Tag zum Abend neigte, umso mehr. Das Wochenende reichte gerade einmal, um so viel Energie zu tanken, um am Montag wieder einigermaßen fit zu sein. Nicht nur, dass meine berufliche Leistungsfähigkeit litt, vor allem litt meine Familie unter meiner Energie- und Antriebslosigkeit. Ich selbst litt auch darunter, weil ich mich auf einen Burnout zusteuern sah und so nicht weitermachen wollte und durfte.

Eines Tages rief mich Lina im Geschäft an und meinte, dass sie mich um 17 Uhr abholen wolle und wir dann zusammen zu unserem Lieblingsitaliener *Da Amico* um Essen gehen würden. Ich hatte um 17 Uhr noch eine Telefonkonferenz, also einigten wir uns auf 18 Uhr. Sie holte mich nur selten vom Geschäft ab. Ich war gespannt, was sie mir erzählen wollte. Damit ich für unser Dinner einigermaßen fit war, schüttete ich mir während der Telefonkonferenz noch zwei Kaffee und eine Cola rein.

Um 18 Uhr stand Lina in der Lobby, um mich abzuholen. Sie sah in ihrem kurzen leichten Sommerkleid umwerfend aus. Ihr weißes Cabrio hatte sie direkt vor der Lobby im Rondell geparkt. Ich brauchte nur noch einzusteigen.

»Hallo Schatz, toll, dass du mich abholst. Ich muss aber kurz noch zu Mike und was abklären. Dauert nicht lange.« Ich sah ihr die Enttäuschung auch dieses Mal wieder an. Es ging aber nicht anders, mein Chef Mike wollte noch unbedingt was mit mir besprechen. Also rannte ich los Richtung Gebäude 7. Völlig außer Atem kam ich bei Mike an.

Die Besprechung dauerte dann fast 30 Minuten. Sie war eigentlich belanglos und nicht wirklich wichtig. Als ich danach in die Lobby zurückgerannt kam, war Lina nicht mehr da. Ich fragte Bettina, die Rezeptionistin, wo denn meine Frau sei.

»Die ist vor 20 Minuten losgefahren, weil sie nicht mehr warten wollte. Du würdest wissen, wo sie ist, meinte sie. Ich glaube, sie war ganz schön sauer.« Bettina schüttelte den Kopf. »Wie kannst du deine

Frau nur so warten lassen, mein Lieber. Das gehört sich nicht! Sie hat sich extra für dich so schick gemacht und sich auf euren gemeinsamen Abend gefreut.« Ja, sie hatte recht. Da Bettina vom Alter her meine Mutter sein konnte, nahm ich die Schelte widerspruchslos an. Ich rannte zu meinem E-Scooter und fuhr ins nahe *Da Amico*.

Lina saß mit einem leeren Proseccoglas vor sich auf unserem Lieblingsplatz. Sie hatte Tränen in den Augen. Ich setzte mich zu ihr und entschuldigte mich.

»Bin ich dir wirklich so unwichtig?«, fragte sie mich und wischte sich die Tränen ab. »Für deinen Mike rennst du los, für mich aber nicht.«

Ich versuchte ihr zu erklären, dass das Gespräch mit Mike wichtig gewesen war und nicht hätte warten können. Was ja nicht stimmte. Um meinen Kopf zu retten, log ich Lina an. Calogera, die Wirtin des Restaurants und Linas Freundin, stellte mir auch einen Prosecco hin und schaute mich dabei streng an. Lina hatte ihr also schon ihr Leid geklagt. Sie zog die Nase hoch, wischte sich die Augen trocken und sagte: »Ich kann so nicht mehr weitermachen mit dir. Du opferst dich unendlich für die Firma auf und unsere Familie geht dabei vor die Hunde. Nur noch Job, Job, Job und Mike, Mike, Mike. Gerade eben war das beste Beispiel dafür. Wenn du aus dem Büro kommst, bist du fix und fertig. Außerdem weißt du mit mir und den Kindern nichts mehr anzufangen.«

Auch damit hatte sie recht. Mein Job zog mir so viel Energie ab, dass ich abends sehr oft einfach leer war. Klar, der Job war anstrengend und forderte mich geistig. Bis vor zwei Jahren war das aber kein Problem gewesen. Auch lange Arbeitszeiten hatte ich ohne Probleme weggesteckt und trotzdem Zeit und Energie für meine Familie und mein Hobby gefunden. Die letzten zwei Jahre lebte ich aber von meiner Substanz und der Akku war jetzt leer. Ich musste etwas ändern. Dringend. Andere schafften es doch auch, ihren Akku über Jahre auf hohem Level zu halten. Trotz hoher Belastung in Job und Alltag. Da ich es heute bei Lina bereits ziemlich vergeigt hatte und sie mit ihrem Vorwurf recht hatte, ging ich in die Defensive.

»Was schlägst du vor, Liebes?«, fragte ich sie. Ich kannte Lina und wusste, dass sie sich bereits einen Plan zurechtgelegt hatte. Darum wollte sie auch heute Abend mit mir essen gehen.

»Ich werde uns beide für eine ›Energy Week‹ in einem Hotel im Harz anmelden. Da geht es darum, wie man seine eigene Vitalität steigert und Körper, Geist und Seele in Einklang bringt.« Sie legte mir ein Prospekt der »Energy Week« hin. Ich blätterte den Prospekt durch und was ich las, hörte sich vielversprechend an. Das war genau mein Thema!

»Ich weiß aber nicht, ob ich eine ganze Woche so spontan wegkann, denn in sechs Wochen geht die Jahresplanung los«, meinte ich. Lina rutschte auf ihrem Stuhl ganz nach vorne und nahm meine eine Hand fest in ihre.

»Oh doch, mein Lieber, du kannst weg. Der Laden läuft auch mal eine Woche ohne dich. Wenn du dir wichtig bist und wenn ich dir wichtig bin, dann gehst du zu deinem lieben Mike und sagst ihm, dass du in vier Wochen für eine Woche Urlaub nimmst. Ich habe nämlich keine Lust, meinen Mann an einen Burnout oder Schlimmeres zu verlieren. Und er hat bestimmt auch keine Lust, einen seiner besten Leute vor die Hunde gehen zu lassen.« Wow, so deutliche Worte hatte ich von Lina bisher selten gehört. Meine Gesundheit war ihr wichtig und ein Herzensanliegen, weil sie mich liebte. Ich kam mir schäbig vor, weil ich sie vorhin so unverfroren angelogen hatte und Mike mir wichtiger gewesen war als sie. Auch das musste sich ändern, beschloss ich. Ich stand auf, zog Lina von ihrem Stuhl hoch und nahm sie in den Arm.

»Ich liebe dich«, flüsterte ich ihr ins Ohr. Ich war stolz, so eine bezaubernde und faszinierende Frau zu haben. Calogera unterbrach die Szene und stellte uns zwei dampfende Teller »Spaghetti à la Mama« und zwei Gläser »Pietro Dal Cero« hin. Beim Weggehen zwinkerte sie Lina verschwörerisch zu.

Den spontanen Urlaub in vier Wochen zu bekommen, stellte sich leichter als erwartet heraus. Mike fand es gut, dass ich zusammen mit Lina etwas für meinen Energiehaushalt und meine Gesundheit tun wollte. Ganz nebenbei verriet er mir, dass er zweimal im Jahr für eine

Woche ins Kloster ging, um zu meditieren und Energie zu tanken. Und ich hatte bisher immer geglaubt, dass er sich seine Energie nur aus dem Müsli zog, das er jeden Morgen aß. Die Vorbereitung der Jahresplanung übergab ich an meine Mitarbeiterin Sally, die sich um solche Dinge gerne und mit Akribie kümmerte.

Vier Wochen später fuhren wir mit Linas Cabrio ins Seminarhotel im Harz. Es war ein schönes Wellnesshotel und lag etwas abseits, damit man sich ungestört auf das Seminar und die »Energy Week« konzentrieren konnte. Am Anreisetag luden Gereon und seine Frau Aileen, unsere beiden Seminarleiter, alle Teilnehmenden abends zu einem Kennenlern-Umtrunk ein. Mir fiel auf, dass nur Paare das Seminar gebucht hatten. Wahrscheinlich war bei allen Paaren ein Partner oder eine Partnerin die treibende Kraft zur Anmeldung gewesen. Bei einem Glas Prosecco kam man schnell ins Gespräch. Lina und ich freuten uns auf die kommende Woche und die spannenden Impulse im Seminar. Gereon und Aileen gaben noch bekannt, dass sich alle morgen um sieben Uhr im Seminarraum zur Morgenmeditation und zum Yoga treffen würden. Anschließend würde es Frühstück geben und Seminarbeginn sei dann pünktlich um neun Uhr. Ganz schön früh. Aber okay, ich war hier ja nicht im Urlaub, sondern um etwas zu lernen.

Am nächsten Morgen standen Lina, ich und alle anderen Paare pünktlich um sieben Uhr im Seminarraum. Viele hatten sich bereits bequeme Freizeitkleidung angezogen. Aileen ging herum und begrüßte jeden Einzelnen, indem sie jede und jeden in den Arm nahm und einen guten Morgen wünschte. Sie ermunterte uns, es genau so auch untereinander zu tun. Anfänglich hatten einige etwas Hemmungen, jemand Wildfremden einfach so in den Arm zu nehmen. Aber das legte sich schnell, weil es guttat, von so vielen netten Menschen jeden Morgen einfach mal in den Arm genommen zu werden. Aileen verteilte bunte Yoga-Matten, und im Hintergrund lief bereits leise Entspannungsmusik. Sie bat uns, es uns auf den Matten liegend bequem zu machen. Das Licht wurde gedimmt und Aileen begann nach einem leichten Anschlag an eine große Klangschale eine geführte

Morgenmeditation. Ihre Stimme zusammen mit der leisen binauralen Entspannungsmusik tat unheimlich gut und führten mich tief in eine angenehme Ruhe. Es war das erste Mal, dass ich an einer Meditation teilnahm. Lina machte das in ihrem Yogaunterricht öfter. Ich war völlig ruhig. Kein Job, keine Termine, kein Stress. Nur ich im Hier und Jetzt. Ich konnte tatsächlich völlig abschalten. Nach ungefähr 20 Minuten holte uns Aileen aus der Meditation heraus. Ich fühlte mich erholt und frisch. Die anschließenden Yoga-Übungen fielen mir schwer, weil ich völlig ungeübt war. Zum Glück ging das nicht nur mir so. Aber ich probierte die Pose des Kindes, den herabschauenden Hund, den Krieger und andere Positionen. Ich staunte, wie leicht und beweglich Lina die einzelnen Yoga-Positionen einnehmen und halten konnte. Nach dem Yoga entließ uns Aileen zum Frühstück.

Nach dem Frühstück trafen wir uns mit Gereon im Seminarraum. Er hatte eine besondere und faszinierende Ausstrahlung. Nach einer kurzen Vorstellungsrunde ging es los. Wir sollten erzählen, ob wir in den letzten Jahren mal so richtig was für uns selbst getan hatten. Also keinen Familienurlaub oder so, sondern eine wirkliche Auszeit, allein und zum Energietanken. Die meisten, auch ich, antworteten mit »Noch nie« oder »Sehr selten«.

»Und wie oft kümmert ihr euch um euer Auto, damit es einwandfrei und zuverlässig läuft?«, fragte er uns.

»Viel öfter«, war meine spontane Antwort. Viele nickten zustimmend. Gereon machte ein nachdenkliches Gesicht.

»Ihr kümmert euch also um euer Auto intensiver und öfter als um euch selbst?« Er machte eine Pause, damit wir diese Erkenntnis verinnerlichen konnten. »Aber ihr habt euch ja entschieden, diese Woche einmal ganz intensiv etwas für euch zu tun. Darum seid ihr hier.« Es stimmte. Für mich selbst hatte ich in den letzten Jahren so gut wie gar nichts gemacht. Nur noch Arbeit, Arbeit, Arbeit und in der restlich verbliebenen Zeit dann Familie. Aber für mich selbst? Kein Hobby mehr, keine Auszeit für mich, kein Sport, und viel zu wenig Zeit für meine Freunde. Meinem Auto widmete ich tatsächlich mehr Zeit als für mich selbst.

Die nächsten Tage waren unglaublich intensiv und lehrreich. Jeden Morgen trafen wir uns zur Morgenmeditation und zum Yoga. Anschließend führte uns Gereon in den nächsten Tagen in die Geheimnisse der drei Säulen der Energie ein. Wir lernten, wie wir unsere körperliche und geistige Energie steigern konnten und unsere Ernährung dazu beitrug. Nach dem Abendessen trafen wir uns jeden Tag noch mal zu einer Abendmeditation und Gesprächen untereinander.

»Wer sich nicht bewegt, fällt zurück«, eröffnete Gero seine Erzählungen über die erste Säule der Energie, die körperliche Energie. Bewegung machte Spaß und förderte Kraft, Ausdauer und Beweglichkeit. Der Stoffwechsel wurde angeregt, Muskeln und Knochen stärkten sich. Das Herz-Kreis-Laufsystem wurde gestärkt und Glückshormone wurden ausgeschüttet, wodurch Stress abgebaut werden konnte. Gleichzeitig konnte man leichter abschalten und innere Ruhe finden.

»Ab dem 50. bis 60. Lebensjahr baut ihr circa ein bis zwei Prozent Muskelmasse pro Jahr ab, wenn ihr nichts tut. Das nennt sich Sarkopenie. Eure Muskelmasse wird dann durch Fett ersetzt.«[11] Gereon zeigte dazu jeweils eine CT-Aufnahme des Oberschenkels eines trainierten Menschen und eines untrainierten Menschen im Alter von 60 Jahren. Es war deutlich zu erkennen, was zu wenig Bewegung anrichtete. Im CT-Schnittbild sah man, wie degeneriert Muskeln und Knochen beim untrainierten Oberschenkel und wie auffällig die adipösen Fetteinlagerungen waren. Sah es bei mir auch schon so aus?

»Ihr kennt doch sicher den berühmten Ausspruch von dem römischen Dichter Juvenal: ›Mens sana in corpore sano.‹ Übersetzt: Ein gesunder Geist wohnt in einem gesunden Körper.« Gereon erzählte weiter, wie wichtig Kraft, Ausdauer und Beweglichkeit für ein gesundes, langes Leben und für mehr Lebensqualität waren. Mein Geist wohnte schon lange nicht mehr in einem gesunden Körper. Meinen Körper fit und gesund zu halten, hatte ich in den letzten Jahren sträflich vernachlässigt. Kraft, Ausdauer und Beweglichkeit hatte ich schon lange nicht mehr trainiert. Ich beschloss, ab sofort wieder mindestens zweimal pro Woche joggen zu gehen und mich im örtlichen Fitnesscenter für Kraftübungen anzumelden. Als Ziel setzte ich mir spontan einen Halbmarathon im nächsten Frühjahr und erzählte es in der Mittagspause jedem. Susanne, Roland und Yves aus unserer Energy-Week-Gruppe schlossen sich mir spontan an und wir verabredeten uns, den Halbmarathon gemeinsam zu laufen. Lina fragte ich, ob sie mich zu einer Yoga-Probestunde mitnehmen würde. Sie war sehr überrascht und freute sich, dass ich sie zum Yoga begleiten wollte.

Etwas wirklich Neues lernte ich zur zweiten Säule der Energie, der »geistigen Energie«. Gereon meinte, dass selten der Körper müde war, sondern meistens der Geist. »Der Geist bremst euch, weniger der Körper.« Er sprach intensiv über die Themen Werte, Vision, Ziele und Glaubenssätze. Er betonte, wie wichtig Werte und Ziele für unser geistiges Wohlbefinden waren, wie Glaubenssätze unser Handeln, Fühlen und Denken positiv oder eben auch negativ beeinflussten. Ich verstand und begriff, dass ich nach dem negativen Glaubenssatz »Ich bin nicht gut genug im Job« lebte und mich darum in einer Abwärtsspirale durch immer mehr Arbeiten, Abgeschlagenheit, K.O.-Sein und chronischer Müdigkeit befand. Spannend wurde es, als er uns zeigte, wie wir durch Meditation oder eine Hypnose negative Glaubenssätze und Traumata auflösen konnten. In einer abendlichen von Gereon geführten Hypnose nur mit mir schaffte ich es, meinen negativen Glaubenssatz »Ich bin nicht gut genug im Job« auf seinen Ursprung in meiner Kindheit zurückzuführen und aufzulösen. Während der regressiven Hypnose flossen bei mir sehr viele Tränen, denn das Thema war sehr emotional für mich. Es war unglaublich, wie viel besser ich mich anschließend fühlte, nachdem ich den Ursprung meines Problems in meiner Kindheit gefunden und die Wurzel des Traumas gezogen hatte.

Von nun an sagte ich mir in meinen Meditationen immer wieder: »Ich bin ein wertvoller Mensch und ich bin nicht meine Leistung.« Ich verstand, dass die Bereiche Familie, Freunde, Beruf, Partner, Gesundheit, Hobby und das Ich ganz persönlich in Balance sein mussten. Wenn ein Bereich aus den Fugen geriet, dann zog dieser andere Bereiche mit runter.

Die dritte Säule der Energie, die Ernährung, wurde von Gereon intensiv am letzten Tag durchgesprochen. Eine ausgewogene Ernährung mit ausreichend Nährstoffen und Vitaminen stärkte das Immunsystem, förderte die Konzentration und Leistungsfähigkeit und reduzierte das Risiko für chronische Krankheiten. Außerdem spielte sie auch eine wichtige Rolle für das allgemeine Wohlbefinden und die Stressbewältigung. Gereon sprach detailliert über den Einfluss des Säure-Basen-Haushalts und der Vitamine auf unseren Körper. Im Speziellen ging er auf das Vitamin D3 ein, welches ein essenzieller Bestandteil für die körperliche und geistige Fitness und für das Immunsystem war. Interessant war außerdem, was uns Gereon über die Trinkwasserqualität erzählte. Leitungswasser konnte heute Medikamentenrückstände, Mikroplastik, Blei, Uran und vieles andere enthalten. Die Wasserwerke konnten diese ungesunden Bestandteile nicht herausfiltern. Also tranken wir das alles mit. Und nur ganz wenige Mineralwässer waren wirklich sauber. Die einzige Chance, sauberes und gesundes Wasser zuhause zu erzeugen, war, sich eine kleine Wasserreinigungsanlage mit zusätzlicher Mineralisierung zuzulegen. Er hatte einige Liter Wasser aus seiner eigenen Anlage in Glasflaschen mitgebracht. Wir probierten das Wasser und es schmeckte deutlich besser als das lokale Leitungswasser aus dem Wasserhahn. Lina und ich beschlossen, so eine Anlage für unser Zuhause anzuschaffen, um unser Trinkwasser auf sauber und gesund umzustellen.

Am vorletzten Tag der »Energy Week« ging ich am Nachmittag im naheliegenden Wald mit Lina spazieren. Hand in Hand sprachen wir über die Erlebnisse und das Gelernte der letzten Tage.

»Was sind denn deine Erkenntnisse?«, wollte sie von mir wissen. Sie blieb stehen und nahm meine beiden Hände in ihre. Dabei schaute sie mich liebevoll an. Ich hatte den Eindruck, dass auch Lina sich in den letzten Tagen verändert hatte. Wir hatten in den letzten Tagen nicht nur etwas für uns ganz persönlich getan, sondern auch für unsere Partnerschaft und Ehe. Ich hatte mich schon lange nicht mehr so wohl in ihrer Nähe gefühlt.

Und ja, ich hatte Erkenntnisse. Einige sogar. »Meine wichtigste Erkenntnis ist, dass ich meine Einstellung zu mir und zu meinem Job verändern muss, dass ich so wie bisher nicht weitermachen kann. Sonst bin ich bald am Ende. Vor allem das Thema mit dem Meditieren hat mich sehr angesprochen. Ich spüre, dass es mir hilft, meine Energie auf meine Ziele zu fokussieren und meiner Umgebung und mir selbst mehr Achtsamkeit zu schenken. Ich habe gelernt, dass mein Job nicht alles ist und ich mich nicht über meinen Job definieren darf«, erzählte ich Lina. Hand in Hand erreichten wir eine kleine Lichtung mit einer bunten Blumenwiese. Ich holte Luft, denn mir lag noch etwas ganz Besonderes auf der Seele. »Lina, ich will mich bei dir entschuldigen. Ich will mich dafür entschuldigen, dass ich in den letzten zwei Jahren nicht mehr für dich und die Kinder da war und du vieles ohne mich machen musstest. Auch das werde ich ändern, damit alles wieder im Einklang ist. Es tut mir leid, dass ich so ein Arsch war.« Mir kamen die Tränen, denn mein Eingeständnis, dass ich in letzter Zeit ein ziemlicher Arsch gewesen war, kam aus tiefstem Herzen.

Lina nahm mich in den Arm, stellte sich auf ihre Zehenspitzen und küsste mich. »Ich liebe dich«, flüsterte sie mir ins Ohr. »Ich wusste, dass uns die ›Energy Week‹ von Gereon und Aileen guttun wird.« Lina zog mich auf der Blumenwiese hinunter ins Gras und gab mir zu verstehen, dass sie hier und jetzt mit mir schlafen wollte. Der Sex mit Lina unter freiem Himmel auf dieser einsamen Wiese mitten im Wald war der absolute Hammer. Ich war schon lange nicht mehr so glücklich und ausgeglichen. Und ich war dankbar, eine so wunderbare Frau an meiner Seite zu haben.

Als wir wieder zuhause waren, änderte ich sofort meinen Tagesablauf. Bevor ich morgens in die Firma fuhr, zog ich mich in unser Gästezimmer zurück und meditierte täglich für fünf bis zehn Minuten, um Ruhe, Energie und Entspannung zu tanken. Wenn große Entscheidungen oder Aufgaben anstanden, dann half mir die morgendliche Meditation, die Dinge mit Entschiedenheit und Fokussierung anzugehen. Weil ich meinem Unterbewusstsein vorab sagte, wo ich hinwollte. Im Büro zog ich mich jede Stunde, soweit machbar, für zwei bis drei Minuten zurück und schöpfte in einer Kurzmeditation neue Energie. Für mein körperliches Wohlbefinden und meine Fitness ging ich ohne Ausrede bei jedem Wetter mindestens zweimal die Woche zehn bis 15 Kilometer joggen. Ich stellte fest, dass mir beim Joggen die besten Ideen und Lösungen für meine beruflichen und privaten Fragestellungen kamen. Die Yoga-Probestunde, zu der mich Lina gleich beim nächsten Mal mitnahm, überzeugte mich, dabeizubleiben.

Meinem Hausarzt stellte ich drei Monate später meinen Körper zum großen Check-up vor. Meine Fitness war inzwischen wieder so weit besser geworden, dass ich das Belastungs-EKG auf einem Fahrradergometer mit einigermaßen Anstand bestand und mich vor der Arzthelferin nicht völlig blamierte. Aber es war noch Luft nach oben. In meinem Blutbild zeigte sich, dass mein Vitamin-D3-Level etwas zu niedrig war und mit einem D3-Präparat ergänzt werden konnte.

Mein Arbeitstag veränderte sich, sodass Überstunden die Ausnahme und nicht mehr die Regel waren. Zusätzlich delegierte ich mehr an meine Mitarbeitenden und wollte einfach nicht mehr immer alles zu 110 Prozent und selbst machen. Meiner Performance und dem Abteilungsergebnis tat das keinen Abbruch. Wenn mein Chef Mike noch spät am Nachmittag irgendetwas vermeintlich Wichtiges von mir erledigt haben wollte, dann fragte ich ihn, ob das wirklich heute noch erledigt werden musste. In den meisten Fällen war die Antwort: »Hat auch Zeit bis morgen.« Früher hätte ich sofort Überstunden gemacht und hätte Lina und die Kinder wieder einmal hängen gelassen.

Mike fiel die Veränderung bei mir auf. Er sprach mich einmal nach einer Besprechung darauf an. Ich erzählte ihm von meinen Erkenntnissen auf der »Energy Week« und was ich davon umgesetzt hatte.

»Großartig!«, meinte er zu meiner Überraschung. »Nur schade, dass sich nicht alle im Unternehmen mehr Zeit für sich selbst nehmen. Vielleicht sollten wir mal eine Kampagne daraus machen und das Meditieren und Energie tanken allen im Unternehmen nahebringen.« Ich war erstaunt, dass Mike so offen für das Thema war. Aus seinen Auszeiten im Kloster kannte er das Potenzial der Meditation. Er wusste, dass das Gehirn ein Muskel war, der auch trainiert werden musste. Wir machten gemeinsam einen Plan und gingen an die Umsetzung.

Wenige Monate später hatten wir auf allen Stockwerken und in allen Gebäuden kleine gemütliche Räume mit leiser Entspannungsmusik eingerichtet, in die man sich zum Lesen, Besinnen oder eben zur kurzen Power-Meditation zurückziehen konnte. Eine Mediations- und Yoga-Lehrerin wurde vom Unternehmen stundenweise bezahlt und zeigte interessierten und aufgeschlossenen Kollegen und Kolleginnen, wie man seine eigene Vitalität steigerte und Körper, Geist und Seele in Einklang brachte, um im Job und auch privat seine Leistungsfähigkeit zu erhalten. Die von mir gegründete Laufgruppe in unserem Unternehmen trat ab jetzt jedes Jahr mit immer mehr Teilnehmern zur jährlichen Marathon- und Halbmarathonveranstaltung in unserer Stadt an. Für viele unserer Führungskräfte war es selbstverständlich, bei dieser Veranstaltung mitzulaufen. Unser Koch in der Cafeteria war spontan bereit, fettreduziertes und gesünderes Essen als Alternative zu Schnitzel und Pommes anzubieten. Einmal im Monat bot er kostenlose Kochkurse für gesundes und abwechslungsreiches Essen an, die von der Belegschaft sehr gut besucht wurden.

Wir hatten für unsere Mitarbeitenden drei neue Energiequellen gefunden und nannten diese Entwicklung »**P**ersonal **E**nergy **M**anagement **S**ystem«, kurz »PEMS«. Viele nahmen die Angebote von PEMS an. Als Ergebnis für das Unternehmen sank die Krankheitsrate von durchschnittlich circa fünf Prozent auf unter zwei Prozent, in manchen Monaten sogar auf unter ein Prozent. Die halbjährliche Mitarbeiterumfrage zeigte, dass die Zufriedenheit mit dem Unternehmen um 30 Prozent besser bewertet wurde. Die Stimmung und unsere Unternehmensperformance verbesserten sich merklich, da die Produktivität stark stieg und Projekte qualitativ besser und in kürzerer Zeit fertig wurden. Die Anzahl der externen Bewerbungen für alle Bereiche stieg ebenfalls und wir konnten offene Stellen schneller und deutlich qualifizierter besetzen, weil sich unser PEMS herumsprach und es ein Vorteil gegenüber unseren Mitbewerbern im Wettbewerb um die besten Mitarbeitenden war. Parallel dazu reduzierte sich die Anzahl an Kündigungen gut ausgebildeter Mitarbeiter. Unter dem Strich ein Riesenerfolg und Vorteil für das Unternehmen, weil es seine Einstellung zu seinen Mitarbeitenden verändert hatte. Bei sehr geringen Kosten für die Umsetzung.

Am wichtigsten war mir aber, dass ich dank der »Energy Week« und Gereons sowie Aileens Anleitung meine Einstellung zu meinem Beruf, meiner Familie und zu mir selbst zum Besseren verändert hatte und dass ich Lina nicht durch meinen Job verloren hatte.

**Kernbotschaften:**

Nicht nur körperliche Arbeit ist anstrengend. Auch geistige Arbeit am Schreibtisch strengt an und zieht Dir viel Energie ab. Ganz besonders als Führungskraft wirst Du feststellen, dass Dir Führungsarbeit deutlich mehr an Energie und Zeit gegenüber einer Facharbeit kostet. Das kann dann negative Auswirkungen auf Deine Lebensqualität und auf Deine Familie haben. Darum ist es umso wichtiger, dass Du rechtzeitig und vor allem ständig an den **drei Säulen Deiner Energie** arbeitest, bevor es zu Stress, Überarbeitung, Resilienzverlust, Burnout oder sogar Schlimmerem kommt. Dein Unternehmen wird Dich nicht lange vermissen, Dein Partner und Deine Familie schon. Also tu was, um nachhaltig gesund zu bleiben.[12]

- **Die 1. Säule Deiner Energie: Kraft und körperliche Energie** Ein gesunder Geist wohnt in einem gesunden Körper! Das wusste man schon im Altertum. Halte darum Deinen Körper gesund und fit, damit Du mental gesund bleibst. Denn Bewegung durch Sport schüttet in Deinem Körper Glückshormone aus. Such Dir eine Sportart, die zu Dir passt und Spaß macht. Welche Sportart ist egal. Hauptsache, Du bewegst Dich intensiv und trainierst Deinen Körper. Vergiss nicht, Deine Beweglichkeit zu verbessern. Yoga oder Kraftsport sind da genau das Richtige. Mindestens zwei bis drei Stunden Sport pro Woche sollten Dir die Verbesserung und Aufrechterhaltung Deiner körperlichen Energie und Fitness wert sein. Und lass keine Ausreden zu, den Sport wegen schlechtem Wetter oder anderen Dingen ausfallen zu lassen.

- **Die 2. Säule Deiner Energie: Geistige und mentale Energie** Diese Energie umfasst einen großen Bereich mit vielen Facetten. Sorge für ausreichend Schlaf. Nur ein ausgeruhter Körper und Geist ist auf Dauer leistungsfähig und belastbar. Betrachte Dein Gehirn als einen Muskel, der Erholung nach einem anstrengenden Tag braucht. Befreie Dich von negativen oder limitierenden Glaubenssätzen, die Dich herunterziehen, hemmen oder falsche Entscheidungen treffen lassen. Die Art der Glaubenssätze entsteht durch Konditionierung, Erfahrung oder Trauma. Sollte es Dir nicht gelingen, negative und limitierende Glaubenssätze durch positive zu ersetzen, dann lass Dir zum Beispiel durch ein regressives Hypnose-Coaching helfen. Hier drei Beispiele von negativen oder limitierenden Glaubenssätzen und wie sie in positive Glaubenssätze verwandelt werden können:
  - Ich bin nicht gut genug im Job! → Ich bin ein Experte in meinen Job und bin von allen anerkannt!
  - Ich bin zu unerfahren für diese Aufgabe! → Ich kann das und habe alle Ressourcen sowie alles Wissen für diese Aufgabe!
  - Wenn überhaupt, dann habe ich nur kurzfristigen Erfolg! → Ich schaffe, was ich mir vornehme!

Du bist der einzige Mensch, dem Du alles glaubst. Darum sind Glaubenssätze so mächtig. Wie funktionieren Glaubenssätze in Dir? Du musst wissen, dass Dein Bewusstsein ein Entscheidungsorgan und Dein Unterbewusstsein ein Ausführungsorgan ist. Mit Deinem Bewusstsein besprichst Du Dein Unterbewusstsein. Darum glaubt Dir Dein Unterbewusstsein alles! Wenn Du Dir also einredest, dass Du etwas nicht kannst, dann sagt Dir Dein Unterbewusstsein: »Okay, das bekomme ich hin … Du kannst das nicht.« Glaubenssätze werden rund um die Uhr gesendet und unbewusst ausgeführt. Es ist darum wichtig, seine limitierenden und negativen Glaubenssätze zu erkennen und zu sprengen.

Mache Dir auch Deine Werte und Wertvorstellungen bewusst, nach denen Du lebst und führst. Werte bezeichnen die als erstrebenswert oder moralisch gut betrachteten Eigenschaften einer

Person. Sie begründen Deine Erwartungen, Deine Ziele, Deine Vision und Mission. Werte geben Dir aber auch Identität und Orientierung. Deine gelebten Werte als Führungskraft geben Deinen Mitarbeitenden hingegen Stabilität und Verlässlichkeit im Umgang mit Dir.

Ein wichtiges Thema Deiner geistigen Energie umfasst die »Säulen des Selbst«, also Selbstführung, Selbstliebe, Selbstwert usw. Wer nicht in der Lage ist, sich selbst zu führen, der kann auch andere Menschen nicht führen. Und wer sich selbst nicht liebt, der kann auch andere Menschen nicht lieben und ihnen positiv gegenüber eingestellt sein. Dein Selbstwert ergibt sich aus Deinen positiven und negativen Erfahrungen von außen und der daraus resultieren Einschätzung für Dich selbst. Vor allem negative Erfahrungen aus Deiner Kindheit trägst Du ein Leben lang als Problem für Deinen Selbstwert mit Dir herum. Ein guter Life- oder Hypnose-Coach kann Dir helfen, die »Säulen des Selbst« zu stärken und Dich unangreifbar zu machen.

Nimm Dir Zeit für Dein Hobby und Deine Freunde (die sogenannte »Me-Time«). Dein Job kann niemals so wichtig sein, dass Du diese Dinge auf Dauer vernachlässigst!

- **Die 3. Säule Deiner Energie: Ernährung**
Ein gesunder Lebensstil und eine ausgewogene Ernährung wirken sich positiv auf Deine körperliche und mentale Gesundheit aus. Über das Thema Gesunde Ernährung kannst Du viel nachlesen oder Kurse dazu besuchen. Keine Angst, Du musst nicht auf Currywurst und Pommes-Rot-Weiß verzichten. Wenn Du Dich sonst ausgewogen ernährst, dann darf es auch mal etwas Ungesundes sein, solange es nicht jeden Tag ist. Gute Ernährungskurse gehen immer auch auf das Thema des Säure-Basen-Haushalts ein.

Ein wichtiger Bereich für Deine Ernährung ist das Trinkwasser, aus dem Dein Körper zwischen 50 und 70 Prozent besteht. Ohne regelmäßiges Trinken von Wasser oder wasserhaltigen Flüssigkeiten kann unser Körper nicht bestehen (je nach Belastung und Außentemperatur circa anderthalb bis drei Liter pro Tag bei

Erwachsenen). Dabei ist es wichtig, wirklich sauberes Wasser zu trinken. Das Wasser aus dem Wasserhahn ist in Deutschland eines der bestüberwachtesten Lebensmittel und deutlich sauberer und qualitativ besser als so manches teure Mineralwasser. Trotz aller Überwachung und Filtertechnik in den Wasserwerken kann und darf Trinkwasser und Mineralwasser Rückstände von zum Beispiel Medikamenten, Mikroplastik, Blei, Uran, Hormonen und Pestiziden enthalten. Informier Dich, welche Möglichkeiten es für häusliche Hochleistungswasserreinigungsanlage gibt, damit Dein Trinkwasser zuhause zu 99,9 Prozent von Verunreinigungen befreit wird. Sauberes Wasser ist ein Garant für Deine körperliche Energie und Gesundheit.[13]

Kümmere Dich auch um Deinen Vitamin-, Mineralien- und Spurenelemente-Haushalt im Blut. Diese Stoffe sind ein Spiegelbild Deiner Ernährungsgewohnheiten und essenziell für Deine Leistungsfähigkeit und Krankheitsabwehr. Dein Hausarzt oder ein Orthomolekular-Mediziner beraten Dich gerne. Und ganz nebenbei: Du solltest mindestens alle zwei Jahre Deinen Körper beim Arzt Deines Vertrauens durchchecken lassen.

Rauchen und täglicher Alkoholkonsum, auch in kleinen Mengen, ziehen Deine Performance runter. Du weißt das. Also hör damit auf. Auch dabei kann ein Hypnose-Coaching helfen.

Merke: Du solltest Deinem Körper immer etwas Gutes bieten, damit Dein Geist und Deine Seele gerne darin wohnen.

Und noch ein Tipp: Schenk Deiner Partnerin oder Deinem Partner ab und zu mal Blumen oder etwas anderes, das sie oder er mag – bevor es jemand anderes tut.

# Kapitel 16
# Machtlos gescheitert

## Wer keine Macht ausüben will oder kann, ist auch keine Führungskraft.

Unser bisheriger Verkaufsleiter Hannes hatte gekündigt. Ein Nachfolger wurde schnell gefunden: Elias. Er war 29 Jahre alt und bereits vier Jahre in unserem Unternehmen in einer anderen Abteilung tätig. Es war seine erste Stelle als Führungskraft. Ob er in irgendeiner Weise Trainings oder Coachings besucht hatte, um auf seine neue Rolle vorbereitet zu werden, wussten wir nicht. Wir im Verkaufsteam kannten ihn nur flüchtig und waren gespannt, wie er sich als unser neuer Chef präsentieren würde.

An seinem ersten Arbeitstag in unserem Team und in seiner neuen Rolle als unsere Führungskraft lud Elias zu einem Teammeeting ein. Er stellte sich vor und erzählte uns, wie er sich die Zusammenarbeit mit uns vorstellte. Das, was er uns erzählte, war so ganz anders, als wir es von seinem Vorgänger Hannes gewohnt waren.

Er meinte, dass er klassische Führungsmodelle für überholt halte und dass wir als erfahrendes Team eigentlich wenig Führung notwendig hätten. Wenn jemand Hilfe bräuchte, dann solle man sich bei ihm melden. Auch wollte er das Bonus-Modell in unserer Abteilung ändern. Bisher wurde die jährliche Verkaufsprovision immer pro Verkäufer nach Verkaufserfolg ausbezahlt. Wer viel Umsatz machte, bekam viel Bonus. Wer wenig machte, bekam weniger. Elias gab uns zu verstehen, dass er leistungsorientierte Bezahlung nicht so prickelnd fand und darum ab sofort die vierteljährliche Provision durch die Anzahl der Verkäufer teilen würde. Er argumentierte mit Gleichberechtigung und Fairness, da ja alle auf gleiche Art und Weise im Verkauf zum Umsatz beitragen würden. Gießkanne statt differenzierter erfolgs- und ergebnisorientierter Bonuszahlung. Er hatte die Änderung mit der Geschäftsleitung abgestimmt. Dort war man der Hoffnung, mit dem neuen Provisionsmodell und Elias als Führungskraft zu neuen Umsatzrekorden aufbrechen zu können. Da unser Unternehmen keinen Betriebsrat hatte, unterlag die angestrebte Änderung nicht der Mitbestimmung. Nach dem Meeting verabschiedete sich Elias und unser Team diskutierte noch eine Weile die angestrebten Änderungen in Führung und Provisionszahlungen.

In der ersten Zeit funktionierte unser Team so wie immer. Jeder wusste, was zu tun war und wie der Laden lief. Wenn Entscheidungen anstanden, dann sollten wir laut Elias das Thema ausdiskutieren und selbst entscheiden. Das funktionierte manchmal sogar. Sehr oft aber auch nicht, weil wir viel zu unterschiedliche Meinungen hatten und niemand im Team eine endgültige Entscheidung traf oder treffen wollte. Wenn jemand im Team dann einmal die Meinungsführung und Initiative übernahm, dann funktionierte es. Hier kristallisierte sich vor allem Boris immer wieder heraus, der in unserem Team die Führung übernahm und auch von allen anerkannt wurde. Er ging dann mit einer Entscheidung zu Elias, um diese absegnen zu lassen. Sehr oft kassierte Elias diese Entscheidung und entschied anders. Boris versuchte uns das dann wieder zu vermitteln.

Die Stimmung und die Performance in unserem Team wurden von Monat zu Monat schlechter. In unseren Besprechungen ging es oftmals drunter und drüber. Von Führung seitens Elias war immer weniger zu spüren. Wir spannten Boris immer mehr ein und erwarteten Entscheidungen von ihm, die er aber mangels Entscheidungshoheit nicht treffen durfte. Wenn jemand nach dem Chef in unserem Team fragte, dann schickten wir die Kollegen und Kolleginnen immer öfter zu Boris und nicht zu Elias.

Das kam auch gerade durch sein eigenes Verhalten. An eine Sache erinnerte ich mich besonders. Elias hatte uns zu einem Teammeeting eingeladen. Wir waren verwundert, weil so etwas schon einige Zeit nicht mehr stattgefunden hatte. Er wollte uns eine unpopuläre Entscheidung der Firmenleitung mitteilen und eröffnete seine Erklärung mit dem Satz »Die da oben haben entschieden, dass unsere Homeoffice-Policy ab sofort geändert wird.« Wir schauten uns an und wunderten uns. Nicht so sehr über die Änderung der Homeoffice-Policy, aber über seinen Satz »Die da oben haben entschieden«. Er demonstrierte damit eindeutig, dass er nicht zu denen »da oben« gehörte und als Führungskraft nicht die Seite des Unternehmens vertrat. Er merkte gar nicht, wie sehr ihn das als Führungskraft vor uns disqualifizierte, weil er nicht hinter den Entscheidungen der Firmenleitung stand.

Vor allem seine Entscheidung, die jährliche Verkaufsprovision per Gießkanne unter uns Verkäufern zu verteilen, führte zu großem Unmut. Die High-Performer in unserem Team fühlten sich benachteiligt, weil eine Zielerreichung über 100 Prozent nicht mehr extra honoriert wurde. Dagegen fand vor allem Stephen die neue Verteilung gut. Denn Stephens Verkaufsergebnisse waren immer unterdurchschnittlich. Er fand einfach keinen guten Draht zu seinen Kunden. Daher hatten seine geringen Abschlüsse bei unserem vorherigen Chef Hannes fast nie zu einer Verkaufsprovision für ihn geführt. Stephen freute sich, denn er sollte nun als Low-Performer genauso viel Provision bekommen wie seine Kollegen und Kolleginnen, die deutlich über der 100-Prozent-Zielerreichung lagen. Im Ergebnis gingen die gesamten Verkaufsumsätze zurück. Stephen strengte sich noch weniger an und ließ sich zeitweise regelrecht hängen. Und Elias kümmerte sich nicht um das Performanceproblem von Stephen. Man merkte deutlich, dass es ihm unangenehm war, das Thema bei Stephen anzusprechen. Er war der Meinung, dass wir das im Team lösen sollten. Unsere guten und sehr guten Verkäufer strengten sich auch nicht mehr an. Wozu auch, wenn doch alle das Gleiche am Quartalsende aus dem Provisionstopf bekamen.

Nach fast zwei Jahren kündigte Elias plötzlich. Hinter den Kulissen und im Flurfunk hörten wir, dass er gehen musste, weil die Verkaufsumsätze unter seiner Teamleitung zurückgegangen waren und man mit seiner Art der Führung nicht zufrieden war. Unsere neue Chefin Monika, eine ältere und sehr resolute Dame, änderte die Provisionsmodalitäten umgehend wieder auf das alte erfolgsorientierte Modell zurück. Und sie kümmerte sich wieder um uns. Anstehende Entscheidungen wurden im Teammeeting diskutiert und entschieden. Gab es keinen Konsens, dann traf sie eine Entscheidung. Auch dann, wenn diese Entscheidung für uns unbequem war. Der Verkaufsumsatz und unsere Motivation zum Verkaufen erreichten schnell wieder alte Werte und überstieg diese sogar in einigen Quartalen. Monika fand sogar eine Lösung für Stephens Problem. Nach intensiven Gesprächen mit ihm, von denen er uns am Kaffeepott manchmal erzählte, verließ er das Unternehmen mit einer kleinen Abfindung.

Ich traf Elias einige Zeit nach seiner Kündigung zufällig in der Stadt. Er lud mich zum Kaffee ein.

»Was machst du denn jetzt?«, wollte ich wissen.

»Ich studiere noch mal. Auf Lehramt«, erzählte er mir. »Ich habe bei euch gemerkt, dass ich in eine Firma und deren Strukturen nicht passe. Und als Führungskraft bin ich schon gar nicht geeignet. Lehrer zu sein, passt, glaube ich, besser zu mir.« Ich musste in mich hineingrinsen. Ich konnte ihn mir als Lehrer nun gar nicht vorstellen. Immerhin hatte sich Elias aber sehr gut reflektiert und seine Schwächen erkannt.

»Warum hast du die Stelle als Verkaufsleiter in unserem Team denn damals überhaupt angenommen?«, wollte ich unbedingt wissen.

Er rührte in seinem Kaffee und überlegte. »… weil ich dachte, dass man ein Team auch ohne ständige Führung und ohne Machtausübung führen kann, dass sich alles selbst regelt und ein Team auch allein funktioniert. Da war ich aber ziemlich blauäugig und sozialromantisch.« Elias rührte weiter in seinem Kaffee. »Eigentlich wollte ich nie Chef sein. Ich mag es nicht, Macht auszuüben und anderen zu sagen, was sie tun sollen. Das widerstrebt mir. Und viele der Entscheidungen der Unternehmensleitung fand ich einfach nicht gut. Da stand ich überhaupt nicht dahinter.« Na ja, genau das hatte man auch gemerkt.

Führungskräfte übten immer mehr oder weniger Macht aus. Und wer das nicht wollte, konnte auch keine Führungskraft sein. Wer sich entschied, Führungskraft zu sein, der wechselte auf die Front der Arbeitgeberseite. Zum Großteil zumindest. Das musste einem klar sein und man musste das auch wollen, können und umsetzen. Elias hatte das weder gekonnt noch gewollt. Darum war er gescheitert.

»Warum hast du denn das Provisionsmodell geändert? Das lief vorher doch einwandfrei. Nach deiner Änderung ging alles total in die Hose.« Seine Änderung hatte die ganze Firma in Schieflage gebracht.

»Ich war der Meinung, dass es gerechter ist, wenn alle im Verkaufsteam das Gleiche an Provision bekommen. Die Leistungsschwachen genauso viel wie die Leistungsstarken. Und zwar, weil alle im Team ihren Beitrag zum Erfolg des Unternehmens leisten, unabhängig von ihrer individuellen Leistungsfähigkeit. Meiner Meinung nach sollten die Leistungsstarken die Leistungsschwachen finanziell unterstützen. Das hat dann leider nicht funktioniert.« Er schaute mich resigniert an und nahm einen Schluck aus seinem Kaffeepott.

»Warum, glaubst du, hat das nicht funktioniert?«, fragte ich Elias.

Die Antwort kam schnell. »Weil sich jeder zurückgelehnt hat. Die guten Verkäufer waren nicht mehr motiviert und Stephen erst recht nicht mehr, weil er ja, ohne viel zu tun, das Gleiche wie die anderen bekam. Und weil …«, er ging kurz in sich, »… weil ich als Führungskraft nicht da war, um die Dinge zu regeln und zu erklären.«

Immerhin hatte Elias seine Fehler erkannt! Ich machte ihm keinen Vorwurf, denn er war auf seine Rolle nicht vorbereitet, geschweige denn richtig ausgesucht worden. In einem guten Bewerbungsgespräch hätte man gemerkt, dass Elias für die Rolle als Führungskraft nicht geeignet war. Er erzählte mir auch noch, dass ihn unser Geschäftsführer zur Übernahme der Rolle als Führungskraft in unserem Team überredet hatte, weil man jemanden im jungen Alter für die Führung der Abteilung haben wollte. Elias willigte schließlich ein, wissend, dass er diese Rolle eigentlich nicht spielen wollte und auch nicht leisten konnte. Er hätte mehr Selbstführung beweisen und dem Geschäftsführer einen Korb geben können. Stattdessen hatte er sich aber überreden lassen, etwas zu tun, worauf er weder vorbereitet noch von seiner Einstellung her in der Lage war: Elias wollte und konnte keine Führungskraft sein.

**Kernbotschaften:**

- Als Führungskraft hast Du **auf die Seite der Arbeitgeber** und der Unternehmensleitung gewechselt. Mach Dir das sonnenklar und ändere Deine Einstellung entsprechend! Du musst die Anordnungen, **die Ziele und die Strategie Deines Unternehmens** nicht immer gut finden. Du musst sie aber neutral kommunizieren und mit Entschiedenheit immer durchsetzen. Dafür bist Du Führungskraft. Du musst in der Lage sein, unpopuläre Entscheidungen zu vertreten und zu erklären. Aussagen wie »Die da oben haben entschieden« oder »Ich stehe nicht hinter der Maßnahme, muss sie aber leider durchsetzen« disqualifizieren Dich als Führungskraft sofort und zeigen Deinem Team ganz eindeutig: Du bist führungsschwach und stehst nicht zum Unternehmen. Warum sollen dann Deine Mitarbeitenden zum Unternehmen und zu Dir stehen? Wenn Du Dich entscheidest, Führungskraft zu sein, dann hast Du Entscheidungen Deines Chefs oder Deiner Unternehmensleitung umzusetzen. Ob Du sie gut findest oder nicht. Wenn Du das nicht kannst oder nicht willst, dann verlasse die Rolle als Führungskraft oder sogar das Unternehmen und suche Dir ein anderes Unternehmen mit Zielen und Strategien, die Du auch vertreten kannst.
- Merke: **Wer keine Macht ausüben will oder kann, ist auch keine Führungskraft.** Denn Führung ohne Macht gibt es nicht. Dabei kommt es aber ganz darauf an, wie Du diese Macht nutzt. Ob Du als Führungskraft Deine Macht positiv nutzt oder missbrauchst, erkennt man recht schnell an der Zufriedenheit Deiner Mitarbeitenden. Du **nutzt Deine Macht dann positiv, wenn Du sie für das Gemeinwohl des Teams und den Erfolg des Unternehmens einsetzt.**
- **Mitarbeitende wollen geführt werden!** Es ist ein Mythos, dass Teams auch komplett ohne Führung funktionieren. In führungslosen Gruppen, die gemeinsam ein Ziel verfolgen, bilden sich nach kurzer Zeit immer wieder Führungsstrukturen und Führungspersonen heraus (informelle Führungspersonen). Erzwungene Füh-

rungslosigkeit, aus welchen Gründen auch immer, scheitert sehr oft grandios.

- Es gibt aber auch das **Modell der selbstorganisierenden Teams**, die ohne Führungskraft auskommen. Ein Team kann ohne Chef funktionieren, solange es eine **klare Struktur, klare Ziele und klare Verantwortlichkeiten** gibt. In einem selbstorganisierten Team kann jeder Mitarbeiter Verantwortung übernehmen und Entscheidungen treffen, die zum Erfolg des Teams beitragen. Ein solches Team funktioniert am besten, wenn jeder Mitarbeiter über ein gewisses Maß an Autonomie und Entscheidungsfreiheit verfügt, um seine Arbeit zu erledigen. Dies kann durch eine klare Definition von Aufgabenbereichen und Verantwortlichkeiten erreicht werden. Es ist aber wichtig zu betonen, dass ein Team ohne Chef nicht dasselbe ist wie ein Team ohne Führung. In einem selbstorganisierten Team kann jeder Mitarbeiter eine Führungsrolle übernehmen und die Initiative ergreifen, um das Team voranzubringen. Allerdings erfordert ein selbstorganisiertes Team eine sehr gute, nachhaltige und intensive Ausbildung in den Bereichen Kommunikation, Teamkompetenz und Menschenkenntnis sowie ein hohes Maß an Vertrauen zwischen den Teammitgliedern. So kann sichergestellt werden, dass alle Mitarbeiter auf einer Linie sind und erstklassig sowie reibungslos zusammenarbeiten, um gemeinsame Ziele zu erreichen. Mitarbeitende für selbstorganisierte Teams müssen sehr gut ausgesucht werden, da nicht jeder und jede für diese Art der Organisation geeignet ist. Letztendlich entscheidet das Unternehmen, mit welchem Führungsmodell es arbeiten will: **traditionell mit Führungskräften oder selbstorganisiert ohne Führungskräfte**. In jedem Fall ist aber Führung immer obligatorisch.
- Es muss gut überlegt werden, ob **Boni und Provisionen per Gießkanne oder leistungs- und erfolgsorientiert** bezahlt werden. Per Gießkanne macht Sinn, wenn alle in einem Unternehmen oder Team an unterschiedlichen Aufgaben und Zielen arbeiten. Beispielsweise sollten Trinkgelder in einem Restaurant unter allen Angestellten, ob in der Küche, als Koch, als Bedienung oder in der

Bar, gleich verteilt werden. Leistungs- und erfolgsorientierte Bezahlung dagegen macht Sinn, wenn viele oder alle in einem Team am gleichen Ziel arbeiten (zum Beispiel »Produkte verkaufen«) und das Unternehmen vom Erfolg der Teammitglieder direkt abhängig ist. Natürlich kann man sagen, dass Boni und Provisionen die Mitarbeitenden manipulieren, weil sie nur noch einem hohen Bonus hinterherlaufen, und durch Manipulation niemals Loyalität hergestellt werden kann. Bindung und Loyalität zum Unternehmen herzustellen, ist dann zusätzlich eine wichtige Aufgabe der Führungskraft.

# Kapitel 17
# Ich will nicht mehr Chef sein

## Es gibt nicht nur den Weg vom Kollegen zur Führungskraft. Es gibt auch den Weg zurück.

Es war Samstag, zwei Uhr morgens. Noch immer konnte ich nicht einschlafen. Seit fast drei Stunden lag ich wach. Ich wollte nicht aufstehen, damit ich meine Frau Jessica nicht aufweckte. Also lag ich nur da und dachte nach. Ich dachte nicht über meine Familie, über mich oder mein Hobby nach. Nein. Ich dachte mal wieder nur über den heutigen Tag im Unternehmen nach.

Es kam in letzter Zeit immer öfter vor, dass ich schlecht schlief. Ich kam nachts nicht mehr zur Ruhe. Mir gingen immer wieder die Probleme in meiner Abteilung durch den Kopf. Die Vorwürfe meines Chefs. Die Angst vor der nächsten Besprechung mit ihm.

Ich hasste diese Besprechungen in seinem Besprechungsraum. Der ganze Raum hatte für mich inzwischen schon eine negative Aura und Ausstrahlung. Wenn es nach mir gegangen wäre, dann hätte ich diesen Raum abreißen lassen. Die Besprechungen liefen immer gleich ab. Vorwürfe, Schuldzuweisungen und Forderungen. Er gab mir immer das Gefühl, ein schlechter Abteilungsleiter zu sein.

Natürlich wusste ich, was von mir als Abteilungsleiter erwartet wurde. Pläne erreichen, Kosten runter, Marge hoch. Jeden Monat aufs Neue. Dann der Quartals- und Halbjahresabschluss. Alles zur Freude der Aktionäre. Solange die EPS, die »Earnings per Share«, stimmten und der monatliche Plan erreicht wurde, war alles gut. In diesen guten Zeiten definierte ich mich dann gerne über meine Position und Erfolge. Aber es gab eben auch andere Zeiten. Sorgenvolle Zeiten. Und viele schlaflose Nächte.

Ich fragte mich, ob mir die Arbeit wirklich immer noch Freude machte. Wenn ich ehrlich war, dann hatte ich mir diese Position als Führungskraft und Manager ganz anders vorgestellt.

Vor vier Jahren hatte ich die Position als Produktionsleiter bekommen. Vorher war ich als Projektleiter für die Einführung neuer Produkte in die Serienproduktion verantwortlich gewesen. Der Job hatte mir in dieser großartigen Firma immer viel Freude bereitet und ich hatte ebenfalls viel positives Feedback für meine Erfolge in den Projekten bekommen. Ich hatte mich auf die Position zum Produktionsleiter beworben, weil ich gerne mit Menschen zusammenarbeitete und eine Führungs- und Managementposition der nächste logische Schritt in meiner Karriere gewesen war. Natürlich hatte auch das Geld gelockt. Jessica und ich hatten schon länger geplant, für uns und unsere Kinder Daniel und Celine endlich ein eigenes Haus zu bauen. Vor zwei Jahren war es dann endlich so weit gewesen und wir waren in unser neues Haus eingezogen.

Vor einigen Tagen holte ich unsere Tochter Celine vom Kindergarten ab. Ich war etwas zu früh. Die Kinder saßen in ihrem Gruppenraum im Kreis. Jedes Kind sollte erzählen, was ihre Papas und Mamas für einen Beruf haben. Manche Kinder wussten sehr genau, was ihre Eltern machten, manche Kinder aber auch nicht. Was mich sehr erstaunte. Als Celine drankam, sagte sie mit stolzer Stimme: »Mein Papa ist Chef in einer großen Firma. Der lässt gaaaanz wichtige Sachen zusammenbauen. Wenn ich einmal groß bin, dann will ich auch einmal Chefin sein.« Stolz blickte sie in die Runde und fügte noch hinzu: »Und meine Mama bringt jeden Tag Babys zur Welt.« Ihre Mutter Jessica arbeitete halbtags als Hebamme auf der Entbindungsstation in unserem örtlichen Krankenhaus. Eine Tätigkeit, die sie voller Freude erfüllte.

Ich schaute wieder auf die Uhr. Es war halb drei. Sollte das jetzt immer so weitergehen? Schlaflose Nächte wegen meines Jobs? War es mir das wert? Nicht nur, dass ich nicht mehr schlafen konnte, nein, auch unser Familienleben begann daran zu leiden. Ich verbrachte immer mehr Zeit in der Firma, anstatt meine Zeit in Ruhe und Freude mit meiner Familie zu genießen. Noch rebellierte Jessica nicht. Aber ich merkte, dass sie von meinem Job mehr und mehr genervt war. Sollte ich warten, bis ich kaputt war und bis unsere Ehe vielleicht den Bach runterging?

Nein! Ich musste und wollte etwas ändern. Was war mir wichtiger? Mein Job, mein Chef und die Aktionäre? Oder war ich mir und meine Familie wichtiger? Mein Job als Produktionsleiter würde sich von allein nicht ändern. Der ganze Stress würde eher noch zunehmen, weil der Kosten- und Umsatzdruck niemals nachlassen würde. Also musste ich etwas verändern.

Ich müsste kündigen und in einem anderen Unternehmen wieder eine Position als Projektleiter suchen. Ein Zurück in meinen alten Job im heutigen Unternehmen würde es wohl nicht geben. Was sollten auch meine Mitarbeitenden von mir denken? »Schaut mal, er ist gescheitert und wurde degradiert«, würden sie hinter vorgehaltener Hand am Kaffeepott sagen.

Klar, das bedeutete ferner auch weniger Gehalt und ein Neuanfang in einem anderen Unternehmen. Das wäre mein persönlicher Einsatz für mehr Zufriedenheit. Was würde ich aber im Gegenzug dafür bekommen? Kein monatliches Gerenne für den Umsatz, kein Quartalsdenken und keine Vorwürfe durch meinen Chef. Und vor allem weniger Stress und mehr Zeit für meine Lieben. Ob Celine wohl von ihrem Papa enttäuscht wäre, wenn er kein Chef mehr sein würde?

Viertel vor sieben. Ich wachte auf und hatte tatsächlich noch ein paar wenige Stunden Schlaf bekommen. Ich ließ mir meine Gedanken der schlaflosen Nacht noch mal durch den Kopf gehen.

Jessica drehte sich irgendwann zu mir um und sagte: »Guten Morgen, mein Schatz, hast du wieder schlecht geschlafen? Es ist erst kurz vor sieben und Samstag können wir doch ausschlafen.« Sie rutschte unter meine Bettdecke und legte ihren Kopf auf meine Brust.

»Jess, ich will nicht mehr Produktionsleiter sein«, sagte ich etwas kleinlaut und wartete ihre Reaktion ab. Sie zeigte erstmal keine Reaktion und ich dachte schon, sie hätte mich nicht verstanden oder nicht gehört.

»Du willst was nicht mehr sein?«, fragte sie nach einige Sekunden Pause und hob ihren Kopf. »Habe ich dich richtig verstanden? Du willst nicht mehr Produktionsleiter sein?«

Sie schaute mich eindringlich an. Ich war mir sicher, dass sie mir jetzt gleich eine Predigt über unsere finanziellen Verpflichtungen und so weiter halten würde. Aber weit gefehlt.

»Das wundert mich nicht. Ich habe schon lange das Gefühl, dass dich dein Job sehr belastet und du nicht mehr glücklich bist. Wenn ich dich in den letzten Monaten auf das Thema angesprochen habe, dann bist du mir ja immer ausgewichen. Aber gut, dass du es jetzt endlich selbst merkst.« Sie legte ihren Kopf zurück auf meine Brust, holte Luft und sagte dann: »Wir schaffen das. Ich will keinen erfolgreichen Mann, sondern einen glücklichen Mann.« Sie wusste, dass unsere finanziellen Verpflichtungen wegen des Hauses zum Großteil auf meinen Schultern lagen.

»Ich rede nächste Woche mit meinem Chef und der Personalabteilung. Ich will das jetzt endlich angehen. Und morgen am Sonntag schau ich gleich mal auf den Jobportalen im Internet nach Projektleiter-Jobs in der Nähe.« Wow, so schnell konnten Weichen im Leben gestellt und Entscheidungen getroffen werden! Manchmal musste man nur den Mut haben, die Richtung zu ändern, um einen neuen Weg zu gehen. Und den Mut hatte ich jetzt. Dank der Unterstützung durch Jessica.

Das Gespräch mit der Personalabteilung in der nächsten Woche verlief besser als erwartet. Nachdem ich mein Anliegen und die Gründe ausführlich geschildert hatte, stellte ich in Aussicht, innerhalb der nächsten drei Monate zu kündigen.

Helena, unsere Personalchefin, zeigte viel Verständnis für mein Anliegen. Eine Führungskarriere sei niemals eine Einbahnstraße, aus der es keinen Weg zurückgebe, sagte sie. Nachdem sie verstanden hatte, warum ich aus der Führungs- und Managerposition rauswollte, bot sie an, im Unternehmen nach einer neuen Position zu suchen. Eine Kündigung meinerseits, um aus der Managerposition rauszukommen, wäre nicht notwendig. Man wolle mich unbedingt im Unternehmen halten, da ich meine Potenziale in einer anderen Position zum Gewinn des Unternehmens einsetzen könne.

Ich war sehr erleichtert. Mein Unternehmen bot mir den Weg aus einer Führungs- und Managementkarriere zurück in eine Fachkarriere an. Nach dem Gespräch mit meinem Chef erstellten wir einen Ausstiegsplan aus meiner jetzigen Position. In der Entwicklungsabteilung wurde im Management gerade ein großes Projekt beschlossen und ich sollte gleich die Projektleitung übernehmen. Mein Gehalt wurde an die neue Position angepasst. Der Unterschied war nach Steuern allerdings nicht so groß wie anfangs befürchtet. Jess und ich würden das Packen und unser Haus behalten können.

Eins freute mich ganz besonders, nachdem mein Wechsel öffentlich wurde: Viele meiner Kolleginnen und Kollegen sowie meine Mitarbeitenden beglückwünschten mich ehrlich und aufrichtig zu meiner Entscheidung. Von »gescheitert« war nie die Rede. Weil es meine Entscheidung war.

Gestern hörte ich Celine zu einer Freundin sagen: »Mein Papa muss kein Chef mehr sein. Er spielt jetzt wieder mehr mit mir.« Ja, ich war rundum zufrieden in meiner neuen Fachposition. Und ich konnte von mir aus sagen, dass ich wieder glücklich und zufrieden war.

*» Manchmal musst Du den Mut haben, die Richtung zu ändern, um Deinen Weg zu gehen.«*
*Unbekannt*

**Kernbotschaften:**

- Um aus einer **Führungsposition** herauszukommen, ist der schlechteste Weg die Kündigung und die »Flucht« in ein anderes Unternehmen.
- Eine Führungsposition ist **niemals eine Einbahnstraße** für immer und ewig. Ein kluges Unternehmen bietet für Führungskräfte auch immer den Weg zurück in die Fachkarriere an. Sprich mit Deiner Führungskraft und der Personalabteilung,

wenn Du als Führungskraft nicht mehr kannst oder nicht mehr willst. Denn es muss nicht immer eine **Führungskarriere** sein. **Fachkarrieren** bieten genauso viele, wenn nicht sogar noch mehr Entwicklungsmöglichkeiten.

- Definiere Dich niemals nur über Deine Position im Unternehmen. Es ist nicht richtig, eine Führungsposition nur aus **Gründen des Selbstwerts** zu behalten (»Dann bin ich wer«).
- Frag Dich immer, in welcher Position Du **Dein Potenzial** für das Unternehmen optimal einsetzen kannst. Als Fachkraft oder als Führungskraft?
- Und vor allem: Tu das, was Dich wirklich **glücklich** macht. Und vergiss nie, Deine Familie in Deine Karrierewünsche einzubeziehen. Denn Sie sind neben Dir die ersten Leidtragenden, wenn es Probleme mit Deinem Job gibt.

# Kapitel 18
# **Du bist schuld**

## Als Führungskraft ist es wichtig, den Unterschied zwischen Schuld und Verantwortung zu kennen.

Simon hatte sich schon seit Wochen auf seinen lang ersehnten Urlaub gefreut. Er wollte endlich einmal abschalten und mit seinem Partner Raphael zum Kitesurfen nach Sankt Peter-Ording fahren. Er wollte Wellen, Wind und sich das Salzwasser der Nordsee um die Ohren wehen lassen. Sie hatten zwei Wochen in einem Surfer-Hotel direkt am Strand gebucht. Beide freuten sich darauf, neue Energie zu tanken und den stressigen Arbeitsalltag für eine Weile hinter sich zu lassen. Vor allem wollten beide ihrer Partnerschaft wieder neuen Schwung geben, weil es in der letzten Zeit zwischen ihnen nicht so gut lief und immer wieder kriselte.

Drei Tage vor ihrer Abfahrt kam jedoch der Anruf, der alles veränderte. Simon war Manager einer Projektgruppe für die Montage, Auslieferung und Inbetriebnahme von vollautomatischen Verpackungsanlagen für die Medikamentenherstellung bei einem großen Pharmaunternehmen. Der Wert einer solchen Anlage lag immer im hohen ein- bis zweistelligen Millionen-Euro-Bereich. Sein Unternehmen war Marktführer in diesem Bereich. Die Anlagen wurden auf Kundenwunsch konstruiert und konfiguriert. Keine Anlage glich der anderen. Kunden, die diese komplexen Anlagen bestellten, erwarteten neben Zuverlässigkeit und Performance vor allem eins: absolut pünktliche Lieferung und Inbetriebnahme. Die Kunden verließen sich zu 100 Prozent auf die vertraglich vereinbarte Inbetriebnahme, da bei ihnen verschiedene vorgelagerte und nachgelagerte Prozesse von der erfolgreichen Inbetriebnahme abhingen. Verzögerungen wurden nicht akzeptiert und bedeuteten Vertragsstrafen im hohen sechsstelligen Euro-Bereich. Verzögerungen wären nicht nur ein großer finanzieller Verlust, sondern vor allem auch ein Imageverlust für Simons Unternehmen.

Eine große Anlage sollte während Simons Urlaub bei *DetaZee Pharma* installiert und eingefahren werden. Ursprünglich hatte Simon seinen Urlaub so gelegt, dass die Anlage nach seinem Urlaub unter seiner Aufsicht installiert werden sollte. Leider hatte *DetaZee* den Installationstermin vier Wochen vorgezogen. Da die Maschine bereits fertig und abgenommen war, stimmte Simons Unternehmensleitung dem Wunsch von *DetaZee* zu. Die Installation beim Kunden sollte jetzt an Simons ersten Urlaubstag beginnen. Simon hatte im Vorfeld mit seinem Team alles abgeklärt und war sich absolut sicher, dass sie das auch ohne ihn schaffen würden, weil alle notwendigen Fachleute an Bord waren. Auch sein Chef Vincent war der Meinung, dass Simon in seinen Urlaub fahren könne.

Der Anruf erreichte Simon auf seinem Smartphone in seiner Garage gegen 16 Uhr. Er hatte heute drei Stunden früher aufgehört zu arbeiten, weil er noch einiges für den Urlaub einkaufen und vorbereiten wollte. Die Abendschicht seines Teams hatte um 14 Uhr mit der Arbeit begonnen. Simon war gerade dabei, seine Kitesurfing-Ausrüstung zu checken und zu verpacken. Auf dem Display sah er, dass der Anruf aus seiner Abteilung kam.

»Hallo, Simon hier. Was gibt's denn?«, fragte er.

»Hallo Simon, Charlie hier. Sorry, dass ich dich anrufe, aber hier brennt die Hütte.« Simon ließ sofort alles stehen und ging nach draußen vor die Garage, um einen besseren Empfang zu haben.

»Was ist denn los?«, fragte Simon.

»Heike und Siggi haben vor zwei Stunden einen Unfall mit ihrem Auto gehabt und liegen jetzt beide im Krankenhaus. Heike ist zu schnell in eine Kurve gefahren und hat sich dann auf einer Wiese überschlagen. Heikes Vater hat mich eben angerufen und meinte, dass beide noch heute operiert werden und für längere Zeit ausfallen werden. Er sagte auch, dass beide ein großes Glück gehabt hätten, weil hinter ihnen zufällig ein Rettungswagen vom DRK gefahren ist. Der konnte sofort erste Hilfe leisten und beide schnell für den Transport mit dem Heli ins Krankenhaus fertig machen.« Charlie machte eine kurze Pause. Er wusste, dass Simons Gehirn soeben einen Kaltstart von null auf 100 vollzog. Simon sagte erstmal gar nichts, weil ihm hunderte Gedanken durch den Kopf schossen. »Simon, du weißt, was das bedeutet?«

»Oh Mann, klar weiß ich, was das bedeutet«, antworte Simon. »Wir haben ab sofort ein Megaproblem. Am wichtigsten ist aber, dass beiden nichts Schlimmeres passiert ist und sie bald wieder auf die Füße kommen.« Heike und Siggi waren absolut obligatorisch für die Installation bei *DetaZee*. Beide waren Experten für das Interface der neuen Maschine mit den vor und nachgelagerten Maschinen und dem Leitrechner bei *DetaZee*. Ohne sie würde die Maschine nicht zum Leben erwachen können.

»Ich werde gleich noch mit Heikes Vater telefonieren. Seine Nummer habe ich ja. Macht ihr heute bitte weiter wie geplant. Morgen früh um acht Uhr treffen wir uns zu einer Krisensitzung. Kannst du trotz Spätschicht bitte dabei sein?« Simon wusste, dass Charlie immer 100 Prozent Einsatz und Loyalität zum Unternehmen und zu ihm zeigte.

»Klar, Cheffe, kein Problem. Ich ruf noch Annette und Pit an, damit sie auch morgen früh da sind.« Annette und Pit waren die Projektleiter für Sensorik und Software.

Simon setzte sich erstmal auf die Mauer vor seiner Garage. Er wusste sofort, was das bedeutete. Für sein Unternehmen und für ihn persönlich. Er war der Einzige im Team und im Unternehmen, der die Aufgaben von Heike und Siggi bei der Installation professionell übernehmen konnte. Bevor Simon Chef der Abteilung wurde, war er für die Entwicklung und Inbetriebnahme der Interfaces verantwortlich gewesen. Aufgrund seines fundierten Fachwissens und auch seines Interesses für das Thema unterhielt er sich immer wieder fachlich mit Heike und Siggi und war so auf dem neusten Stand bei der *DetaZee*-Maschine. Nur er konnte den Installationstermin bei *DetaZee* retten. Simon war aber auch klar, was das bedeuten würde.

Also überlegte er: Er hatte als Abteilungsleiter und Manager die Verantwortung für die Installation. Nur er, sonst niemand. Konnte er trotzdem in den Urlaub fahren? Konnte er einfach »Liebe *DetaZee*, Pech gehabt, solche Dinge passieren nun halt mal. Warten Sie bitte, bis unsere zwei Spezialisten wieder da sind« sagen? Natürlich konnte er das nicht. Dass die zwei verunglückt waren, fanden die Partner bei *DetaZee* bestimmt auch schlimm und traurig, aber nicht mehr. Vertrag war Vertrag und Terminzusage war Terminzusage. *DetaZee* stand bereit, um die Maschine nächste Woche in Empfang zu nehmen. Eine Verschiebung war keine Option. Also gab es nur eine Lösung: Er musste für Heike und Siggi einspringen und seinen Urlaub abblasen. Denn er trug die Verantwortung dafür. Dazu brauchte er das Krisenmeeting am nächsten Tag gar nicht abwarten.

Simons Herz wurde schwer. Er hatte Angst, Raphael mitzuteilen, dass der gemeinsame Urlaub nicht stattfinden würde. Zuerst wollte er sich aber bei Heikes Vater über den Stand der Dinge informieren. Er suchte die Nummer in den Kontakten auf seinem Smartphone heraus. Ihr Vater kam gerade aus dem Krankenhaus und meinte, dass die Operationen bei beiden gut verlaufen sei und sie mindestens ein bis zwei Monate ausfallen würden. Simon fragte noch, ab wann man beide besuchen könne. Heikes Vater wollte sich dazu in ein paar Tagen wieder melden.

Gegen 18 Uhr kam Raphael mit seinem Sportwagen vorgefahren. Er öffnete den Kofferraum und holte seine Kitesurfing-Ausrüstung raus. Zusammen mit Simon wollte er alles noch mal durchchecken und fehlende Teile heute noch im Surferladen in der Stadt nachkaufen. Simon kam aus dem Haus und nahm Raphael in den Arm zur Begrüßung. Raphael war sehr sensibel und merkte sofort, dass irgendwas nicht stimmte.

»Ist was nicht in Ordnung?«, fragte er schon in der Umarmung. Simon hatte beschlossen, nicht lange um den heißen Brei herumzureden.

»Raphael, wir können nicht in den Urlaub fahren. Bei mir sind durch einen selbstverschuldeten Unfall Heike und Siggi ausgefallen, die nur ich nächste Woche bei einer zeitkritischen Installation ersetzen kann.« Raphael löste sich aus der Umarmung und schubste Simon von sich weg.

»Was ist los? Ich höre wohl nicht richtig?«, schrie Raphael mit seiner für ihn typischen hysterischen Stimme. Er war sofort auf 180. Auch ein Zeichen, dass es in der Beziehung der beiden nicht zum Besten stand.

»Bitte versteh doch, dass ich jetzt nicht fahren kann. Da steht wahnsinnig viel auf dem Spiel. Und dass die zwei einen Unfall hatten, da kann niemand etwas dafür.« Simon versuchte, ihn zu beschwichtigen.

»Doch, da kann jemand was dafür! Die zwei sind schuld, dass wir jetzt nicht in den Urlaub fahren können. Und du bist auch schuld, weil du dich wieder nur um dein Unternehmen kümmerst und nicht um mich oder unsere Beziehung!« Raphaels Stimme wurde nur noch lauter. Er beschuldigte immer gleich Gott und die Welt, wenn es nicht so lief, wie er es wollte. Genau das war der Grund, warum es Simon immer schwerer fiel, die Partnerschaft mit ihm aufrechtzuerhalten.

»Nein, Raphael! Heike und Siggi sind nicht schuld, dass ich nicht fahren kann. Sie sind dafür aber verantwortlich. Das ist etwas anderes. Die Schuld an dem Unfall klärt die Polizei«, versuchte Simon seinem Freund zu erklären.

»Weißt du was?«, raunzte Raphael Simon an, »bleib du hier. Ich fahre allein nach Sankt Peter-Ording. Immer bin ich der Leidtragende in unserer Beziehung. Rutsch mir doch einfach den Buckel runter.« Er warf seine Ausrüstung in den Kofferraum seines Autos zurück, knallte den Kofferraumdeckel zu und fuhr weg, ohne Simon noch eines weiteren Blickes zu würdigen. Simon hatte das Gefühl, dass das jetzt der Schlussstrich unter der Beziehung zu Raphael war.

Zum Krisenmeeting am nächsten Morgen um acht Uhr erschienen alle pünktlich: Charlie, Annette, Pit und vier weitere Ingenieure und Techniker, die für die Inbetriebnahme bei *DetaZee* eingeteilt waren.

»Ihr habt sicher bereits mitbekommen, was gestern Schlimmes mit Heike und Siggi passiert ist. Ich habe gestern Abend noch mit Heikes Vater telefoniert. Die Operationen sind bei beiden gut verlaufen, sie sind außer Lebensgefahr. Im Krankenhaus liegen sie bereits auf einer normalen Station und nicht mehr auf Intensiv. Nach jetzigem Stand werden beide aber etwa ein bis zwei Monate ausfallen. Wir werden beide auch bald besuchen können. Ich bekomme dazu noch eine Info von Heikes Vater.« Simon schaute in die sehr betretenen Gesichter seiner Mitarbeitenden. »Somit haben wir akut ein Problem: die Installation der neuen Maschine bei *DetaZee* ab Montag nächste Woche.« Er schaute in die Runde. Alle nickten ihm zu und waren gespannt, wie ihr Chef das Problem lösen wollte.

Simon fuhr fort: »Der Termin bei *DetaZee* ist fix und kann nicht verschoben werden. Die zwei LKWs mit der verpackten Maschine sind bereits auf dem Weg zu ihnen und werden heute dort ankommen. Die Maschine wird dann wie geplant von unserem Montageteam am Wochenende aufgestellt werden. Ab Montag können wir die Maschine dann zum Leben erwecken und an die *DetaZee*-Systeme anschließen. Dafür sind, wie ihr wisst, zwei Wochen veranschlagt.« Wieder Nicken in der Runde, denn der Zeitplan war allen bekannt. »Ihr wisst auch, dass Heike und Siggi aufgrund ihres Fachwissens unersetzlich sind. Das Fehlen von Heike oder Siggi wäre verkraftbar gewesen, aber das Fehlen von beiden ist ein No-Go für das Projekt.«

Erwartungsvolle Blicke von allen, denn alle wussten, dass Simon in der Interface-Technologie ein Crack war und das *DetaZee*-Projekt durch seine enge Zusammenarbeit mit Heike und Siggi aus dem Effeff kannte.

»Ich habe mich darum entschieden, meinen Urlaub nächste Woche nicht anzutreten und euch bei *DetaZee* zu unterstützen. Auch in der Zeit danach werde ich Projektarbeiten von Heike und Siggi so gut es geht übernehmen, bis einer von beiden wieder da ist. Ob ich das neben der Abteilungsleitung hinkriege, wird sich zeigen. Eventuell brauche ich hier und da Unterstützung von euch.« Simon machte jetzt erst einmal eine Pause, um das Gesagte bei jedem sacken zu lassen.

Pit war der Erste, der das Wort ergriff. »Ich finde es großartig, dass du uns nicht hängen lässt und deinen Urlaub für uns und den Kunden abbläst. Hätte ich nicht erwartet.« Alle in der Runde nickten ihm zu. Zusammen klärten sie noch einige wichtige Details für den

Einsatz bei *DetaZee* in der nächsten Woche. 30 Minuten später war das Krisenmeeting bereits beendet.

Gleich nach dem Meeting ging Simon zu seinem Chef Vincent, um ihm vom Geschehen und von seiner Entscheidung zu unterrichten.

»Ich finde es sehr verantwortlich von dir, dass du dich entschieden hast, deinen Urlaub zu canceln, um das Projekt zu retten, und dass du Heike und Siggi nicht die Schuld dafür gibst«, sagte Vincent, nachdem er sich den Bericht von Simon angehört hatte. »Du zeigst damit echtes Leadership. Wenn dir irgendwelche Kosten oder sonstige Unannehmlichkeiten durch die Stornierung entstehen, dann melde dich bitte. Selbstverständlich wird die Firma alle Kosten tragen.«

»Na ja«, dachte sich Simon, »bei der Unannehmlichkeit mit Raphael würde ihm niemand helfen können.«

Am Abend kam Raphael bei Simon vorbei, weil er noch ein Teil aus Simons Kitesurfing-Ausrüstung brauchte. Das war eine gute Gelegenheit, noch mal mit ihm zu reden, auch wenn Simon wenig Hoffnung hatte, die Wogen glätten zu können.

Es kam, wie er es vorhergesehen hatte. Raphael war immer noch auf 180 und beschuldigte Heike und Siggi für die Situation. Er beschuldigte auch Simon, weil er sich nicht für ihn, sondern für die Firma entschieden hatte. Er sah sich als Opfer von Heike, Siggi und Simon. Den Vorschlag von Simon, den Urlaub doch einfach zwei oder drei Monate zu verschieben, lehnte er brüsk ab. Es war aussichtslos, das Thema weiter mit ihm zu diskutieren.

»Ich bin ab Montag an der Nordsee«, schnauzte Raphael. »Du brauchst auch nicht nachzukommen, denn du liebst deine Firma ja mehr als mich.« Er warf den Wohnungsschlüssel von Simons Apartment auf den Tisch und verschwand ohne weitere Worte. Simon hatte eine Trennung kommen sehen. Der Urlaub sollte eigentlich retten, was zu retten war, doch eine Trennung hätte das wohl doch nur verzögert.

Simon hatte sich gegen seinen Partner und für sein Unternehmen, die Kunden und sein Team entschieden, weil er sich verantwortlich fühlte. Als verantwortlicher Manager und Führungskraft hatte er alles richtig entschieden, damit das Projekt erfolgreich zu Ende geführt werden konnte. Den Preis, den er dafür zahlte, war der Zoff mit seinem Partner und vermutlich auch die endgültige Trennung. Hätte er sich aber für den Urlaub mit Raphael entschieden und das Projekt und sein Team damit wissentlich ins Problem laufen lassen, dann wäre das Projekt sehr wahrscheinlich gescheitert. Mit erheblichen Konsequenzen für das Unternehmen und den Kunden. Simon hätte in dem Fall die Schuld für das Scheitern tragen müssen, mit vermutlich erheblichen beruflichen Konsequenzen für ihn persönlich.

> *»Wenn dein Tag nicht so gut war, denke daran … es war nur ein schlechter Tag, es ist kein schlechtes Leben.«*
> *Unbekannt*

**Kernbotschaften:**

Die Geschichte zeigt, dass man sich als Führungskraft und Manager in wenigen Ausnahmesituationen und Krisen gegen die Partnerschaft, Familie oder persönliche Ziele entscheiden muss – weil man eine hohe Verantwortung trägt. Es ist wichtig, dass die Partner und die Familien von Führungskräften das verstehen und akzeptieren. Im Vorfeld darüber zu reden, ist bestimmt eine gute Idee! Denn eines Tages wird es sicher so weit sein.

- Führungskräfte zeigen immer **Verantwortung** für die Performance, Qualität, Zeitlinien, Sicherheit etc. in ihren Teams und Abteilungen. Sie fordern diese Verantwortung auch von ihren Mitarbeitenden.
- Wer als Führungskraft Schuldige sucht, wenn etwas schiefläuft, übernimmt keine Verantwortung, sondern stellt sich in die **Opferrolle**.
- Wenn Du als Führungskraft alles Mögliche getan hast, um eine Krise oder ein Problem abzuwenden, es aber trotzdem in die

Hose geht: Hast Du dann Schuld? Nein! Du hast aber die Verantwortung dafür. Mit allen **Konsequenzen**.

Schuld und Verantwortung sind zwei verschiedene Themen, die oft verwechselt werden, da sie in ähnlichen Kontexten auftreten können. Als Führungskraft ist es wichtig, den Unterschied zu kennen und die beiden Begriffe deutlich auseinanderzuhalten. Besonders wichtig ist es, die Begriffe in der Kommunikation mit Mitarbeitenden richtig anzuwenden.

**Schuld** bezieht sich auf eine moralische Verantwortlichkeit für ein Fehlverhalten oder eine falsche Handlung oder Entscheidung. Es geht darum, wer für etwas Negatives oder Unerwünschtes verantwortlich gemacht werden kann oder soll. Schuld kann auch mit Strafen, Leid oder Konsequenzen verbunden sein und bezieht sich auf Dinge, die in der Vergangenheit passiert sind. Schuld hat auch immer etwas mit einer Opferrolle zu tun. Wem Du die Schuld gibst, dem gibst Du die Macht über Dich, denn Du stellst Dich in die Opferrolle.

- Mein Arbeitgeber ist schuld, dass ich zu wenig verdiene → Die Macht hat mein Arbeitgeber und ich bin das Opfer.
- Der Staat ist schuld, dass das Benzin so teuer ist → Der Staat hat die Macht und ich bin das Opfer.
- Der Alkohol ist schuld, dass ich einen Unfall verursacht habe → Der Alkohol hat die Macht über mich und ich bin das Opfer.
- Mein Partner ist schuld, dass ich nicht glücklich bin → Mein Partner hat die Macht über mein Glück.

Nur Du kannst die Verantwortung für Dein Gehalt, Deinen Benzinverbrauch, für Deine Alkoholsucht oder für Dein Glück übernehmen. Nur Du kannst etwas daran ändern. Leave it, change it or accept it (Verlasse die Situation, verändere die Situation oder akzeptiere die Situation).

**Verantwortung** hingegen bezieht sich auf die Verpflichtung, für eine Handlung oder Entscheidung die Konsequenzen zu tragen, egal, ob sie positiv oder negativ sind. Es geht darum, wer für die Erfüllung von Pflichten oder Verpflichtungen verantwortlich ist. Verantwortung bezieht sich immer auf die Gegenwart und Zukunft. Mit Verantwortung kann etwas Neues und Besseres entstehen, mit Schuld nicht.

- Simon trägt die Verantwortung, dass die Verpackungsmaschine in zwei Wochen bei *DetaZee* voll funktionstüchtig übergeben werden kann. Für seine hohe Verantwortung in seinem Job als Führungskraft und Manager wird er letztendlich auch entsprechend entlohnt.

Wenn Du Dich als Führungskraft weigerst, Verantwortung für eine Situation zu übernehmen, dann schwächst Du Dich selbst in Deiner Rolle als Führungskraft, denn Du hast keine Chance, etwas in Gegenwart oder Zukunft zu verändern. Menschen, die keine Verantwortung übernehmen, warten oftmals nur darauf, dass andere das für sie übernehmen. Das ist dann eine extrem schwache Position, die einem keine Handlungsoptionen mehr bieten.

Merke: Wer schnell Verantwortung übernimmt, verschwendet keine Zeit und keine Energie damit, sich mit einem schlechten Gewissen zu plagen.

# Kapitel 19
# **Pillepalle**

## Deine Macht als Führungskraft wegen Kleinigkeiten auszuspielen, zerstört den Glauben und die Loyalität Deiner Mitarbeitenden in Dich.

Als Lean Trainerin und Führungskräfte-Coach wurde ich immer wieder von Unternehmen gebucht, um mit individuell gestalteten Workshops Teams und ihre Führungskräfte in ihre Potenziale zu führen und um deren Prozesse und Arbeitsabläufe zu optimieren. Dabei stand vor allem im Fokus, neue Sichtweisen und verändertes Denken auf bestehende Prozesse zu richten. Mit einem großen Werkzeugkasten kreativer und agiler Methoden konnte ich Teams schnell in die Lage versetzen, Produktivitätspotenziale und Qualitätsverbesserungen in ihren täglichen Prozessen zu erkennen. Durch das spielerische Herangehen und die offene sowie wertschätzende Kommunikation kam in den Teamtrainings immer viel Begeisterung und Kreativität auf. Es machte viel Spaß, Teams auf diesem Weg zu begleiten und die Umsetzung der Ideen zu beobachten. In den meisten Unternehmen konnte so mit teilweise sehr wenig Aufwand und kleinen Kosten im Bürobereich Produktivitätsverbesserungen zwischen fünf und 20 Prozent erreicht werden. Die Nacharbeits- oder Reklamationsquoten sanken dank schlankeren Prozessen und schnelleren Abläufen erfreulich. Auch wenn die Führungskräfte dieser Teams anfangs skeptisch und zurückhaltend auf die Verbesserungsvorschläge reagierten, so ließen sich viele schnell überzeugen, die notwendigen Maßnahmen und Investitionen zu unterstützen und zu genehmigen.

Ich stellte aber auch immer wieder fest, dass es Führungskräfte gab, die sich vehement gegen Veränderungen in ihren Teams und Abteilungen wehrten. Eine dieser Führungskräfte war Adrian.

Adrian war 39 Jahre alt und seit sechs Jahren Führungskraft bei *SequenceTronik*, einem Unternehmen in der Entwicklung und Herstellung von Messgeräten für die Vorbereitung von DNA-Sequenzierungen. Der Jahresumsatz betrug weltweit über 500 Millionen Euro. Adrian führte das Team für die Auftragsbearbeitung in den DACH-Ländern. Sein Team bestand aus neun Mitarbeitenden. Durch eine Erweiterung der Produktpalette kam mehr Volumen auf die Auftragsbearbeitung zu. Adrian hatte darum einen zusätzlichen neuen Mitarbeitenden beim Unternehmen zur Einstellung beantragt. Das Unternehmen wollte vor der Zustimmung Möglichkeiten zur Produktivitätsverbesserung ausloten, um die zusätzlichen Kosten durch einen neuen Mitarbeitenden nach Möglichkeit zu vermeiden.

Das Seminar mit dem Team der Auftragsabwicklung lief hervorragend. Das Team erkannte schnell, wo Bremsen und Fehlerpotenziale im Prozess lagen. Eine Simulation zeigte, dass durch kleine Veränderungen im Arbeitsablauf 15 Prozent mehr Aufträge bei weniger Fehlern bearbeitet werden konnten. Einen großen Beitrag dazu hatte der Vorschlag, jedem Mitarbeitenden ein schnurloses Funk-Headset für die Telefonanlage zur Verfügung zu stellen. Durch diese Headsets hatten die Mitarbeitenden beide Hände frei und konnten sich während dem Gespräch mit dem Kunden frei im Raum bewegen. Die Headsets waren notwendig, um die Prozessveränderungen umsetzen zu können. Kostenpunkt pro Headset waren 200 Euro. Ein Anschluss an die bestehende Telefonanlage war problemlos und ohne Mehrkosten möglich. Für das gesamte Team sprachen wir über ein Investment von etwa 2.000 Euro, mit dem großen Vorteil, dass ein zusätzlicher Mitarbeitender erst einmal nicht eingestellt werden musste. Eine klare Sache. Dachte ich.

Das Team stellte am Ende Tages ihrem Chef Adrian stolz das Ergebnis des Workshops vor. Daniela übernahm für ihr Team die Präsentation der Ergebnisse. Sie zeigte auf vorbereiteten Flipcharts die Gegenüberstellung des alten und des neuen Prozesses. Man sah sofort, dass der neue Prozess weniger Schnittstellen hatte und deutlich schlanker war. Auf einem anderen Flipchart hatte das Team die Vorteile der Funk-Headsets gegenüber den heutigen Telefonen mit

Hörern aufgelistet. Zum Schluss zeigte Daniela ein neues Layout der Abteilung.

»Wir brauchen eigentlich nur das Layout verändern, die Headsets anschaffen und Aufgaben etwas anders zu verteilen, um 15 Prozent mehr Aufträge bearbeiten zu können«, fasste Daniela das Gesamtergebnis des Teamworkshops auf einem letzten Flipchart zusammen.

»Dabei handelt es sich nur um ein einmaliges Investment von weniger als 2.000 Euro gegenüber einer Neueinstellung. Wir würden die Headsets gleich bestellen und dann das Layout der Schreibtische für den neuen Process Flow umstellen.« Erwartungsvoll schaute Daniela ihren Chef an. Sie erwartete zu Recht umgehend ein Go für die Bestellung.

Adrian reagierte aber ganz anders, als es Daniela, ihr Team und auch ich erwarteten. Kein »Hey, wow, großartig gemacht« oder »Glückwunsch zu diesem großartigen Ergebnis«. Nichts dergleichen.

Adrian klappte seinen Laptop zu, stand auf und sagte: »Wir reden da noch mal drüber.« Dann verließ er den Raum. Er ließ ein völlig enttäuschtes Team zurück. Auch ich war ziemlich konsterniert wegen des abweisenden Verhaltens von Adrian.

Auf dem Flur sprach ich noch mal mit Adrian. Es wurde schnell klar, dass er nicht bereit war, die Investition von circa 2.000 Euro zu tätigen. Er argumentierte, dass das Unternehmen bereits genug Kosten habe. In meinen Augen war das eine Ausrede. Er meinte, dass seine Mitarbeitenden auch ohne Headsets arbeiten könnten. Ging bisher ja auch so. Ich konnte nicht verstehen, warum er die kleine Investition in die Headsets nicht genehmigen wollte. Also lud ich ihn auf ein Gespräch im nahen Besprechungsraum ein, damit wir das nicht auf dem Flur ausdiskutieren mussten.

»Adrian, erklär mir bitte mal genauer, warum du die Headsets nicht genehmigen willst. Die knapp 2.000 Euro dafür sind doch Pillepalle gegenüber den Kosten für eine Neueinstellung. Dein Team hat eine erstklassige Idee entwickelt, wie man mit diesem winzigen Investment die große Ausgabe für die Neueinstellung vermeiden kann. Und gleichzeitig wird die Qualität sogar noch besser. Dein Team ist wirklich frustriert und enttäuscht. Sie haben alle gehofft, dass du das Potenzial der Headsets erkennen würdest, um die Abteilung bei gleichen Kosten in eine produktivere Zukunft zu führen. Erklär mir das bitte mal.« Ich persönlich glaubte, dass Adrian den Einfluss der Verbesserungsmaßnahme sehr wohl verstand. Dafür war er schon zu lange Chef der Abteilung. Schließlich hatte er vor drei Jahren den heutigen Prozess entwickelt und eingeführt.

Im folgenden Gespräch stellte ich fest, dass es Adrian gar nicht um die 2.000 Euro ging, sondern um das Prinzip. Nämlich um seinen Machterhalt in der Abteilung. Bisher hatte er immer alle Entscheidungen getroffen und alle Prozesse entwickelt. Heute kam nun sein Team mit meiner Hilfe auf eine noch viel bessere Idee für den Prozess. Ferner hatte das Team entschieden, dass sie alle Headsets brauchten. Er wollte aber nicht, dass das Team mitentscheiden konnte, denn er fürchtete dadurch seine Stellung als Chef zu schwächen. Adrian missbrauchte seine Macht als Führungskraft, um das Team kleinzuhalten. »Außerdem sind 2.000 Euro nicht Pillepalle«, verteidigte er sich. Ich versuchte Adrian zu überzeugen, dass er durch seine ablehnende Haltung und Einstellung zu dem Verbesserungsprojekt seine Stellung als Chef der Abteilung schwächte. Und nicht, weil sein Team nun mitgestaltet und mitentschieden hatte. Ich merkte schnell, dass ich ihn heute nicht mehr überzeugen und erreichen konnte.

Aber es gab noch einen weiteren Grund für Adrian, warum er die günstige Lösung zur Produktivitätserhöhung so vehement ablehnte. Aus früheren Seminaren in dem Unternehmen wusste ich, dass die Gehaltsgruppe von Führungskräften an die Anzahl von Mitarbeitenden, die zur Führungskraft berichteten, gekoppelt war. Ab zehn Mitarbeitenden würde Adrian damit automatisch in die nächste Gehaltsgruppe rutschen. Würde es nun bei neun Mitarbeitenden in seinem Team bleiben, weil sein Team eine geniale Idee zur Einsparung einer zehnten Arbeitskraft hatte, dann würde Adrian nicht befördert werden. Auch hier missbrauchte Adrian seine Macht, um für sich persönlich finanzielle Vorteile zu bekommen.

Ich hatte Adrian vor sechs Jahren zur Vorbereitung auf seine Rolle als Führungskraft gecoacht. Daher war ich sehr enttäuscht von ihm. Er nutzte seine Macht, um sein Team kleinzuhalten und ihm zu zeigen, dass nur er die Entscheidungen treffen konnte. Auch missbrauchte er seine Macht, weil er sich einen persönlichen Vorteil erhoffte, wenn die Produktivitätserhöhung nicht stattfinden würde und er darum eine zusätzliche Arbeitskraft einstellen konnte. Neben Machtmissbrauch war das auch noch purer Egoismus. So hatte ich ihn auf die Rolle als verantwortungsvolle und empathische Führungskraft nicht vorbereitet. Ich nahm mir darum vor, alsbald nochmals mit ihm zu reden.

Zwei Wochen später hielt ich ein Seminar in einem anderen Team. Darum nutzte ich die Gelegenheit, nach dem Seminar erneut mit Adrian zu reden. Ich vereinbarte mit ihm per E-Mail einen Besprechungstermin am nächsten Tag um 17 Uhr.

Adrian erschien pünktlich im vereinbarten Meetingraum. Nach etwas Smalltalk kam ich auf mein Anliegen. Ich wollte nichts unversucht lassen, um Adrian zu überzeugen, seine Perspektive, seine Meinung und vor allem seine Einstellung zu ändern. Ferner nahm ich mir vor, nicht um den heißen Brei herumzureden, sondern ihn ganz direkt mit seinem Fehlverhalten zu konfrontieren. Sozusagen als spätes »Leadership 2.0 Coaching« nach sechs Jahren.

»Adrian, du kannst dich sicher noch an unsere Trainings und Coaching-Sessions vor sechs Jahren erinnern?« Adrian nickte. »Es ist mir wichtig, dass Führungskräfte, die ich ausgebildet habe, langfristig erstklassige Führungsarbeit leisten. Ich will darum nicht lange um den heißen Brei herumreden. Ganz ehrlich, ich bin enttäuscht von deinem Verhalten nach dem Workshop mit deinem Team«, konfrontierte ich ihn direkt mit meinem Anliegen. Er setzte sich hin und tat erstmal etwas verständnislos.

»Was war denn nicht in Ordnung?« Er hatte sein Verhalten also nicht reflektiert. Das enttäuschte mich zusätzlich.

»Dein Team hat dir eine erstklassige Verbesserungsmaßnahme vorgeschlagen, die dem Unternehmen 50.000 bis 60.000 Euro im Jahr sparen würde. Bei einer Pillepalle-Investition von weniger als 2.000 Euro …«

»Das ist kein Pillepalle«, entgegnete er mir etwas brüsk.

»Doch, Adrian, das ist Pillepalle! Durch deine Entscheidung, den Vorschlag nicht anzunehmen, verursachst du deinem Unternehmen erhebliche Mehrkosten. Dagegen sind 2.000 Euro echt Pillepalle. Nur weil du aus purem Machtdenken nicht zulassen willst, dass deine Mitarbeitenden mitdenken, mitgestalten und auch mitentscheiden. Sei ehrlich, dass du darum die Bestellung der Headsets ablehnst. Und nicht aus technischen oder finanziellen Gründen.« Adrian rutschte in seinem Stuhl etwas tiefer. Er hatte nicht erwartet, so direkt mit seinem Verhalten konfrontiert zu werden. »Weißt du eigentlich, was du bei deinem Team mit diesem Verhalten auslöst? Ich will es dir sagen. Du signalisierst ihnen, dass ihre Ideen und ihr Engagement von dir nicht wertgeschätzt werden und dir völlig egal sind. Das demotiviert deine Mitarbeitenden und führt dazu, dass sie sich nicht mehr aktiv einbringen werden. Das ist das Gegenteil von Führung, Adrian. Du sollst deine Macht als Führungskraft für das Unternehmen und für dein Team einsetzten. Das, was du getan hast, war egoistischer Machtmissbrauch.« Ich sah ihn eindringlich an und konnte spüren, dass meine harten und direkten Worte bei ihm ankamen und arbeiteten.

Adrian atmete tief durch und er sah mich anschließend an. »Du hast recht. Ich habe vielleicht wirklich nicht angemessen reagiert und ich habe den Wert des Vorschlags nicht erkennen wollen. Es tut mir leid und ich werde meine Entscheidung revidieren«, sagte er schließlich. Ich war erleichtert und überrascht, dass er so schnell überzeugt werden konnte und seine Einstellung änderte. Er war tatsächlich bereit, seinen Fehler einzugestehen und seine Entscheidung zu überdenken.

»Das ist ein wichtiger und richtiger Schritt, Adrian. Aber es reicht nicht aus, die Entscheidung zu ändern. Du musst auch das Vertrauen deines Teams zurückgewinnen und sicherstellen, dass sie in Zukunft in Entscheidungsprozesse aktiv einbezogen werden«, gab ich ihm zu bedenken.

Adrian nickte zustimmend. »Ich verstehe, was du meinst. Ich werde mich bemühen, mein Verhalten und meine Einstellung zu ändern und eine offene und transparente Kommunikation mit meinem Team führen.«

Ich war zufrieden mit seinem Bekenntnis und wusste, dass er in der Lage war, sich zu ändern. Es war wichtig, dass er sein Verhalten reflektierte und die Auswirkungen seiner Entscheidungen auf seine Mitarbeitenden und das Unternehmen verstand. Und es war meine Aufgabe als sein Coach, ihn mit seinem Fehlverhalten zu konfrontieren.

»Und, Adrian, eins noch. Der zehnte Mitarbeitende in deinem Team wird noch warten müssen. Und damit auch deine Umgruppierung. Wir verstehen uns, oder?«, fragte ich ihn. Adrian schaute betreten und ertappt zu Boden. Er verstand, dass er versucht hatte, seine Macht als Führungskraft egoistisch zu missbrauchen.

Anschließend ermunterte ich Adrian, nochmals das Gespräch mit seinem Team zu suchen. Er sollte den Vorschlag seines Teams ernst nehmen, ihnen vertrauen und sich aber auch bei ihnen entschuldigen. Also schlug ich vor, dass er gemeinsam mit seinem Team den Verbesserungsvorschlag erneut diskutieren und eine gemeinsame Entscheidung treffen sollte. Ich bot auch an, ihn in dieser Diskussion zu unterstützen. Adrian war anfangs skeptisch, aber er stimmte schließlich zu.

Das gemeinsame Gespräch mit Adrian und seinem Team am nächsten Tag war sehr produktiv und wertschätzend. Seine Mitarbeitenden konnten ihre Vorschläge noch einmal präsentieren und ihm die Vorteile des neuen Prozesses und der Funk-Headsets erklären. Sie zeigten ihm auch, wie sie die Umsetzung der Veränderungen geplant hatten und wie schnell sie sich amortisieren würden. Adrian hörte aufmerksam zu und erkannte an, dass die Veränderungen sinnvoll waren und zu einer erheblichen Einsparung für das Unternehmen führen würden. Bei seinem Team entschuldigte er sich für sein unkooperatives Verhalten, was bei jedem im Team sehr gut ankam. Er stimmte zu, die Headsets sofort zu bestellen und die Umsetzung der Veränderungen aktiv zu unterstützen.

Am Ende des Gesprächs bedankte sich Adrian bei mir unter vier Augen. »Du hattest wirklich recht. Erstens ist es wegen so einem Unsinn nicht wert, ein ganzes Team zu demotivieren, und zweitens war mein Machtspielchen völlig unangebracht.« Er sei froh, dass ich ihm geholfen hatte, seine Blockade überwinden und sein Machtspiel zu erkennen.

Einige Wochen später, nach der Prozessumstellung und Einführung der Funk-Headsets, ließ sich der Chef von Adrian die Verbesserungsmaßnahme in einem Abteilungsmeeting vorstellen. Zufällig war ich am gleichen Tag wieder für Trainings im Unternehmen und wurde von Adrian gebeten, an diesem Meeting teilzunehmen. Adrian bat Daniela, die Präsentation im Namen des Teams zu übernehmen. Er wollte sich auf keinen Fall mit fremden Federn schmücken. Nach der Präsentation stand Adrians Chef auf, bedankte sich per Handschlag bei jedem Teammitglied für diese erstklassige Verbesserungsidee und deren schnelle Umsetzung.

Anerkennend meinte er zu Adrian: »Klasse Team, Adrian. Sehr beeindruckend. Es beeindruckt mich aber auch, wie Sie die notwendigen Veränderungen auf kleinem Dienstweg schnell in die Wege geleitet haben. Danke!« Adrian schaute zu mir rüber und zwinkerte mir zu. Ich war mir sicher, dass ich ihn in Zukunft nicht noch einmal zum Thema Macht coachen muss.

**Kernbotschaften:**

- Was bedeutet **Macht** eigentlich? Macht bedeutet im sozialwissenschaftlichen Kontext, die **Kompetenz** und **Verantwortung** zu haben, auf das Verhalten anderer Personen Einfluss zu nehmen. Von Machtmissbrauch spricht man, wenn Macht ausgeübt wird, um anderen Personen zu schaden, sie zu schikanieren, sie zu benachteiligen oder um sich selbst persönliche Vorteile zu verschaffen. Es ist menschlich, nach Macht zu streben. Darum kann für einige Menschen Macht ein Wert sein, nach dem sie streben und leben. Macht spielt **eine wesentliche Rolle in der Führungs-**

**arbeit**, denn sie schafft Struktur und gibt Klarheit darüber, wer in dem entsprechenden Rahmen die erforderlichen Kompetenzen und die finale Entscheidungsbefugnis hat. Oft wird von Führungskräften die **Ausübung von Macht** missverstanden, weil sie nicht auf den Verantwortungsbereich, sondern auf die Hierarchie zwischen Menschen bezogen wird. **Ein falsches Verständnis von Macht kann zu einem Verlust von Empathie führen und ein Erleben der Machtlosigkeit bei den Mitarbeitenden verursachen.**

- Respektvolle und empathische Führungskräfte schaffen es, ihre Macht und ihren Einfluss zu nutzen, um Vertrauen bei den Mitarbeitenden aufzubauen und um ein Umfeld zu schaffen, in dem das Team optimal und hochproduktiv arbeiten kann. Es ist für Führungskräfte entscheidend, **Macht und Empathie** zu verbinden, denn erst durch Empathie wird Macht maximal wirksam. Durch die Verbindung von Empathie und Macht nimmt die Führungskraft positiven Einfluss auf die **Entwicklung und Potenzialentfaltung der Mitarbeitenden**, des Teams und letztendlich des gesamten Unternehmens.
- Moderne und empathische Führungskräfte verstehen sich **als Dienstleister** für ihre Teams und Mitarbeitenden. Sie setzen ihre Macht und Entscheidungsbefugnis verantwortungsbewusst ein, um für ihr Team und die Mitarbeitenden ein optimales und produktives Arbeitsumfeld zu schaffen, Trainings zum Auffüllen von Wissenslücken anzubieten, Entwicklung zu fördern etc.

Wenn Mitarbeitende zu Dir kommen und zum Beispiel um ein Training oder um ein Budget für ein Tool oder eine Produktivitätsmaßnahme bitten, dann lass Dir erklären, warum das in ihren Augen und ihrer Meinung nach benötigt wird. Deine Mitarbeitenden wissen am allerbesten, wie sie produktiver werden können und was sie dazu brauchen. Jeder Deiner Mitarbeitenden ist Mitdenker, Mitlenker, Mitgestalter und auch Mitentscheider. Wenn ein Mehrwert für das Unternehmen hinter einer Verbesserungsidee steckt und die Mittel dazu im Abteilungsbudget vorhanden sind, dann solltest Du diese Maßnahme genehmigen oder an höherer Stelle um Genehmigung bitten, falls es um größere Investments geht. Nutze Deine Macht und Deinen Entscheidungsspielraum, um kleine Dinge schnell zu genehmigen, wenn sie in den Augen Deiner Mitarbeitenden sinnvoll sind. **Deine Mitarbeitenden erwarten von Dir schnelle Entscheidungen und Dein Vertrauen in ihre Ideen.** Endlose Diskussionen um Peanuts und Pillepalle sind nicht zielführend, sondern zerstören den Glauben der Mitarbeitenden in Dich als Führungskraft und in das Unternehmen. Es ist nicht Dein persönliches Geld, das Du für Wünsche und sinnvolle Ideen Deiner Mitarbeitenden ausgibst. Also tu nicht so, als wenn Dich jeder Euro schmerzt, den Du genehmigst.

# Kapitel 20
# I have a dream

## Willst Du nur eine Führungskraft oder lieber eine Führungspersönlichkeit sein?

Sicher hat jede oder jeder schon mal in ihrer oder seiner Karriere mal Führungskräfte kennengelernt, von denen er oder sie sagte: »Wow, was für eine herausragende Führungspersönlichkeit. So will ich es auch machen, wenn ich einmal Führungskraft sein sollte.«

Ich hatte in meiner Karriere schon viele Chefs und Chefinnen. Einige waren okay, einige waren, sagen wir es mal freundlich, eine Zumutung, und nur ganz wenige waren herausragend. Eine dieser ganz außergewöhnlichen Führungspersönlichkeiten war Christiane. Sie war CTO, Chief Technology Officer, in unserem Unternehmen. Christiane war eine Frau mit einer starken Vision und der unglaublichen Fähigkeit, jeden im Unternehmen mit dieser Vision und den Unternehmenszielen zu inspirieren und anzustecken. Sie war eine Persönlichkeit, die viel Charisma hatte und bei Ansprachen und in Abteilungsmeetings immer den richtigen Ton traf, weil sie komplexe Dinge so erklären konnte, dass sie jeder verstand. Fast alle im Unternehmen arbeiteten gerne für und mit Christiane. Sie war für mich und viele andere ein Vorbild für Integrität und Leadership. Sollte ich einmal in eine Führungsrolle kommen, so nahm ich mir vor, es so wie sie zu machen. Christiane war für mich ein großes Vorbild.

Bei einem Abteilungsausflug hatte ich einmal die Gelegenheit, mit Christiane unter vier Augen zu sprechen. Wir waren alle zusammen zu einer größeren Wanderung gestartet und die Gruppe zog sich immer weiter auseinander. Irgendwann lief ich mit Christiane allein und wir unterhielten uns über alles Mögliche. Nach ein wenig Smalltalk nutzte ich die Gelegenheit und fragte sie ganz direkt: »Christiane, mich würde einmal interessieren, wie man eine gute Führungskraft wird und was es dazu braucht?«

Christiane blieb kurz stehen und lächelte. »Das bin ich schon oft gefragt worden. Willst du wissen, was es braucht, um eine Führungskraft zu sein oder, oder willst du lieber wissen, was es braucht, um eine Führungspersönlichkeit zu sein? Also jemand, der mit seiner Persönlichkeit positiven Einfluss auf die Mitarbeitenden ausübt.«

Was es brauchte, um einfach nur eine Führungsposition zu bekleiden, wusste ich bereits. Das waren Menschenkenntnis, gute Kommunikation, Entscheidungsfreudigkeit, Zielorientierung, Durchsetzungskraft und so weiter. Die Liste war lang und wurde von vielen Trainern und Coaches hoch und runter trainiert und dekliniert. Aber wie wurde man zu einer Führungspersönlichkeit? Jemand, der Menschen begeisterte und inspirierte, der ihnen das Gefühl gab, an etwas Großem zu arbeiten, und der jedem zeigt, wie man sein volles Potenzial entfalten konnte.

»Mich interessiert, wie man eine Führungspersönlichkeit wird. Ein Leader. Jemand, dem andere Menschen begeistert folgen. So wie du, Christiane. In meinen Augen bist du eine Führungspersönlichkeit. Eben ein Leader.« Ich hatte Angst, etwas zu dick aufgetragen zu haben, aber es war ausgesprochen und interessierte mich wirklich brennend. Christiane musste schmunzeln.

»Danke für die Blumen. Das habe ich schon des Öfteren gehört. Irgendwas muss ich wohl richtig machen«, sagte sie nicht ohne etwas Stolz. »Na ja, ganz ehrlich, ich weiß natürlich, was ich richtig mache. Ich weiß, was das Geheimnis ist, um ein Leader und eine herausragende Führungspersönlichkeit zu sein. Nutzen wir doch einfach die Situation hier und jetzt für ein kurzes Coaching. Was hältst du davon?«

Wow. Ich hatte gerade von Christiane ein persönliches Coaching angeboten bekommen. Wie großartig war das denn? Sie war sich nicht zu schade, mir jetzt ein paar ihrer Einsichten und Geheimnisse weiterzugeben.

»Das wäre wunderbar, Christiane. Aber nur, wenn es dir auch wirklich nichts ausmacht.« Ich schaute sie schüchtern an.

Christiane fragte mich, wer für mich eine herausragende Führungspersönlichkeit sei. Ich überlegte kurz und sagte: »John F. Kennedy und Dr. Martin Luther King. Auch Steve Jobs.« Christiane nickte.

»Und was haben die alle gemeinsam?« Ein Politiker, ein Bürgerrechtler und ein Unternehmer. Eigentlich völlig unterschiedliche Menschen. Sie waren alle bekannte Persönlichkeiten, die einen großen Einfluss auf Menschen und auf die Welt gehabt hatten.

»Die Gemeinsamkeit zwischen diesen Persönlichkeiten ist ihre Bedeutung für die Geschichte und ihre Fähigkeit, die Welt mit ihrer großen Vision zu inspirieren und zu verändern. Jede dieser Persönlichkeiten hat auf ihre eigene Weise in ihrem Wirkungsbereich dazu beigetragen, die Welt zu verändern.«

»Richtig! Die drei hatten große Visionen und haben damit die Welt verändert. Kennst du die Visionen von Kennedy, King und Jobs?« Und ob ich die kannte. Ich hatte über jeden von ihnen viel gelesen, weil mich solche Menschen schon immer fasziniert hatten.

»Kennedy hat einmal gesagt: ›Ask not what your country can do for you, ask what you can do for your country.‹ Er sprach oft darüber, wie sein Land in der Zukunft aussehen könnte. Er war es auch, der 1960 die Vision hatte, innerhalb von zehn Jahren einen Amerikaner auf dem Mond landen zu lassen. 1969 landete dann die APOLLO 11 mit zwei Astronauten auf dem Mond.[14] Dr. Martin Luther King hatte als schwarzer Bürgerrechtler die Vision von einem amerikanischen Staat, in dem die Menschen unabhängig von ihrer Rasse und Hautfarbe gleichberechtigt und frei von Diskriminierung friedlich leben können. Seine Vision brachte er in einer Rede zum Ausdruck, in der er immer wieder rief: ›I have a dream.‹[15] Leider ist seine Vision und sein Traum in vielen Teilen der USA heute noch nicht wahr geworden. Und er bezahlte seine Vision mit seinem Leben. Steve Jobs hatte die Vision, das Leben der Menschen durch innovative Technologie zu verbessern. Technologie sollte ein Werkzeug sein, um das Leben einfacher und besser zu machen, anstatt ein Hindernis oder eine Belastung zu sein. Er wollte elegante, benutzerfreundliche Produkte schaffen, die das Leben der Menschen verändern und die Art und Weise, wie sie mit Technologie umgehen, revolutionieren würden.«[16]

Ich holte mein iPhone raus, schaute es an und sagte: »Passt. Seine Vision ist Wirklichkeit geworden.«

»Du kennst dich gut aus. Respekt«, meinte Christiane. Das Lob unserer CTO schmeichelte mir.

»Welche Führungspersönlichkeit hat dich denn inspiriert?«, fragte ich sie.

Christiane überlegte nicht lang. »Ich war vor Kurzem in Schottland auf einer Wirtschafts- und Technologiekonferenz. Dort traf ich Nicola Sturgeon, die schottische Regierungschefin, und hatte die Gelegenheit, mit ihr persönlich zu sprechen. Ihre Vision ist ein unabhängiges Schottland, losgelöst von Großbritannien, das auf einer Grundlage von sozialer Gerechtigkeit, Nachhaltigkeit und einem starken demokratischen Prozess aufgebaut ist. Sie setzt sich dafür ein, dass Schottland eine führende Rolle bei der Bekämpfung des Klimawandels und der Förderung erneuerbarer Energien einnimmt und dabei gleichzeitig eine florierende Wirtschaft aufbaut. Auf der Konferenz sprach sie vor den Wirtschaft- und Technologieführern Europas, und zog alle in ihren Bann.«[17] Christiane machte eine Pause und ich spürte, wie sie ihr Treffen mit Nicola Sturgeon noch mal vor ihrem geistigen Auge passieren ließ. Das musste wirklich einen großen Eindruck auf sie hinterlassen haben.

»Okay«, meinte sie anschließend, »großartige Führungspersönlichkeiten haben also immer eine glasklare Vision. Etwas, von dem noch niemand weiß, wie das jemals erreicht werden soll. Etwas, das fasziniert und umhaut. Und sie erklären auch immer das Warum. Was haben diese Führungspersönlichkeiten, über die wir sprachen, noch gemeinsam? Was macht sie noch aus?« Wer eine großartige Vision und Ziele hatte, sprach darüber. Das war mir nun bewusst.

»Alle sind oder waren hervorragende und charismatische Redner und Rednerinnen«, antwortete ich ihr also. »Auch heute entfachen ihre Reden immer noch eine unglaubliche Wirkung. Die Menschen hören ihnen gerne zu und werden durch ihre Reden von der Vision inspiriert. Eine großartige Führungspersönlichkeit muss also auch immer ein guter Redner sein und ein gewisses Charisma mitbringen. Das sind Menschen, die eine positive Ausstrahlung haben und einen gesunden Optimismus für ihre Vision und ihre Ziele.« Ich blieb stehen und überlegte laut: »Kann man das lernen? Ein guter Redner zu sein, ist erlernbar. Aber charismatisch sein? Kann man lernen, charismatisch zu sein?« Auch Christina blieb stehen und überlegte.

»Gute Frage. Es gibt Menschen, die haben von Geburt an eine charismatische Ausstrahlung und brauchen nicht viel dafür tun, um diese Ausstrahlung auszuleben. Man kann es aber auch lernen. Dass charismatische Menschen gute Redner sind und auch eine ausgeprägte nonverbale Kommunikation haben, hattest du schon festgestellt. Sie haben aber auch ein ausgeprägtes Selbstbewusstsein und einen hohen Selbstwert mit starker innerer Überzeugung. Das eigene Selbstbewusstsein und den eigenen Selbstwert zu stärken, das kann man lernen. Mir hat vor einigen Jahren ein sehr guter Coach geholfen, deutlich mehr Vertrauen in meine Fähigkeiten, Eigenschaften und in das eigene Urteilsvermögen aufzubauen. Und ich habe auch gelernt, dass ich ein wertvoller Mensch bin. Egal, wie andere mit mir umgehen oder was sie über mich denken.« Ich war platt, dass Christiane so offen mit mir sprach. Aber vielleicht war es genau das, was charismatische Menschen ja auch ausmachte: Offenheit, Ehrlichkeit, Empathie, Nächstenliebe und Hilfsbereitschaft.

»Okay, was haben wir bisher auf der Liste der Eigenschaften von herausragenden Führungspersönlichkeiten?«, fragte mich Christiane. »Sie haben eine große Vision und Ziele, außerdem können sie diese erstklassig kommunizieren, weil sie sehr gute Redner sind. Sie erklären das Warum auf einfache und verständliche Weise. Sie haben Charisma mit einem hohen Selbstwert und Selbstbewusstsein.« Christiane schaute mich fragend an. »Meinst du, das reicht schon? Was könnte noch wichtig sein, um eine Führungspersönlichkeit und nicht nur eine Führungskraft zu sein?«

Ich kickte einen Stein weg, der auf dem Weg lag, und überlegte, warum ich so fasziniert von Christianes Leadership war. Sie gab uns die Freiheit, innerhalb der Unternehmensziele eigene Ideen und Lösungen zu entwickeln. Wir durften aus unseren Fehlern lernen und wurden nicht sanktioniert, wenn etwas in die Hose ging. Christiane lebte eine positive Fehlerkultur in ihren Abteilungen und forderte genau das auch von den anderen Führungskräften ein. Die Antwort fiel mir leicht: »Führungspersönlichkeiten ermuntern ihre Mitarbeitenden, neue Ideen auszuprobieren und Herausforderungen anzunehmen. Sie zeigen Mitarbeitenden, wie sie ihr volles Potenzial entfalten können, damit Dinge erreicht werden, die man vorher nicht für möglich hielt. Sie geben ihren Mitarbeitenden das Gefühl, Teil eines größeren Ziels zu sein. Sie sanktionieren nicht, wenn ein Fehler passiert, sondern erkennen das Lernpotenzial in einem Fehler.«

»Alles richtig. Eines ist aber auch noch wichtig zu wissen: Eine Führungskraft mit hoher Leadership-Einstellung, also eine Führungspersönlichkeit, wird man nicht einfach so, weil man Führungskraft ist. Das meinen viele Führungskräfte immer. Man wird nicht Führungskraft und damit automatisch eine Führungspersönlichkeit und Leader. Das Prädikat ›Leader‹ oder ›Führungspersönlichkeit‹ muss man sich erarbeiten, man wird damit von seinen Mitarbeitenden ausgezeichnet.«

Stimmt, ich hatte tatsächlich schon Chefs und Chefinnen gehabt, die von sich behaupteten, ein »Leader« zu sein und sich mit diesem Prädikat schmückten. In Wirklichkeit waren sie aber nur gelernte, empathielose und nicht charismatische Führungskräfte, die versuchten, mit möglichst wenig Eigenarbeit das Maximale aus ihren Mitarbeitenden herauszuholen.

Langsam erreichten wir unser Ziel, eine Berghütte mit Bewirtung. Die anderen Kollegen und Kolleginnen hatten es sich bereits auf der Veranda der Hütte gemütlich gemacht.

»Wenn nur alle meine Führungskräfte in meinen Abteilungen so viel Gespür für Leadership mitbringen würden wie du …«, sagte Christiane. »Wenn du möchtest, dann würde ich unser Gespräch in der nächsten Woche gerne fortsetzen. Ich bin gerade auf der Suche nach einer Führungskraft für unser neues Design-Thinking-Team. Das Team wird in circa sechs Monaten seine Arbeit aufnehmen.« Christiane blieb stehen, machte eine kurze Pause. »Ich würde dir gerne hier und jetzt diese Stelle anbieten. Lass uns da nächste Woche noch einmal drüber reden. Meine Sekretärin Ursula wird dir eine Einladung schicken. Ich würde mich freuen, wenn du diese Herausforderung annimmst. Ich glaube, du bist genau der Richtige für diese wichtige Position. Unser Gespräch eben war dein Bewerbungsgespräch mit mir.« Ich war völlig überrascht über Christianes spontanes Angebot. Noch mehr überraschte mich aber, dass ich bei ihr einen positiven Eindruck hinterlassen hatte.

In der folgenden Woche traf ich mich mit Christiane in ihrem Besprechungszimmer. Sie bot mir noch mal offiziell die Position des Teamleiters des neuen Design-Thinking-Teams an. Da mir Design Thinking in meiner jetzigen Tätigkeit als Entwicklungsingenieur schon immer viel Spaß und Erfolg bescherte, sagte ich kurzentschlossen zu.

»Du hast mir letzte Woche bei unserem Gespräch auf der Wanderung zu verstehen gegeben, dass dir viel daran liegt, nicht nur eine Führungskraft zu sein, sondern zu einer Führungspersönlichkeit heranzuwachsen«, sagte Christiane. »Ich werde dich und einige weitere neue Führungskräfte vor eurem Amtsantritt auf ein wichtiges Training schicken. So werdet ihr nicht einfach ins kalte Wasser geworfen. Ich habe mit meinem früheren Leadership-Trainer und -Coach gesprochen. Er wird euch exklusiv in sein Leadership-Boot-Camp mitnehmen und mit euch nicht nur die Standards für neue Führungskräfte durchsprechen, sondern auch, und das ist mir besonders wichtig, die Themen Visionsentwicklung, Storytelling, freie Rede, Auftritt, Selbstbild, Selbstwert, Selbstbewusstsein, Selbstliebe, Fehlerkultur, Charisma und so weiter. Eben alles, was ihr braucht, um zu einer richtig guten Führungspersönlichkeit heranzuwachsen. Das Boot Camp findet viermal eine Woche innerhalb der nächsten sechs Monate statt. Die Termine schickt dir Ursula gleich nach unserem Gespräch.«

So wurde ich also vor einigen Jahren Führungskraft. Und: Ich wurde nicht, wie so viele andere neue Führungskräfte in anderen Unternehmen, einfach ins kalte Wasser geworfen. Ich wurde erstklassig auf meine neue Rolle durch das Leadership-Boot-Camp und Christianes persönliches Coaching vorbereitet. Ich war Christiane dankbar, dass sie an meine Fähigkeiten glaubte und mir diese einmalige Karrierechance gegeben hatte.

Vor kurzem hatte ich ein längeres Gespräch mit meiner Mitarbeiterin Janina. Im Laufe des Gesprächs fragte ich sie nach ihren Karriereabsichten und ob sie Fragen dazu hätte. Ihre Antwort kam mir wie ein Déjà-vu vor: »Mich würde einmal interessieren, wie man eine gute Führungskraft wird und was es dazu braucht? Wie wird man jemand, dem andere Menschen begeistert folgen? Wenn ich einmal Führungskraft werden sollte, dann will ich so wie du werden.« Innerlich musste ich schmunzeln. So wie Christiane für mich vor ein paar Jahren ein Leadership-Vorbild gewesen war, war ich das heute für Janina. Ich war mir sicher, dass ich also auf einem guten Weg war, eine Führungspersönlichkeit zu werden. Und ich freute mich bereits, meine Erfahrungen und Einsichten dazu schon mal an Janina weiterzugeben.

*»Je stiller Du bist, desto besser kannst Du andere Menschen hören.«*
*Abgeleitet aus einer chinesischen Lebensweisheit*

**Kernbotschaften:**

Großartige Führungspersönlichkeiten besitzen eine ganze Reihe von Eigenschaften, die ihnen helfen, erfolgreich und charismatisch zu sein, um ihre Teams zum Erfolg zu führen. Welche Eigenschaften sind das?

- Herausragende Führungspersönlichkeiten haben immer eine **glasklare Vision**. Eine Vision, die jeden umhaut, der sie hört. Eine Vision, von der man heute noch nicht annähernd weiß, wie man sie erreichen soll. Das muss jetzt nicht gleich die Vision einer interplanetaren Gesellschaft wie bei Elon Musk sein, sondern kann eine inspirierende Vision sein. Eine Vision kann beispielsweise beinhalten, wo sich Dein Unternehmen oder Deine Abteilung in fünf bis zehn Jahren befinden wird. Aber Achtung! Eine Vision ist nicht: »Wir wollen in fünf Jahren Marktführer sein.« Erstmal haut das niemanden um, zweitens ist das langweilig und drittens ist das nur ein Ziel oder eine Absicht. Herausragende Führungspersönlichkeiten führen immer mit dem Warum und geben Mitarbeitenden das Gefühl, Teil ihrer Vision oder ihrer Ziele zu sein.

- Herausragende Führungspersönlichkeiten sind immer **erstklassige Kommunikatoren und gute Redner**. Sie beherrschen das Storytelling aus dem Effeff und können ihre Gedanken und Ideen so in Wort und Schrift kommunizieren, dass sie alle Menschen einwandfrei verstehen und durch das Gesagte inspiriert und motiviert sind. Schau Dir im Internet einmal Reden und das Wirken von großartigen Führungspersönlichkeiten an (zum Beispiel John F. Kennedy, Steve Jobs, Ruth Bader Ginsburg, Dr. Martin Luther King, Nelson Mandela, Angela Merkel, Winston Churchill und viele andere).
- Herausragende Führungspersönlichkeiten haben ein **unverkennbares Selbstbild und einen hohen Selbstwert**. Dadurch entsteht ihr Charisma und ihre Anziehungskraft auf andere Menschen. Sie haben die Fähigkeit, Menschen zu fesseln und dazu zu bringen, ihnen zu folgen und ihre Ziele und Vision zu teilen. Charismatische Menschen sind Vorbild für ihr Umfeld und führen oftmals aufgrund ihrer Ausstrahlung ganz automatisch, ob gewollt oder auch ungewollt.
- Herausragende Führungspersönlichkeiten zeigen immer ein hohes Maß an **Integrität** mit hohen moralischen und ethischen Standards und Werten. Sie sind immer verlässlich, verbindlich und authentisch.
- Herausragende Führungspersönlichkeiten zeigen immer ein hohes Maß an **Entscheidungsstärke und Entschiedenheit**. Sie sind jederzeit bereit, schwierige und vielleicht auch unpopuläre Entscheidungen zu treffen und diese mit Entschiedenheit durchzusetzen. Sie übernehmen immer die Verantwortung für die Konsequenz ihrer Entscheidung. Gleichzeitig laden sie ihre Mitarbeitenden ein, kalkulierte Risiken einzugehen, ohne beim Versagen oder Scheitern zu sanktionieren. Sie leben eine positive Fehlerkultur und können selbst ihre eigenen Fehler offen und ehrlich zugeben.

- Herausragende Führungspersönlichkeiten sind **erstklassige Teamplayer** und fördern eine positive Teamdynamik.
- Gewöhnliche Führungskräfte geben ihren Mitarbeitenden etwas, woran sie arbeiten sollen. Herausragende Führungspersönlichkeiten geben ihren Mitarbeitenden etwas, worauf sie hinarbeiten können. Sie inspirieren mit der Vision und dem **Warum**.

Kann man all diese Eigenschaften lernen? Die gute Nachricht: Ja! Einige dieser Eigenschaften sind Dir vielleicht schon in die Wiege gelegt worden und gehören zu Deinen unumstößlichen Charaktereigenschaften. Glückwunsch! Andere Eigenschaften kannst Du mit Hilfe eines guten Persönlichkeits- oder Leadership.-Trainers und -Coaches lernen, reflektieren, verinnerlichen und perfektionieren.

Ob Du aber ein »Leader« und eine Führungspersönlichkeit geworden bist, entscheidest niemals Du, sondern immer und ausschließlich Dein Umfeld und Deine Mitarbeitenden.

# Nachwort

Die heutige Welt ist eine Kombination aus Tempo, Digitalisierung, künstlichen Intelligenzen und Globalisierung. In dieser Welt werden Technologien von Menschen für Menschen entwickelt, produziert und vertrieben. Diese Umstände garantieren uns auch in Zukunft Wohlstand und versprühen eine unglaubliche Dynamik. Trotz aller technischen und technologischen Veränderungen werden wir Menschen auch in der Welt von morgen im Mittelpunkt stehen und in den Unternehmen in vielen Bereichen unersetzlich sein. Je mehr neue Technologien zum Einsatz kommen, desto mehr muss der Faktor Mensch bereits heute gewichtet und wertgeschätzt werden. Dir als Führungskraft kommt dafür eine wichtige Rolle zu. Denn das Einzige, was in der Wirtschaft nicht kopierbar ist, sind die empathischen und wertschätzenden Beziehungen einer Führungskraft zu seinen Mitarbeitenden.

Du hast in diesem Buch 20 unterschiedliche Reisen in die Welt der Führungsarbeit unternommen und bist mit den Geschichten in die vielschichtige und faszinierende Aufgabe des Führens von Menschen eingetaucht. Du hast erlebt, wie komplexe menschliche Dynamiken sowie herausfordernde Situationen und Momente den Alltag einer Führungskraft gestalten, herausfordern und auch belasten können. Du hast Einblicke gewonnen, die über die üblichen Führungswerkzeuge hinausgehen und Dich auf Deine Rolle als empathische, verantwortungsbewusste und inspirierende Führungskraft und vielleicht sogar als charismatische Führungspersönlichkeit vorbereiten. Die Geschichten und Kernbotschaft haben Dir aufgezeigt, wie Du als Führungskraft Deine Einstellung zu Dir und Deiner Tätigkeit verändern kannst, um zusammen mit Deinen Mitarbeitenden erfolgreich zu sein.

Einige der Geschichten haben Dir auch aufgezeigt, welche Belastungen durch Deine Position als Führungskraft auf Deine Partner und Deine Familie zukommen können. Sie müssen verstehen, dass

Du als Führungskraft nicht nur mehr Geld nach Hause bringst und schöne goldene Schulterklappen hast, sondern auch deutlich mehr Verantwortung gegenüber einer Fachkraft trägst. Diese Verantwortung kann mehr Arbeitszeit, Gereiztheit, Abgeschlagenheit, Terminabsagen usw. zur Folge haben. Es ist daher wichtig, dass Du zuhause nicht dauerhaft noch zusätzlichem Druck ausgesetzt wirst. Sprich darum im Vorfeld Deiner Entscheidung für eine Führungsposition mit Deinem Partner oder Deiner Partnerin, ob er oder sie bereit ist, Dir so oft wie möglich den Rücken freizuhalten.

Es wird heute viel über »Neue Führung« gesprochen. Es werden vermeintlich neue Führungswerte propagiert: eine Vision vermitteln, inspirieren, Sinn geben, Vertrauen schenken, positive Fehlerkultur, mitentscheiden lassen, Empathie, Wertschätzung, Agilität und so weiter. Aber ist das alles wirklich neu, abgesehen von den digitalen Werkzeugen? Unternehmen und Führungskräfte, die genau diese Werte schon vor vielen Jahren und Jahrzehnten gelebt und umgesetzt haben, waren schon damals sehr erfolgreich. Es gibt viele Beispiele dafür.

Neu ist allerdings, dass im Gegensatz zur stark hierarchischen Führung von »oben nach unten« heute eine Durchlässigkeit von »unten nach oben« gelebt und gestattet wird. Mitarbeitende sollen und dürfen heute mitgestalten, mitwirken und in einem gewissen Rahmen mitentscheiden. Kluge Unternehmen und Führungskräfte wissen auch immer, wie man das kreative Potenzial der Mitarbeitenden zur evolutionären Weiterentwicklung und Verbesserung des Unternehmens nutzt. Wem das alles gelingt, der wird im Wettbewerb um Kunden und Mitarbeitende stets die Nase vorne haben und sich nicht so leicht im Markt verdrängen lassen.

Ich wünsche mir, dass die Erkenntnisse, Einstellungen und Kompetenzen, die Du aus diesem Buch gewonnen hast, einen nachhaltigen Einfluss auf Deine tägliche Führungsarbeit haben werden. Die Herausforderungen, denen Du als Führungskraft begegnen wirst, werden groß sein, aber ich glaube fest daran, dass Du mit den gewonnenen Erkenntnissen und einem bewussten Umgang mit den menschlichen Aspekten des Führens, diese mit Bravour meistern wirst.

Mir hat Führungsarbeit drei Jahrzehnte lang immer Freude gemacht, weil ich immer gerne mit Menschen zusammengearbeitet habe. In dieser Zeit habe ich Menschen geholfen, Bremsen zu lösen, Sichtweisen zu ändern und Mut zur Veränderung zu haben. Und das Gleiche wünsche ich Dir von ganzem Herzen. Sei ein Menschenfreund und steck Deine Mitarbeitenden mit Deinem Engagement und Deiner Begeisterung für eure gemeinsame Mission immer wieder an.

Vielen Dank für Deine Zeit und Dein Interesse an diesem Buch. Möge es einen wertvollen Beitrag zu Deinem Erfolg als Führungskraft leisten und dazu beitragen, dass Dein Unternehmen und damit unsere Wirtschaftsstandorte prosperieren und blühen.

Dein Heiko Breckwoldt
*Leadership Partner*

# Danksagung

Dieses Buch wäre ohne die vielen wunderbaren Menschen, die ich im Laufe vieler Jahre kennenlernen durfte und die mich als Trainer, Coaches, Mentoren, Kollegen, Freunde, Mitarbeitende und Führungskräfte inspiriert und begleitet haben, nicht möglich gewesen. Die Zusammenarbeit mit diesen vielfältigen Persönlichkeiten war und ist immer ein Privileg für mich.

Ganz besonders herzlich möchte ich mich bei Gereon Jörn und seiner Frau Aileen bedanken. Sie haben mir gezeigt, was im Leben und Beruf wirklich von Bedeutung ist und wie man langfristig ein glücklicheres, erfüllteres und gesünderes Leben führt. Danke auch für ihre Freigabe, ihre realen Namen in den Geschichten *Pack den Tiger in den Tank* und *Ich weiß, wie Du tickst* verwenden zu dürfen. Ihre »Energy Week«, an der ich dreimal mit meiner Frau teilgenommen habe, und die erste Begegnung mit ihnen auf einem Kreuzfahrtschiff haben mich zu diesen zwei Geschichten inspiriert.

Meinen Kolleginnen Kassia Ecker und Dr. Maria Hoffacker gebührt mein Dank für ihre kreativen Impulse und Gespräche im Vorfeld zu diesem Buch.

Die Motivation und das Coaching zum Buchschreiben verdanke ich meiner Autorentrainerin Ulrike Luckmann aus München.

Bei Dr. Rainer W. Stroebe bedanke ich mich für die Freigabe, sein Zitat »Kein Lolli für unerwünschtes Verhalten« nutzen und als Geschichte weiterentwickeln zu dürfen.

Genauso bedanke ich mich bei Frank Breckwoldt für seine Zustimmung, einige seiner Gedanken aus seinem Führungskräftetraining in der Geschichte *Foul!* weiterentwickeln zu dürfen.

Inspiriert zur Geschichte *Business Knigge* hat mich Ulrike-Ebba Gräfin von Sparr mit ihrem Knigge-Training vor vielen Jahren. Einige ihrer Trainingsinhalte durfte ich in dieser Geschichte aufgreifen. Vielen Dank!

Ein besonderer und liebevoller Dank gilt meiner Frau Birgit, die mein wertvollster Coach und Freund auf meiner Reise durchs Leben ist.

# Kontaktdaten des Autors

Hier findest Du die Kontaktdaten des Autors Heiko Breckwoldt für Anfragen und Downloads:

**Postanschrift:**
Heiko Breckwoldt, Leadership Partner
Hohbergstr.27
76337 Waldbronn
Deutschland

**Telefonkontakt:**
Festnetz: +49 (0)7243 185783
Mobil: +49 (0)172 9531370

**E-Mail:**
heiko.breckwoldt@fuehr-mich.de
info@heikobreckwoldt.com

**LinkedIn:**
https://www.linkedin.com/in/dipl-ing-fh-heiko-breckwoldt-leaders-hip-und-fehlerkultur-partner-9655b3137/

**Download Dokumente unter:**
https://www.fuehr-mich.de/download

Das kostenpflichtige Insights-**Persönlichkeitsprofil** bitte ich Dich, unter meiner E-Mail anzufordern. Gerne schicke ich Dir vorab ein Musterprofil zum Kennenlernen sowie ein Angebot. Mehr dazu unter: https://www.fuehr-mich.de/produkt-kategorie/insights-discovery/

# Quellenangaben

1. Packard, David (1996). Die Hewlett Packard Story. Wie Bill Hewlett und ich unser Unternehmen aufbauten, Campus Verlag, Frankfurt am Main.

2. Vgl. https://www.haufe.de/personal/arbeitsrecht/arbeiten-trotz-krankschreibung-was-ist-erlaubt_76_397212.html; besucht am 02.05.2023.

3. Sinek, Simon (2009). Start with Why. How great leaders inspire everyone to take action, Portfolio Verlag, Frankfurt am Main.

4. Vgl. https://www.dominican.edu/sites/default/files/2020-02/gailmatthews-harvard-goals-researchsummary.pdf; besucht am 19.09.2023.

5. Vgl. https://www.foodspring.de/magazine/oxytocin-das-kuschelhormon; besucht am 18.09.2023.

6. Vgl. https://www.bonusan.com/de-DE/blog/wie-lange-dauert-es-bis-stress-deinen-koerper-verlaesst; besucht am 18.09.2023.

7. Vgl. https://www.haufe.de/personal/entgelt/betriebsveranstaltungen/betriebsveranstaltung-versicherungsschutz_78_429222.html; besucht am 17.09.2023.

8. Vgl. https://rechtstipp24.de/2018/03/01/arbeitsunfall-bei-alkoholbedingtem-sturz-auf-betriebsfeier-sg-dortmund-urt-v-01-02-2018-s-18-u-211-15/; besucht am 18.09.2023.

9. Vgl. https://www.gallup.com/de/472028/bericht-zum-engagement-index-deutschland.aspx; besucht am 09.05.2023.

10. Vgl. https://www.conradgiller.de/kommunikation-in-scrum-teams/was-zum-lesen-wiki/albert-mehrabian-7-38-55/; besucht am 03.06.2023.

11. Vgl. https://www.usz.ch/krankheit/sarkopenie/; besucht am 12.09.2023.

12. Alle Informationen in diesem Kapitel zu den drei Säulen der Energie habe ich 2018 im Seminar *Energy Week* von Gereon Jörg erfahren. Möchtest du mehr zu dem Thema *Persönliche Weiterentwicklung* erfahren? Dann schau doch mal vorbei unter: https://www.potenzialwecker.de

13. Vgl. https://www.bioland.de/bioland-blog/wie-sauber-ist-unser-leitungswasser; besucht am 28.09.2023.

14. Vgl. https://de.wikipedia.org/wiki/Amtsantrittsrede_von_John_F._Kennedy#%E2%80%9CAsk_not_what_your_country_can_do_for_you%E2%80%9D_und_Bedeutung_der_Rede; besucht am 12.04.2023.

15. Vgl. https://de.wikipedia.org/wiki/I_Have_a_Dream; besucht am 12.04.2023.

16. Vgl. https://www.faz.net/aktuell/wirtschaft/netzwirtschaft/apple-steve-jobs/steve-jobs-pionier-und-visionaer-11483989.html; besucht am 12.04.2023.

17. Vgl. https://www.bbc.com/news/uk-scotland-scotland-politics-20577770; besucht am 11.4.2023.

**Folgende Quellen gelten als Grundlage für die jeweiligen Kapitel:**

*Kapitel 4: Foul!*
Breckwoldt, Frank (2013). Hochleistung und Menschlichkeit. Das pragmatische Führungskonzept für gesunde Spitzenleistung, Gabal Verlag, Offenbach am Main.

*Kapitel 5: Cheffing – Der heimliche Chef neben Dir*
Scott-Morgan, Peter und Arthur Little (1994). Die heimlichen Spielregeln. Die Macht der ungeschriebenen Gesetze im Unternehmen, Campus, Frankfurt am Main.

*Kapitel 9: Ich weiß, wie Du tickst*
Insights Discovery Deutschland (Berlin und Wiesbaden), Insights Practitioner Schulungsunterlagen.

*Kapitel 11: Neuroleadership*
Drath, Karsten (2015). Neuroleadership. Was Führungskräfte aus der Hirnforschung lernen können, Haufe Verlag, Freiburg im Breisgau.

# Literaturempfehlungen

Ich kann Dir folgende Literatur, Filme und Coachings empfehlen, die mir geholfen haben, meine Führungsarbeit und meine Einstellung zu mir selbst anders und neu zu denken:


Breckwoldt, Birgit und Hannah Breckwoldt. Regressives Hypnose Coaching, vgl. www.hypnose-breckwoldt.de.

Byham, William C. und Jeff Cox (1991). ZACK! Der Blitzschlag von Motivation und Begeisterung, Verlag Moderne Industrie, Landsberg/ Lech.

Corssen, Jens (2016). Das Corssen-Prinzip. Die vier Werkzeuge für ein freudvolles Leben, Arkana Verlag, München.

Gast, Udo (2023). Erfolg braucht Verantwortung, Mentoren-Media-Verlag, Ingelheim am Rhein.

Gründling, Kristian (2018). Die stille Revolution (DVD), Mindjazz.

Jörn, Gereon (2016). Achte aufs Gedachte. Tägliche Inspiration für mehr Lebensqualität, Wissensbringer Verlag, Güstrow.

Jörn, Gereon (2017). Ein Weg zu dir selbst. Befreie deine innere Stärke!, Wissenbringer Verlag, Güstrow.

Osten, Manfred (2006). Die Kunst Fehler zu machen. Plädoyer für eine fehlerfreundliche Irrtumsgesellschaft, Suhrkamp Verlag, Berlin.

Piccard, Bertrand (2017). Die richtige Flughöhe. Wie wir Ballast abwerfen und ein besseres Leben führen können, Piper Verlag, München.

Pöhm, Matthias (2013). Präsentieren Sie noch oder faszinieren Sie schon? Abschied vom Betreuten Lesen. Emotionale Rhetorik statt PowerPoint, Pöhm Seminarfactory, Bonstetten/Schweiz.

Stöcker, Dirk (2023). Die Verkaufsevolution, Mentoren-Media-Verlag, Ingelheim am Rhein.

# Weitere Verlagspublikationen

*»Erfolg und Verantwortung bedingen einander auf vielfältige Weise. Sie sind wie Zwillinge, die nur vollständig scheinen, wenn sie gemeinsam auftreten.«*

Udo Gast
Erfolg braucht Verantwortung
Betriebswirtschaft hat abgewirtschaftet
288 Seiten
Mentoren-Media-Verlag
ISBN: 978-3-98641-038-4
€ 24,95 [DE]

In den letzten Jahren stellen Unternehmer immer wieder fest, wie verwundbar sie sind und wie schlecht sie sich auf Ausnahmesituationen vorbereitet haben. Umsätze gehen zurück, Mitarbeiter verlieren ihren Job und damit ihre Existenzgrundlage. Der gewohnte Erfolg bleibt aus. Andererseits zögern viele Menschen aber auch, sich auf das Abenteuer Selbstständigkeit einzulassen. Der zentrale Aspekt für persönlichen und unternehmerischen Erfolg ist das Thema »Verantwortung«.

Doch wo beginnen Sie mit Veränderungen und wie gehen Sie dabei konkret vor? Zahlreiche Beispiele aus der Unternehmerpraxis, Checklisten und Arbeitsblätter unterstützen Sie bei der Umsetzung. Aus zahlreichen Interviews mit erfolgreichen Persönlichkeiten sind die wertvollsten Erkenntnisse miteingeflossen.

*»Aber wir schreiben auch über das, was schlaflose Nächte bereitet hat. Über Entscheidungen, die heute so nicht noch einmal getroffen werden würden. An keiner Stelle geht es uns darum, jemanden bloßzustellen. Wir beschreiben Situationen so, wie wir sie erlebt haben. Radikal ehrlich.«*

Michael Habighorst und Christian Pukelsheim
**Radikal weg**
Wenn der Chef ein Jahr Auszeit nimmt und das Unternehmen dennoch funktioniert
216 Seiten
Mentoren-Media-Verlag
ISBN: 978-3-98641-087-2
€ 24,99 [DE]

Was passiert, wenn der Chef oder die Chefin eine Auszeit nimmt und die Angestellten auf sich allein gestellt sind? Was geschieht, wenn er oder sie selbst nicht mehr für Fragen erreichbar ist? Christian Pukelsheim erfüllte sich den Traum vieler Unternehmerinnen und Unternehmer: Er überließ den mittelständischen Solinger Scherenhersteller Robuso seinen Mitarbeiterinnen und Mitarbeitern und segelte mit seiner Familie ein ganzes Jahr um die Welt. Der Unternehmensberater Michael Habighorst begleitete in dieser Zeit das Unternehmen in Solingen und stand den Angestellten mit Rat und Tat zur Seite. Er bekam aus nächster Nähe mit, was in einem Unternehmen passiert, wenn der Chef radikal weg ist.

Christian Pukelsheim und Michael Habighorst beschreiben in diesem Buch die Herausforderungen für Unternehmer und Mitarbeiter, welche Vorbereitung notwendig ist und worauf unbedingt zu achten ist bei einer Auszeit. Dabei geben die Autoren Einblicke in ihre persönlichen Erlebnisse und erzählen direkt und schonungslos von den Erfolgen und Misserfolgen. Sie berichten jedoch nicht nur von den Höhen und Tiefen dieser Zeit, sondern ermöglichen auch anderen, aus ihren Erfahrungen zu lernen. Ohne auszuschmücken – einfach radikal ehrlich!

*»Die 1-Tage-Woche funktioniert nur zum Nutzen deines Umfelds. Je mehr Nutzen du durch die Veränderung für andere schaffst, desto schneller und nachhaltiger bekommst du die Freiheit über deine Zeit zurück.«*

Ulrich Zimmermann
**Die 1-Tage-Woche**
Wirklich erfolgreiche Unternehmer
haben Zeit
260 Seiten
Mentoren-Media-Verlag
ISBN: 978-3-98641-107-7
€ 24,99 [DE]

Tagtäglich verlieren wir Unternehmer wertvolle Zeit in unseren geschäftigen Hamsterrädern. Ständig sind wir gefangen in einem Strudel aus Aufgaben und Verpflichtungen, fühlen uns oft überfordert und ausgelaugt. Die Freiheit, die wir erreichen wollten, scheint in weiter Ferne. Wie wäre es, wenn es einen Weg gäbe, diesen Teufelskreis zu durchbrechen? Wenn du als Unternehmer nur noch einen Tag in der Woche mit Dingen beschäftigt wärst, die du wirklich tun müsstest, und den Rest der Zeit nach deinen Wünschen 100 Prozent frei gestalten könntest?

Ulrich Zimmermann zeigt dir, wie du deine Zeit als die ultimative Unternehmerwährung nutzt. Von der Befreiung aus dem Hamsterrad bis zur Weiterentwicklung deiner 1-Tage-Woche lernst du, wie du dein Unternehmen wertvoller machst und gleichzeitig deine persönliche Freiheit maximierst. Erfahre, wie der Autor selbst den Weg zur zeitlichen und finanziellen Freiheit gemeistert hat. Außerdem lernst du, deine Denkweise zu Zeit und deine Führungsskultur zu optimieren, um Zeit für die wirklich wichtigen Dinge in deinem Leben zu gewinnen. Entdecke, wie du dein Unternehmen in einen Selbstläufer verwandelst, der ohne dein ständiges Eingreifen funktioniert.

*»Auch unabhängig von einem Kaufangebot stehen inhabergeführte klein- und mittelständische Unternehmen früher oder später nicht nur aus Altersgründen vor der Frage, wie die Unternehmensnachfolge geregelt werden kann.«*

Christian Ahr
**Erfolgreicher Unternehmensverkauf**
Stolperfallen, die Sie vermeiden sollten
208 Seiten
Mentoren-Media-Verlag
ISBN: 978-3-98641-083-4
€ 24,99 [DE]

Jedes menschliche Leben hat irgendwann ein Ende. Anders sieht es bei einem Unternehmen aus. Hier liegt die Entscheidung ganz bei Ihnen: Soll Ihr Unternehmen eines Tages mit Ihnen ins Grab gehen oder möchten Sie als Inhaber vorher aussteigen und Ihr »Baby« die Möglichkeit geben, sich in neuen Händen weiterzuentwickeln? Im letzteren Fall sollten Sie sich lieber früher als später mit der Unternehmensnachfolge bzw. mit einem Firmenverkauf beschäftigen. Doch Achtung: Ein Unternehmensverkauf hat auch seine Tücken!

In diesem Buch trägt der Autor Christian Ahr die häufigsten Stolperfallen und Fehler für Sie zusammen, außerdem erhalten Sie viele weitere Tipps und Hintergründe rund um den erfolgreichen Verkauf Ihres Unternehmens. Sie erfahren, welche emotionalen Hochs und Tiefs auftreten können, welche Partner Sie an Ihrer Seite haben sollten und wie Sie diese arbeitsreiche Reise zu einem guten Ende bringen. Unabhängig davon, ob der Verkauf Ihres Unternehmens jetzt oder später ansteht: Mit diesem Buch sind Sie optimal vorbereitet für das, was auf Sie zukommt.